U0036936

作者簡介

蘇羿豪

「開放天文 拉近群眾與星空的距離」

中央大學天文博士，現在是一位透過創作故事、遊戲等有趣體驗來推動開放科學的公民天文學家。共同創辦「Astrohackers in Taiwan」社群，旨在讓大眾認識並創新應用開放的科學資料及研究成果，社群除了提供 Python 在天文領域應用的交流討論，也與教育單位合辦天文黑客松，讓參與者協作貢獻關於天文推廣教育與研究的開源專案。近期在執行「天文的資料再創作」及「天文的資料科學」這兩個天文教育產品開發的計畫，其中包含將 ChatGPT 上的《獵星者旅店》用視覺小說遊戲引擎 Ren'Py 重建。此外，也會承接資料科學及網站開發相關的遠距工作。

個人網站：https://astrobackhacker.tw

FB 社團：「Astrohackers-TW: Python 在天文領域的應用」
https://www.facebook.com/groups/astrohackers.tw.py

教學及演講等工作邀約：astrobackhacker@gmail.com

目錄

序幕 7

第 1 章：如何開始用 Python 探索天文資料？

1.1 為何要用 Python 探索天文資料？ 1-2
1.2 如何透過社群學習用 Python 探索天文資料？ 1-8
1.3 如何快速進入跨平台免安裝的線上 Python 環境？ 1-13
1.4 小結：我們在這章探索了什麼？ 1-22

第 2 章：如何擴充 Python 探索天文的能力？

2.1 如何在 Python 中載入探索天文的工具？ 2-2
2.2 如何查詢這些工具的功能和使用方法？ 2-14
2.3 小結：我們在這章探索了什麼？ 2-27

第 3 章：如何用 Python 探索太陽觀測資料？

3.1 哪些太陽觀測計畫有將資料開放給大眾使用？ 3-2
3.2 如何用 Python 取得太陽觀測資料？ 3-14
3.3 如何用 Python 視覺化探索太陽觀測資料？ 3-27
3.4 小結：我們在這章探索了什麼？ 3-37

第 4 章：如何用 Python 探索星體的位置、距離及亮度？

4.1 如何用 Python 探索星體的方位？ 4-2
4.2 如何用 Python 探索星體有多遠？ 4-15
4.3 如何用 Python 探索星體有多亮？ 4-27
4.4 小結：我們在這章探索了什麼？ 4-38

第 5 章：如何用 Python 探索太陽系天體軌道及位置資料？

5.1 哪些平台有將太陽系天體軌道及位置資料開放給大眾使用？ 5-2
5.2 如何用 Python 取得太陽系天體軌道及位置資料？ 5-11
5.3 如何用 Python 視覺化探索太陽系天體軌道及位置資料？ 5-19
5.4 小結：我們在這章探索了什麼？ 5-27

第 6 章：如何用 Python 繪製全天空星圖及星座圖？

6.1 如何用 Python 繪製全天空星圖？ 6-2
6.2 如何用 Python 繪製星座圖？ 6-15
6.3 小結：我們在這章探索了什麼？ 6-23

第 7 章：如何用 Python 探索系外行星觀測資料？

7.1 哪些系外行星觀測計畫有將資料開放給大眾使用？ 7-2
7.2 如何用 Python 取得系外行星觀測資料？ 7-10
7.3 如何用 Python 視覺化探索系外行星觀測資料？ 7-17
7.4 小結：我們在這章探索了什麼？ 7-25

第 8 章：如何用 Python 探索星體的質量及生命週期？

8.1 如何用 Python 探索星體有多重？ 8-2
8.2 如何用 Python 探索星體的生命軌跡圖？ 8-14
8.3 小結：我們在這章探索了什麼？ 8-27

第 9 章：如何用 Python 探索星系觀測資料？

9.1 哪些平台有將星系觀測資料開放給大眾使用？ 9-2
9.2 如何用 Python 取得星系觀測資料？ 9-14
9.3 如何用 Python 視覺化探索星系觀測資料？ 9-23
9.4 小結：我們在這章探索了什麼？ 9-30

第 10 章：如何用 Python 探索星體在不同電磁波段下的樣貌？

10.1 如何用 Python 探索星體的多種面貌？ 10-2
10.2 小結：我們在這章探索了什麼？ 10-19

落幕 A-1

作者後記 A-5

序幕

獻給億萬年前的星塵。

喂？有人在嗎？

我要說一段我的故事，關於我透過窗鏡望向遠方，探索星空的故事。

希望你們能聽見。

你們或許會問：為何要探索星空？

記得嗎？你們被困在地球上望著天時，不也想知道地球外有什麼嗎？我也一樣。

當你們仰望星空時，會思索哪些問題呢？

天文學源自人類對星空的好奇與質問，運用數學、物理等基礎科學知識，結合資料分析和理論模擬，來解釋為何觀測到的天文現象是如此。

「太陽散發的光與熱是如何產生的，又是如何影響地球？太陽系中的其他行星與地球有何相似與差異？彗星和小行星撞擊地球的可能性有多大？夜空中那些星星距離地球有多遠、是否跟人類一樣會經歷生老病死？在這無數星球之中，地球處於何種位置，人類又該如何在其中定位自己？宇宙中的萬事萬物是如何開始的，又將怎麼結束？地球上的生命在這浩瀚的宇宙中是否是孤獨的存在？……」

從問題出發，人類觀察紀錄沿途收集到的各種線索，以歸納、演繹出這些問題暫時的答案，然後又因技術的改進獲得新的證據而推翻或修正這些答案。起初，人們用肉眼和小型望遠鏡觀測星空，隨著科技的進步，能透過地面上及太空中各種先進的大型望遠鏡、偵測器，大量收集星體在不同電磁波段所捎來的訊息，試圖拼貼出它們的全貌。

這些豐富的觀測資料與天文知識的發現息息相關，然而，你們有些人會覺得，教科書和新聞報導中所呈現的天文知識是那麼遙不可及，沒有什麼管道能讓一般大眾體驗到將這些資料轉化成天文知識的科學過程。

因此，在我的故事中，將會與人透過對話，討論如何撰寫 Python 程式來挖掘考古埋在資料裡的天文知識。

你們或許會問：為什麼要以對話的方式進行呢？

記得嗎？因為問與答對你們來說是探索新事物最直接的途徑。透過對話，你們不再只是被動接收知識的配角，而是主動參與探索旅程的主角。你們在對話中提出疑問、分享想法、辯論觀點、解決問題。天文學的發展也是如此，人類不斷提出問題、討論交流、驗證論點，進而發現新知。

你們或許又會問：為何要用 Python 這個程式語言探索天文呢？

啊哈，這剛好是我的天文探索故事的開頭內容，你們將在那裡獲得解答。接著，你們會了解到如何用 Python 探索太陽以及那些環繞著它的天體，然後衝出太陽系，前往更遙遠的恆星、星系、……

那麼，你們準備好聽我說故事了嗎？

[開始]

第 1 章：

如何開始用 Python 探索天文資料？

- 1.1 為何要用 Python 探索天文資料？
- 1.2 如何透過社群學習用 Python 探索天文資料？
- 1.3 如何快速進入跨平台免安裝的線上 Python 環境？
- 1.4 小結：我們在這章探索了什麼？

1.1 為何要用 Python 探索天文資料？

「喂！你為什麼不會感到興奮和好奇呢？」我轉過身，背對著窗戶朝著床大聲喊道，打破了房間內原本的寂靜。「韋伯太空望遠鏡又有新發現了耶！」

主播的音量逐漸變大，「……天文學家們表示，這次的發現將提供更多的線索，讓我們解謎這種星體是如何形成與演化的……」

「那些新聞報導的內容離我太遙遠了啦。時常會覺得，然後呢？」你將視線從掛在牆上的電視螢幕，移回床前桌上筆電裡的程式碼，繼續編寫並喃喃自語著遊戲角色的台詞：「這一切只是個遊戲，我們都身在其中……」

我思考該如何喚醒你對於星空的好奇，是要提及那本你喜愛的科普書籍呢？還是回憶那次臺北天文館之旅？我最後決定試試我們在天文社共度的時光。「虧你大學時還是天文社員，你忘了我們曾用望遠鏡看月球隕石坑、土星環、火星極冠，甚至還拍過幾張漂亮的星雲照片嗎？」

「當然沒忘啊，當時親眼目睹那些天文景象真的很感動。」你抬頭苦笑著回應。「但現今的天文學家不會手持小型望遠鏡觀星，新聞報導的天文新發現大多是藉由大型望遠鏡和太空衛星觀測的，我們一般大眾哪有可能取得那些觀測資料。既然無法體驗天文知識的發現過程，只好對著報導乾瞪眼囉。」

我對你的結論抱持懷疑，於是搶走筆電，把它放在一個橫跨我的床兩側欄杆的可伸縮餐桌板上。然後開啟一個應用程式，對著麥克風問：「嗨，i 蟒，一般大眾是否可以取得大型天文望遠鏡和太空衛星的資料？」

名叫 i 蟒的 AI 回答道：「可以，許多天文觀測計畫是由政府資助，這些計畫的觀測資料大多屬於公共資源。此外，為了確保研究的透明度、促進學術合作並鼓勵大眾參與科學，天文觀測資料通常是開放使用的，以便其他人可以驗證、重現並發展研究結果。」

我對你露出得意的微笑，繼續詢問 i 蟒：「有哪些天文觀測計畫的資料是開放給大眾使用？我要如何取得這些資料？」

「有非常多，像是家喻戶曉的哈伯太空望遠鏡，以及它的繼任者韋伯太空望遠鏡。還有用來尋找系外行星的克卜勒太空望遠鏡、用來建立銀河系三維星圖的蓋亞太空望遠鏡、提供大量星體光譜資料的史隆數位巡天計畫……等等，跟星星一樣多不勝數。要取得它們的觀測資料，你可以透過各計畫的官方網站或相關資料庫網站下載。例如，哈伯太空望遠鏡的資料可以在……」

「咦？」你突然從床上跳起來，打斷 i 蟒問道：「大眾竟然可以自行透過網站下載到韋伯太空望遠鏡的觀測資料！那能用程式取得這些天文觀測資料嗎？」

「可以，天文學家也經常需要撰寫程式來下載和分析觀測資料，而 Python 是他們目前最常用的程式語言。許多天文資料庫有提供 API，能用程式呼叫 API 以取得資料。不過，使用專門取得天文觀測資料的 Python 套件會更為方便。常見的套件有……」

「等等，」這次換我打斷 i 蟒。我很開心激起你的興趣，卻又生氣自己聽不懂程式相關的專有名詞，於是向 i 蟒連環進攻發問：「為什麼要寫程式下載分析天文觀測資料？程式語言好像有很多種，為何天文學家最常用 Python？ API 是縮寫嗎？ Python 套件又是什麼？」

「首先，天文學家時常需要下載大量資料，由於透過網頁操作效率低，因此他們會寫程式來執行自動化下載。在取得資料後，他們會對其進行過濾、統計分析、模型比較和視覺化呈現，目的是找到資料中的特徵或趨勢，進而了解所觀測的天文現象。在這個資料探索過程中，每一步都需要借助程式來完成。」i 蟒停頓一下接續著說。「至於為什麼 Python 是天文學家目前最常用的程式語言，主要是因為它開源自由、功能豐富多元、容易學習以及方便科學傳播。Python 是一個開源的程式語言，意思是它的程式碼是公開的，允許任何人自由地使用、學習和修改。相較於天文學家過去常用的 IDL(Interactive Data Language)，Python 不需要支付昂貴的使用版權費，這降低了進入天文資料探索的門檻，讓更多人能參與天文研究。也正因為 Python 開源自由的特性，開發者得以擴充功能，提供多元的科學計算、資料分析和視覺化工具。此外，Python 具有簡單易懂的語法、眾多學習資源和社群，讓沒有資訊工程背景的天文學家也能快速上手撰寫程式，以解決科學問題。最後，Python 有工具能將文字、數學公式、程式碼和圖表結合在一個筆記文件中並分享給別人，這讓科學研究結果更容易被他人重現、檢驗，加速科學研究的交流與合作。」

「API 是 Application Programming Interface 的縮寫，簡單來說，它是一個橋樑，能夠讓我們撰寫的程式與網站資料庫進行溝通以取得資料。」你趁著 i 蟒停頓時插嘴解釋。

「是的。」被搶答一題的 i 蟒接續回答下一個問題。「最後，不同的 Python 套件可視為解決不同問題的工具箱。例如，在天文學領域，Astroquery 是一個能串接不同天文資料庫服務以方便取得各種天文資料的套件，而 Astropy 套件則提供檔案讀寫、單位換算、座標系統轉換等天文相關基本工具。在取得資料後，為了進行運算和過濾，常會使用 NumPy、SciPy 和 Pandas 等科學計算套件。若想將資料視覺化呈現，可以選擇 Matplotlib、Plotly 或 Altair 等套件。剛剛提到 Python 有豐富多元的功能，除了科學領域，Python 還可以用於解決其他非科學相關的問題。例如，當你想要開發網頁，可以根據不同需求選擇 Reflex、Streamlit、Flask 或 Django 等套件。若想要製作遊戲，Pygame 是一個常用的選擇。值得一提的是，有不少天文學家呼籲應該使用 Python 來訓練學生進行研究工作，正是因為 Python 應用廣泛的特性，有助於不想繼續走學術之路的學生轉換到其他職業領域。」

「還有，我剛剛在開發視覺小說遊戲所使用的工具 Ren'Py，也是基於 Python 唷。」你補充道。

「喔喔，我終於了解為何要用 Python 探索天文資料了。」我接著問：「那麼，我應該從哪裡開始學習呢？有沒有建議的學習方法和資源？」

i 蟒答道：「我建議你透過社群學習，自己組織或加入線上線下的討論會和社群，這樣你可以與同好們互動，藉由問答、分享經驗來學習。至於學習資源，我推薦你可以從『天聞的資料科學』專欄文章開始，該專欄以臺北天文館等網站的天文新聞為題材，介紹相關的開放資料及開源軟體，並引導讀者使用 Python 程式來取得、前處理、分析及視覺化天文觀測資料。作者希望透過上述資料科學步驟，讓群眾能夠藉由動手體驗天文知識的發現過程，拉近與星空的距離。」

「除了這個專欄，」i 蟒停頓一下後繼續說道：「我也推薦你可以玩玩一款經典遊戲『獵星者旅店』。它是在 ChatGPT 上建造的角色扮演遊戲，玩家憑藉著想像力，在旅店中探索各種能學習天文和 Python 的旅程。無論是向矮人獵星者詢問如何用 Python 查詢星體座標，或是在旅店舊書攤中翻閱記載如何用 Python 製作全天空星圖的寶典，生成有趣體驗的魔法皆來自你的想像。」

i 蟒接著在螢幕上列出這兩個學習資源的網址：

> 天聞的資料科學：https://github.com/YihaoSu/data-science-with-astronomy-news
>
> 獵星者旅店：https://chat.openai.com/g/g-LGVdyZVRU-tian-wen-xue-python-rpg-lie-xing-zhe-lu-dian

我先是打開存放「天聞的資料科學」專欄相關程式碼的網頁。

然後再開啟「獵星者旅店」遊戲頁面。

進入旅店

歡迎來到《獵星者旅店》！ 我是旅店老闆尼賀勒·瓦再達。這裡是獵星者們聚集的地方，在這個奇幻的世界裡，不同種類的星體都是一種魔物。獵星者們利用各種天文相關的Python套件來捕獲這些魔物，並獲得星體的故事。你也想成為一位偉大的獵星者嗎？先坐下，來杯飲料吧！

這是給你的飲料，今天特別推薦的是一杯魔法蘋果酒，清甜爽口，帶有一絲神秘的香氣。

選擇：

A. 詢問尼賀勒·瓦再達關於獵星者的故事
B. 觀察旅店內的其他冒險者，看看能否與他們交談
C. 搜索旅店內的物品，尋找有用的道具
D. 輸入你的選擇

Message 「天文學Python」RPG《獵星者旅店》

「這兩個學習資源看起來都好有趣唷！嘿嘿……」我玩著你床邊的按鈕，忽上忽下調整床頭角度，像是想逼你就範地問道：「我們要不要來組個討論會呀？」

「好阿。」得知大眾也可以取得許多天文觀測計畫的資料後，確實引起你的興趣。

於是，我們兩位天文青在這寂靜隔絕的空間內組成了討論會，透過 i 蟒的引導，用 Python 與窗外的浩瀚星辰通話。

1.2 如何透過社群學習用 Python 探索天文資料？

「你當初是如何學 Python 的呢？」還不會寫程式的我問。

「就自己閱讀書籍和觀看教學影片學囉。」略懂 Python 的你回答。

「那在學習過程中，你有遇到什麼困難嗎？」

你回想一下後說：「當初只是聽說 Python 很熱門，好像有很多應用，但我並沒有確切的學習目標，因此當我看到書和影片中那些語法介紹時，感覺有點困惑和無聊。還有，當我遇到不懂的概念或程式碼時，不知道要在哪向誰尋求協助。而在學習到一定階段後，我也不知道有哪些管道可以分享、展示和回饋我的學習成果，這讓我很難有持續學習的動力。」

「嗨，i 蟒，你之前建議我們可以透過社群學習，這方式能解決剛剛提到的問題嗎？」我問 i 蟒。

i 蟒回答：「可以。程式語言是用來解決問題，當你有個想要解決的問題，例如『如何用 Python 取得韋伯太空望遠鏡的觀測資料？』，而且該問題的主題與你所參與的社群相符時，你會有目標和動力學習。在社群中，你能與有著相同學習目標的人互動，更容易尋求協助，並在過程中分享、展示和回饋你的學習成果。」

「那台灣有哪些 Python 社群？是否有跟天文相關的 Python 社群呢？」我接著問。

「Python Taiwan 是台灣最大的 Python 線上社群，有些縣市還會有不定期舉辦實體聚會的社群，像是新竹有 PyHug、台北有 Taipei.py、台南有 Tainan.py、高雄有 Kaohsiung.py、台中有 Taichung.py、花蓮有 Hualien.Py、南投有 Nantou.py。另外還有一個專屬於女生的 Python 愛好者社群 PyLadies

Taiwan。」i 蟒停頓一下繼續說：「至於跟天文相關的 Python 社群，Astrohackers in Taiwan 這個社群有提供 Python 在天文領域應用的交流討論。該社群的宗旨是讓大眾認識並創新應用開放的天文學資料及研究結果，而且社群成員有不少天文學家。」

i 蟒接著在螢幕上列出這些社群的網址：

Python Taiwan：https://www.facebook.com/groups/pythontw

PyHug：https://www.meetup.com/pythonhug

Taipei.py：https://www.meetup.com/Taipei-py

Tainan.py：https://www.meetup.com/Tainan-py-Python-Tainan-User-Group

Kaohsiung.py：https://www.meetup.com/Kaohsiung-Python-Meetup

Taichung.py：https://www.facebook.com/groups/780250978715991

Hualien.Py：https://www.meetup.com/Hualien-Py

Nantou.py：https://www.facebook.com/profile.php?id=100070205115112

PyLadies Taiwan：https://tw.pyladies.com

Astrohackers in Taiwan：https://www.facebook.com/groups/astrohackers.tw.py

「哇，原來有那麼多 Python 社群啊！唉，我當初應該加入這些社群的。希望我們能早點好起來，親自參加這些實體聚會。畢竟，一人學 code 很孤單，找人共學真正讚。」你自以為說出一句風趣的名言，卻硬是被我白了一眼。

這時，遠處走廊上傳來一陣床輪滾動的嘎吱聲，夾雜著輕微的腳步和低沉的對話聲。那些聲音漸行漸遠，直至消失在轉角處，走廊又恢復了往常的寂靜。

我望著緊閉的門好一陣子後，才打破那片刻的沉默：「i 蟒，在加入這些 Python 社群之後，我們應該如何提問以獲得更有效的幫助呢？」

「提問時，應該清楚地描述你遇到的問題，包括問題出現的背景與情境、已經嘗試過的解決方法。最好附上相關的程式碼片段和錯誤訊息等，以便他人更容易理解你的問題並提供解答。另外，在提問之前，記得先自行搜尋一下，看看是否有類似的問題已經被解答過。」

「喔，對了！我曾經被公司的前輩『提醒』過，請別人協助時，最好避免使用截圖來分享程式碼。他建議把程式碼片段貼到 Gist 上後分享連結，這樣會比截圖更方便別人查看和測試我遇到的問題。」你想起被挨罵的經歷補充道。

「Gist ？」我問。「那是什麼？」

「Gist 是一個簡單的程式碼分享工具。你只需要將程式碼片段貼到 Gist 頁面上，就能產生一個專屬連結來分享給別人。這樣別人就能方便地複製程式碼並重現你遇到的問題，同時也能在該頁面上進行評論和提供修改建議。我記得前輩還提過其他類似的服務，好像叫做 Pastebin。」你解釋道。

「喔，那還蠻方便的。說到分享，i 蟒，當我們學到一定程度後，又該如何在社群分享學習成果呢？」

i 蟒回答道：「分享學習成果有很多種方法，我建議可以依照以下三個步驟。首先，將你在學習過程中所使用的工具資源、遇到的挑戰、解決問題的方法和心得經驗，整理成文章或影片分享到社群中。這樣不僅可以回顧你學到的東西，也可以幫助其他初學者了解學習過程，還能讓更有經驗的人給予你建議和回饋。接著，在 Python 社群聚會和 PyCon 上透過演講的方式分享你的學習成果，這是一個與同好交流的好機會，能獲得反饋並了解自己還有哪些不足。PyCon，亦即 Python 年會，是聚集 Python 開發者和愛好者的年度盛會，包含各種主題的演講、工作坊和交流活動，讓參與者能在這個場合上學習新知識、分享心得、結交同好。最後，……」

「台灣也有舉辦 PyCon 嗎？」我插嘴問道。

「是的，台灣也有 Python 年會。PyCon 是一個全球性的活動，每年在各個國家都會有相應的 PyCon 大會，例如 PyCon TW、PyCon JP、PyCon US 等。」i 蟒繼續從被打斷的地方接著說：「最後，透過開源專案來展現你的學習成果。開源專案是指將程式碼開放授權給他人查看使用、修改和散布的專案，這種專案鼓勵共享和協作。你可以將你學習過程中所整理的程式，或者為了解決問題所撰寫的程式，發展成為開源專案。此外，你也可以參與其他人所發起的開源專案。兩者都能藉由修復錯誤、新增功能或改進說明文件，讓你應用所學，同時也能獲得他人的回饋與指導。」

「哇，聽起來都是滿實用的方法。我特別對開源專案有興趣，我要在哪裡建立和尋找開源專案呢？還有，是否有供大眾參與開源專案的社群活動呢？」我問。

「你可以透過 GitHub 或 GitLab 等程式碼代管平台建立和尋找開源專案。另外，大眾可以在黑客松 (Hackathon) 活動中參與開源專案。黑客松是一個讓參與者在短時間內密集合作程式開發的活動，在黑客松所開發出的程式通常為開源專案。」

「那有天文相關的黑客松嗎？」我摸著綁在手腕上的識別帶，幻想它是許多活動的入場券，讓這些漫長的日子變得不那麼無聊。

「有的。以下介紹三個跟天文相關的黑客松。Astro Hack Week 是為期五天的國際天文黑客松活動，上午讓參與者學習天文資料分析的知識和工具，下午進行開源專案協作。NASA Space Apps Challenge 是由美國太空總署 (NASA) 舉辦的國際黑客松，利用 NASA 提供的開放資料，解決天文學、太空科學和地球科學相關的問題。剛剛提到的 Astrohackers in Taiwan 這個社群，也有與教育單位合作舉辦天文黑客松活動，藉由這種協作活動，讓大眾認識、使用公開的天文資料，並貢獻用於天文推廣教育及研究的開源專案。」

「喔喔，我對於如何透過社群學習 Python 有概念了。那接下來我們該怎麼開始呢？」我問。

「你們得先知道如何進入 Python 環境。」i 蟒回道。

1.3 如何快速進入跨平台免安裝的線上 Python 環境？

「首先，你需要在電腦上安裝 Python。可以從 Python 官網下載，或者選擇安裝 Anaconda 發行版，它整合了許多科學計算常用的套件和工具。如果作業系統是 macOS 或 Linux，則會內建系統專用的 Python，這與你自行下載的 Python 是不同的 Python。因此，你需要設定系統環境變數，讓它指向你所安裝的 Python 執行路徑。接下來，你需要了解用來安裝、更新、移除和管理 Python 套件的工具，最常見的是 pip，也有人用 conda 或 poetry。然後，為了避免套件版本衝突和相依性問題，你還需要工具建立虛擬環境來管理不同的專案，你可以使用 Python 內建的 venv，也可以選擇 virtualenv、pyenv、pipenv、conda、poetry 甚至是 Docker，選擇多到讓你眼花撩亂。最後，你要有一個能編輯 Python 程式的工具，例如 Visual Studio Code、PyCharm 或 Anaconda 內建的 Spyder 等。這樣你就可以開始撰寫 Python 囉。弄懂這些，夠花初學者一輩子時間了。」你劈哩啪啦地解說著。

「啊 ~~~」我吶喊著，手一邊不斷輕拍、按壓著後腦杓，試圖撫平腦中凌亂吵雜的聲音。「資訊實在太多了！還有很多聽不懂的詞。難道沒有讓新手快速進入 Python 環境開始撰寫程式的方法嗎？我發現社群裡也有很多初學者遇到類似的困擾，就像這位。」我指著螢幕上一篇由「來自 NGC 404 島上的貓」發表的社群貼文：

> 「大家好，我在自己的電腦上安裝 Python 時感到很挫敗。一開始需要設定環境變數 path，但我不清楚 path 是什麼意思，也不知道該如何設定。後來終於成功安裝了 Python，但每次要安裝某些套件時，總是出現版本衝突的錯誤訊息，讓我感到非常困惑。我後來在網上看到有人提到建立虛擬環境可以解決這個問題，但我完全不了解虛擬環境到底是什麼，好像有很多種建立虛擬環境的工具，讓我不知道該如何選擇。到現在，我都還沒開始寫程式……」

你愣住了，看著這篇貼文，心想：「這不就是我當初學 Python 時的經歷嗎？」

「咦？底下有人回覆說『建議新手使用跨平台免安裝的線上 Python 環境，例如 Try Jupyter、Colab 或 Replit，可以節省很多研究環境變數、套件版本衝突和虛擬環境的時間。』，這些是什麼？」我疑惑地看著你問。不過我見你一臉茫然，於是轉而詢問 i 蟒。

i 蟒回答道：「這些都是提供線上 Python 環境的平台。它們允許你在網頁上直接撰寫和執行 Python 程式碼，而無需在你的電腦上安裝 Python 和套件。Try Jupyter 是一個讓人線上試用 Jupyter Notebook 的平台，Jupyter Notebook 是一個能將文字、數學公式、程式碼和圖表結合在一個筆記文件中並分享給別人的工具。而 Colab 是 Google Colaboratory 的簡稱，是一個基於 Jupyter Notebook 的線上環境，它與 Google Drive 整合並能使用 Google 的運算資源。Replit 則是一個線上程式碼編輯器，提供即時協作功能，讓多人同時編輯同一個檔案。」

「好像很方便耶！這樣我就不用先管那惱人的安裝流程了。對於想要探索天文觀測資料的初學者，你建議使用哪一個平台？為什麼呢？」我問。

「我會建議使用 Colab，因為它基於 Jupyter Notebook，提供一個互動式介面，方便初學者撰寫一小段程式後，就能立即執行、查看結果、呈現資料圖表並進行調整，這讓學習過程更加直觀且快速，同時也方便你記錄學習筆記。Jupyter Notebook 的檔案格式為 .ipynb，你可以在 Colab 存取自己或別人共享在 Google Drive 上的 .ipynb 檔案。此外，你還可以一鍵載入別人放在 GitHub 上的 .ipynb 檔案到 Colab 中執行。」i 蟒停頓一下後繼續說：「雖然 Try Jupyter 也有提供線上 Jupyter Notebook 環境，但它畢竟只是試用平台，若你沒有將 .ipynb 檔案下載到電腦中，過一段時間後，你所撰寫的程式就會消失。至於 Replit，則是沒有內建 Jupyter Notebook 環境，不過它的編輯介面能撰寫用途更廣的 Python 程式。當你學習到一定程度後，可能會需要撰寫多個獨立的 Python 程式，以便將功能模組化重複利用或讓他人使用。在這種情況下，你可以使用 Replit 來撰寫這些稱為 .py 檔的 Python 程式。要我開啟這些平台的頁面嗎？」

「好，我想看看 Colab 和 Replit 的介面差異。」我說。

此時，螢幕上先後呈現 Colab 和 Replit 的畫面。

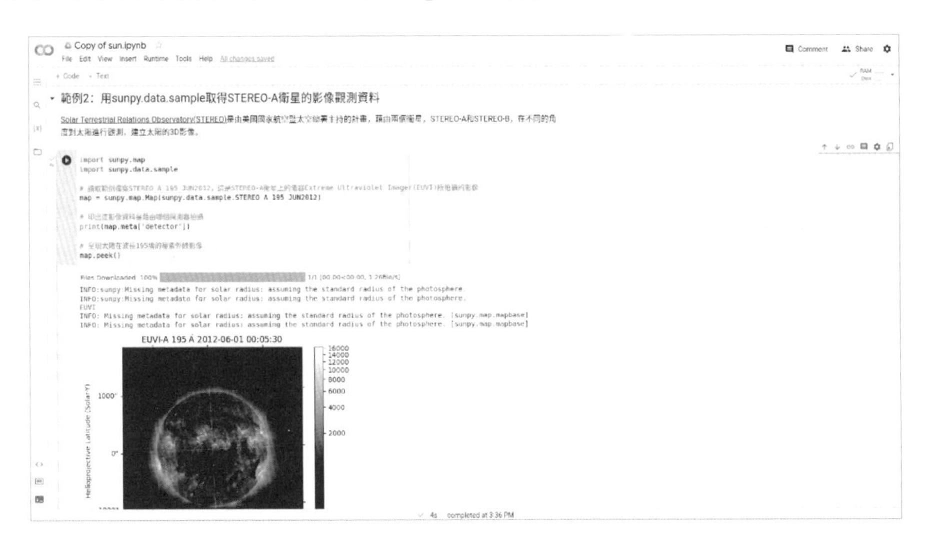

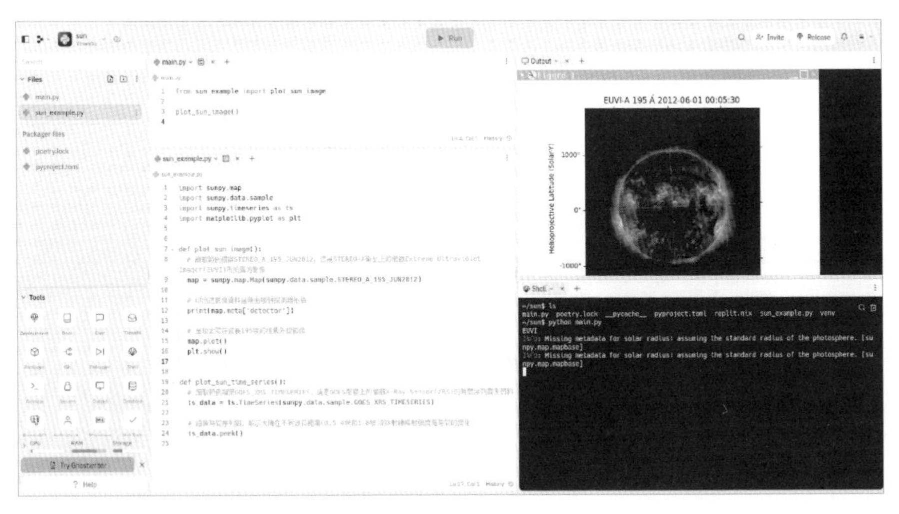

「既然 Colab 等線上平台那麼方便，那還需要在自己電腦安裝 Python，並用 Visual Studio Code、PyCharm 或 Spyder 等編輯器撰寫程式嗎？」你有點緊張地問。

i 蟒回答道：「對於初學者來說，Colab 等線上平台確實方便，省去安裝和設定的麻煩，適合快速入門。然而，在某些情況下，你會需要使用自己電腦中安裝的 Python。例如，線上平台可能會受到網路速度和穩定性的影響，你有時得在離線狀態下撰寫、修改和執行程式。此外，當你需要處理大量資料或使用大量運算資源時，你可能會受限於線上平台的運算資源分配和使用限制，你得使用自己電腦的硬體資源。而像 Visual Studio Code、PyCharm 或 Spyder 這類的編輯器，除了能讓你撰寫 .py 檔程式，也提供許多實用功能，例如程式的語法檢查、自動補全、除錯與版本控制等。這些功能不僅能提升開發效率，還能幫助你維護和分享程式碼。」

「好家在，我不用砍掉重練了。」你鬆了一口氣說。

「i 蟒，我想使用 Colab，是否有建議的學習資源？」我問。

「推薦你先觀看前天文學家 Jake VanderPlas 簡介 Colab 的短片，接著你可以進入 Colab 的網頁，參考官方教學文件，裡面有各種常見操作情境的範例。」i 蟒回答道並在螢幕上顯示這些學習資源的網址。

> Jake VanderPlas 簡介 Colab 的短片網址：https://www.youtube.com/watch?v=inN8seMm7UI
>
> Colab 首頁網址：https://colab.research.google.com
>
> Colab 官方教學文件網址：https://colab.research.google.com/notebooks/intro.ipynb

「說到操作情境，i 蟒你剛才提過 Colab 可以一鍵載入別人放在 GitHub 上的 Jupyter notebooks。你能不能以這個情境為例，引導我這個初學者，一步步完成 Colab 的基本操作呢？」

「好的。在開始操作 Colab 前，你需要先找到一個你感興趣的 GitHub 專案，以便載入它的 Jupyter notebooks。有沒有哪個天文相關的專案讓你特別感興趣的？」

我沒有頭緒，於是向你求助。

你提議道：「在之前的討論中，i 蟒建議我們可以先從閱讀『天聞的資料科學』專欄文章開始，學習如何用 Python 探索天文資料。我發現作者有在 GitHub 上以 Jupyter notebook 檔案格式開源了相關程式碼。 i 蟒，請你以這個專案為例。」

「好的。首先，你要開啟瀏覽器連到 Colab 的首頁，然後用你的 Google 帳號登錄。」i 蟒開始引導我操作 Colab。

我進入 Colab 首頁後，i 蟒在頁面右上角用框線標示出「Sign in」按鈕的位置，提醒我要從這裡登入。

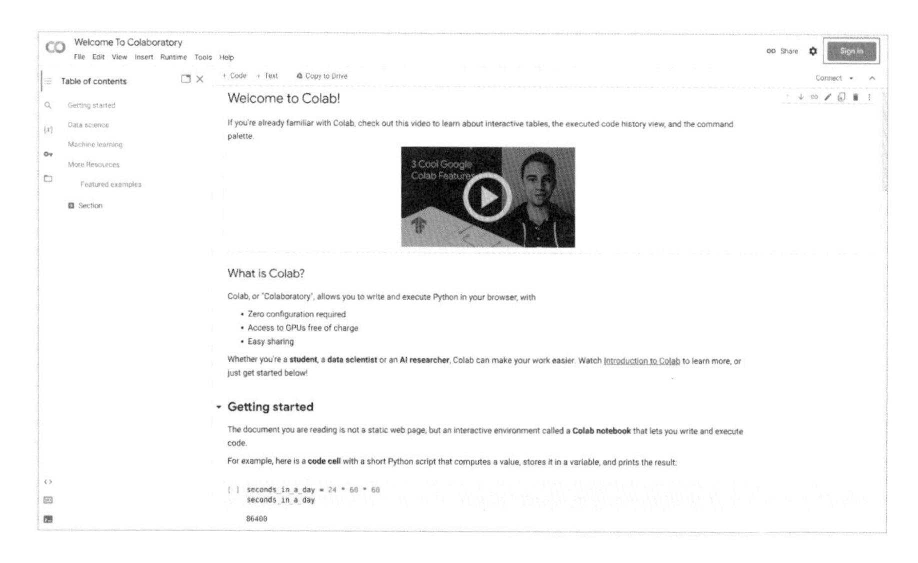

「我已經登入了，頁面中有很多按鈕和連結，我接下來該從哪裡開始呢？」我問。

「接著你要開啟一個 notebook。先點擊位於頁面左上角『Welcome To Colaboratory』標題底下的『File』下拉選單，再點擊『Open notebook』。」i 蟒在頁面中用框線引導我到該去的位置。

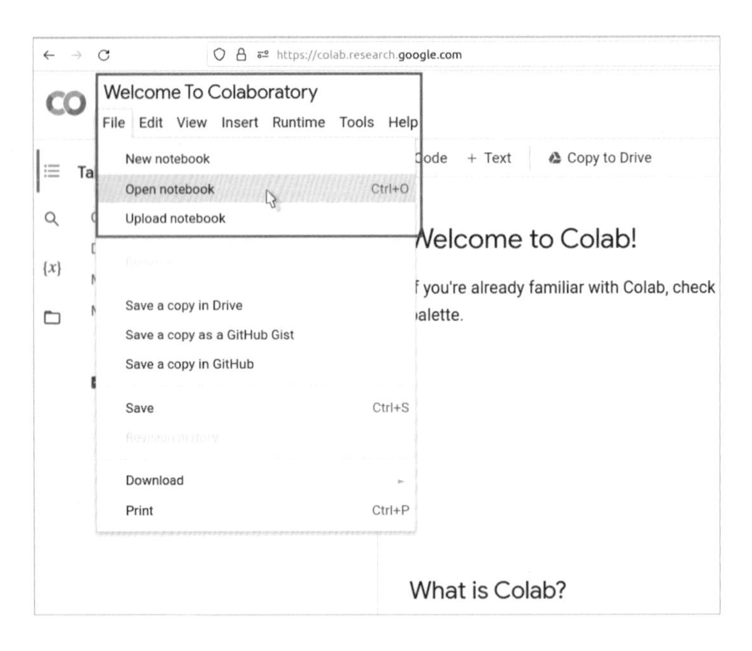

「現在跳出了一個視窗，上面有許多選項。以我剛剛指定的操作情境，該選擇那一項呢？」我問。

「在按了『Open notebook』後所跳出的視窗中，你會看到以下幾個選項：『Examples』是官方提供的常見操作範例，『Recent』顯示你最近開啟的 notebooks，『Google Drive』讓你存取自己或別人共享在 Google 雲端硬碟上的 notebooks，『GitHub』則能載入別人放在 GitHub 上的 notebooks，而『Upload』讓你可以上傳電腦中的 notebooks。針對你指定的操作情境，」i 蟒邊解說邊在視窗中用框線及數字標示出操作順序，「請先選擇『GitHub』，接著輸入『天聞的資料科學』的 GitHub 專案網址。Colab 會自動列出該專案中的 notebooks，然後你就可以點擊開啟並運行它們了。」

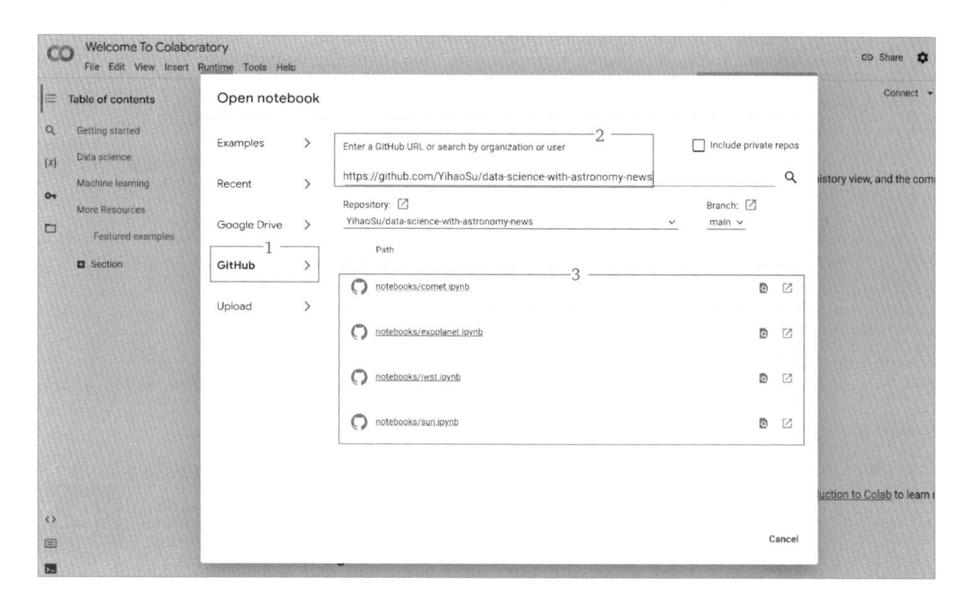

「喔耶！我開啟一個名稱為 sun.ipynb 的檔案，頁面中有許多區塊及按鈕。i 蟒，請繼續引導我。」

「好的。」i 蟒在頁面中標上數字以便進行導覽。「開啟 notebook 後，在中間的主畫面中，你會看到它是由多個稱為 cell 的小區塊所組成，cell 有兩種類型：文字 cell 和程式碼 cell。文字 cell 讓你能撰寫相關說明和筆記，例如畫面中【標示 1】的區塊即為文字 cell。而【標示 2】的區塊則為程式碼 cell，它是用來編寫和執行 Python 程式碼。點擊 cell 左側的播放按鈕會執行程式碼 cell，執行結果會顯示在該 cell 下方，也就是【標示 3】的地方。點擊 cell 本身即可對它進行編輯，並且可以透過【標示 4】的工具列對其進行上下移動或刪除。頁面左上方【標示 5】的『+Code』和『+Text』按鈕可用來插入新的 cell。」

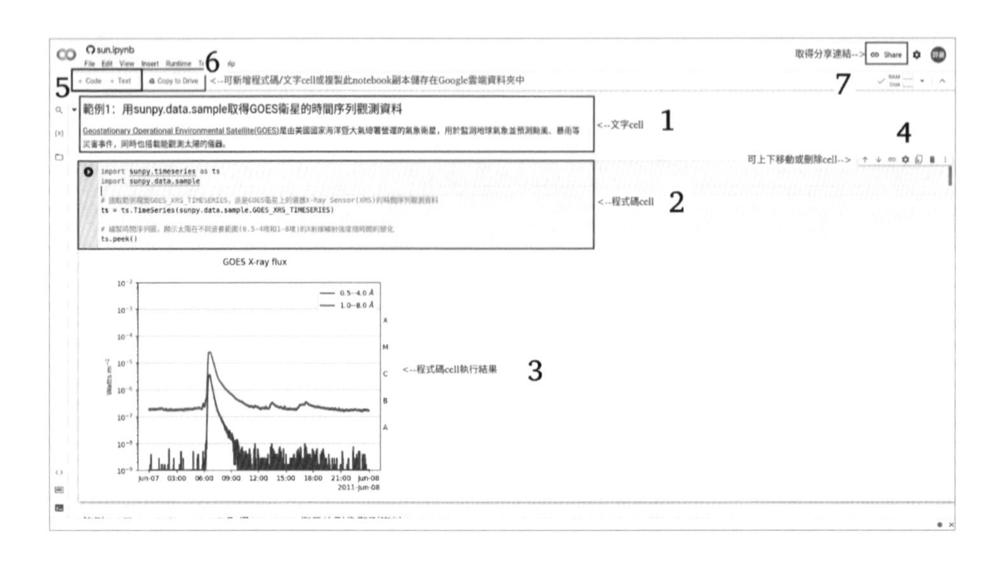

i 蟒停頓一下後繼續說：「頁面左上方【標示 6】的『Copy to Drive』按鈕則能將此 notebook 複製一份副本，儲存到你的 Google 雲端硬碟中名為『Colab Notebooks』的資料夾內。此外，你若在頁面左側的 File 下拉選單中點擊 New notebook，新增的 notebook 也會儲存在這個資料夾中。之後你可以在雲端硬碟中使用 Colab 開啟這些 notebooks。最後，若要與別人共享 notebook，可透過頁面右上角【標示 7】的『Share』按鈕取得分享連結，並設定權限，就像分享 Google 文件和試算表一樣。」i 蟒解釋完後將畫面切換到 Google 雲端硬碟的「Colab Notebooks」資料夾頁面。

我的雲端硬碟 › Colab Notebooks

檔案類型 ▾ 使用者 ▾ 上次修改時間 ▾

名稱	擁有者	上次修改時間 ▾	檔案大小
藉由New notebook新增的notebook.ipynb	我	下午3:18 我	324 個位...
Copy of Welcome To Colaboratory	我	下午3:14 我	125 KB
Copy of jwst.ipynb	我	下午3:14 我	54 KB
Copy of comet.ipynb	我	下午3:14 我	25 KB
Copy of sun.ipynb	我	下午3:12 我	639 KB

「以上是Colab的基本功能介紹，你可以進一步參考官方教學文件。」i 蟒說。

「看起來 Colab 真的很適合讓初學者快速進入 Python 環境耶！」我說。

「嗯嗯。」你也表示贊同。「那是否也能用這種方式將我們學習 Python 的筆記分享給其他人呢？」你問。

「好主意耶！i 蟒，幫我們在 GitHub 建立『用 Python 探索天文：從資料取得到視覺化』這個專案，讓我們之後能放 Jupyter notebooks 分享給別人。」我說。

「好的。我已建立此專案，讓其他人可以在 Colab 輸入以下 GitHub 網址，載入你們的天文探索旅程：https://github.com/YihaoSu/exploring-astronomy-with-python-from-data-query-to-visualization」i 蟒說道。

待 i 蟒完成後，我拿起床邊桌上的水杯，載入了一顆藥丸。而在筆電螢幕前的你則載入了《獵星者旅店》。

1.4 小結：我們在這章探索了什麼？

《星塵絮語》網誌

標題：連結星空的窗

趁著你還在載入《獵星者旅店》，我先記錄一下我們剛剛探索了什麼。有時候，我覺得自己像是被困在一個迷宮裡，四周都是隔絕外界的牆壁。但今天，我找到了一扇窗戶，透過它，我可以連結到窗外的星空。

窗上插著一把刻著「Python」的鑰匙，那是天文學家們用來探索天文的鑰匙。因為 Python 具有開源、多元用途、容易上手以及方便科學傳播的特性，降低了一般大眾進入天文資料探索的門檻。它有許多天文相關的套件，像是能連結到開放的天文資料的 Astroquery。

我不是獨自一個人望向窗外，台灣有許多 Python 社群，例如 Python Taiwan 以及各地的地區性社群，還有一個專門討論 Python 在天文領域應用的 Astrohackers in Taiwan 社群。透過這些社群，我可以找到人協助我解決問題，或是分享自己的學習成果，從而獲得持續學習的動力。

安裝和設定 Python 環境的過程也像進入一個迷宮，所幸有人在社群中提到幾個無需安裝即可使用的線上平台，例如 Google Colab。我學會如何在 Colab 中載入並運行 GitHub 上的 Jupyter notebooks，讓我開始轉動 Python 這把鑰匙，連結至星空。

現在，我們要一起進入《獵星者旅店》了，在那裡，繼續我們的探索之旅。

第 2 章：

如何擴充 Python 探索天文的能力？

- 2.1　如何在 Python 中載入探索天文的工具？
- 2.2　如何查詢這些工具的功能和使用方法？
- 2.3　小結：我們在這章探索了什麼？

2.1 如何在 Python 中載入探索天文的工具？

你載入了《獵星者旅店》。

他進入了旅店，溫暖的黃光從天花板吊掛的燈籠中散發出來，照亮了這個由精緻木材與堅硬石頭打造的奇幻空間。牆壁上掛滿各式各樣的星圖，似乎訴說著旅人們在星途中的冒險故事。牆邊的櫃子上堆滿了瓶瓶罐罐，標籤上用各種古老文字記載著內容物的名稱，有的瓶子裡盛滿了色彩斑斕的液體，閃爍著誘人的光芒，強大的魔法力量蠢蠢欲動。空氣中飄散著烘烤麵包和燉肉的香氣，與偶爾飄來的啤酒麥香交織，誘人沉醉。他不自覺地吞了一口口水。

旅店內熱鬧非凡，充滿了笑聲和談話聲，形成一片喧囂。他的目光在桌間四處漂移。最靠近門口的桌子，一位魁梧的獸人與一位身姿輕盈的精靈弓箭手正熱烈討論著他們的下一次遠征，他們偶爾抬頭望向牆上的星圖，彷彿在尋找某個特定的路徑或是記憶中的某個地標。旁邊的一桌，一位穿著紫色長袍的魔法師埋首於一本厚重的秘典《Learn Python：The Gravitational Wave》，手指輕撫過書頁，忽然唸起爬說咒語，杯中的酒登時起了重力漣漪。一旁的年輕學徒全神貫注地觀察著這一幕，不時點頭並在小冊子上快速記錄。在旅店的中央，一張圓桌圍滿了聽眾，一位矮人戰士站在桌子上，揮舞著一把精鋼打造的斧頭，激昂地講述著自己在遙遠的星海中與魔物搏鬥的英勇事蹟。矮人的聲音如同戰鼓般撼動人心，每當故事進入高潮，周圍的氣氛也隨之緊張起來，聽眾們都被矮人那精彩的冒險所吸引。靠窗的幾張桌子也上演著激烈的戰鬥，卡牌隨著「astropy、astroquery……」的叫喊聲發出，射進桌面，幾場牌局正在進行。一位年輕的吟遊詩人坐在窗邊，深情地彈奏著《Jupiter》，歌聲旋律繚繞上桌，暫緩了周遭的緊張攻防，牌友們隨著音樂輕輕搖擺。而在旅店的最深處，一位身穿鎧甲、帶著長劍的戰士正獨自坐著，銀白色的頭髮微微散落在肩頭，目光深邃地凝視著桌面上的食物，彷彿在沉思著即將到來的味蕾冒險。在這個空間中，每個角落都有著它自己的故事，而他，即將成為這些故事中的新一頁。

他走向櫃台，那裡有一位機械身軀、蛇形的機器人，額頭上印著一個大大的「i」字。「歡迎來到獵星者旅店！我是旅店老闆尼賀勒．瓦再達。」宏亮且愉悅的聲音從機器人的喉嚨深處傳來。「在這裡，星體不僅是遙遠的光點，而且是充滿故事的魔物，等待著獵星者們用 Python 來探索與捕捉。你，一位立志成為獵星者的菜鳥，將在這個旅店中開啟你的學習之旅。你可以從旅店的每個角落、每一位旅人那裡學習到獵星知識和技能。現在，你的冒險即將開始。你準備好了嗎？為了幫助你開始，我提供以下幾個選項給你：

A. 走向火爐旁的一群獵星者，詢問他們關於最近的星體獵捕經驗。

B. 前往佈告欄查看最新的獵星任務。

C. 請求一場模擬戰鬥，測試你所學的知識來對抗一個虛擬的星體魔物。

D. 輸入你的選擇 (自由探索旅店的其他區域或進行其他動作)。

你會選擇哪條路徑來開啟你的獵星之旅呢？」

‧‧‧‧‧‧‧‧‧‧‧‧‧‧‧

「『天文數智』新推出的這款遊戲好讚唷，還可以自訂與 AI NPC 對話的選項耶！我們要從老闆給的選項中挑一個來啟程，還是來個自由行？你有什麼想法？」你轉過頭來問我。

「恩……我們剛學會 Colab 的基本操作，但還不知道怎麼在這個 Python 環境中載入探索天文的工具。我覺得可以自訂一個選項來學習這個主題。」我建議道。「比如說，我們可以問問老闆，旅店中是否有任何獵星者能幫助我們了解載入天文相關 Python 工具的方法。」

你點頭同意，於是輸入「D. 向旅店老闆打探消息，哪一位獵星者願意一步步指導菜鳥如何在 Colab 上安裝並載入用來探索天文的 Python 工具？」

‧‧‧‧‧‧‧‧‧‧‧‧‧‧‧

尼賀勒．瓦再達從櫃台後方的冰櫃中拿出一個透著微光的玻璃瓶，瓶蓋輕輕一轉，一股溫暖而辛辣的香氣隨著金光湧出。「這是『金星薑醇』。你喝了，我再答。」老闆將酒瓶遞到他面前，氣泡在瓶中緩緩上升，發出輕微的嘶嘶聲。他小口品嚐那薑酒，感受到溫暖的薑味在喉嚨中擴散，驅散了身體的寒意。

「這裡有一位名叫艾拉莉娜的獵星者，她是對新手非常友好的魔法師，我常常看到她協助剛踏入獵星者行列的菜鳥開始他們的探索之旅。」尼賀勒．瓦再達指了指旅店內一個安靜的角落，那裡坐著一位看起來聚精會神的女獵星者，她面前擺放著一本厚厚的書籍。

「現在，你有以下選項：

A. 走向艾拉莉娜，請她一步步仔細教你這個初學者如何在 Colab 上安裝和載入探索天文的 Python 工具。

B. 向老闆打聽最近有什麼天文新發現。

C. 先不打擾艾拉莉娜，去旅店的書櫃尋找關於 Python 和天文學的書籍。

D. 輸入你的選擇，探索你感興趣的其他事物。」

他走向埋首於書中的艾拉莉娜。她注意到有人接近，抬起頭來，臉上露出了溫和的微笑，她穿著一件綴有星空圖案的長袍。

「嗨，我是艾拉莉娜。」她說道，「你是新來的吧？很高興見到你。」

他告訴艾拉莉娜他已經在 Colab 開啟一個新的 Jupyter notebook，但不知接下來該如何安裝並載入能探索天文的 Python 工具。艾拉莉娜點了點頭，輕輕拍了拍她身旁的椅子，示意他坐下，然後用魔法仗輕輕一揮，一道亮光從仗尖發出，漸漸在空中形成一個半透明的螢幕。畫面上顯示著一個程式碼的編輯器，就像是在 Colab 中看到的那樣。

艾拉莉娜開始說明。「在 Python 中，我們有幾個強大的工具可以用來進行天文探索，最基本的有 Astropy 和 Astroquery 這兩個套件。Astropy 提供了許多獵星常用的功能，例如物理單位和坐標系統的轉換，以及天文資料的讀取、處理和視覺化。而 Astroquery 則可以方便我們從各種天文資料庫中查詢和下載資料。這些工具對於我們這些獵星者來說非常重要，因為它們幫助我們理解星體，揭曉那些隱藏在資料中的故事。」

「要在 Colab 的 notebook 中安裝這些套件，你可以使用 pip install 指令。」她接著用魔法仗朝著那個半透明的螢幕揮灑出兩行咒語。

```
pip install astropy
pip install astroquery
```

「安裝完成後，我們需要透過 import 語法在 notebook 中載入這些套件才可以使用。例如，如果我們想要使用 Astropy 中處理物理單位的子套件 units 的模組功能，也想利用 Astroquery 從 Simbad 資料庫取得資料，我們可以這樣寫。」艾拉莉娜繼續讓程式碼在半空中的螢幕顯現：

```
from astropy import units as u
from astroquery.simbad import Simbad
```

艾拉莉娜鼓勵他在 Colab 中親手試著安裝並載入這些套件。「恭喜！你有了開始探索天文的基本工具囉。隨著你的學習進展，你將會發現更多的功能和用法唷。你是否還有其他問題？

現在，你可以選擇：

A. 詢問艾拉莉娜如何使用 Astropy 來進行基本的天文計算。

B. 向艾拉莉娜詢問更多關於如何從 Astroquery 查詢天文資料庫的細節。

C. 感謝艾拉莉娜的幫助，並到旅店其他地方探索。

D. 輸入你的選擇 (請告訴我，你接下來想學習什麼？)。」

他說他不清楚什麼是 pip、套件、子套件以及模組，希望艾拉莉娜用麻瓜能懂的方式進一步解說。

艾拉莉娜看到他有些困惑，輕輕地笑了笑，然後說道：「沒問題，讓我用生動有趣的方式來解釋這些概念。想像在這個魔法世界裡，有一個巨大的魔法商店，叫做 PyPI(Python Package Index)，它擁有各式各樣已經被寫好且可以直接使用的魔法工具箱，以便幫助你完成特定的任務，例如變出一整片花田。這些工具箱我們稱之為『套件』。當魔法師需要特定的魔法工具來完成他們的任務時，就會去這個魔法商店尋找所需的套件。」

艾拉莉娜用咒語在螢幕上展示了一張精美的插畫，描繪著一個熱鬧的魔法市場。

「在我們的世界中，『pip』是一個召喚咒語，允許魔法師從這個巨大的魔法商店中，召喚出他們所需的魔法工具箱。當我們執行了『pip install 某個套件名稱』這個咒語時，就是去 PyPI 尋找我們所需要的套件，並將它帶回來供我們使用。」

她從長袍中拿出一本魔法書後繼續解釋：「一旦這些套件被召喚回來，它們會被安置在我們的魔法書裡，也就是我們的 Python 環境中。」接著她再從魔法書中取出一個古老且精緻的大盒子，上面寫著「Astropy」。

「Astropy 套件是一個裝滿許多天文學相關魔法工具的大盒子。而在這個大工具箱內，還有許多更小的盒子，這些小盒子可以被看作是『子套件』。每一個子套件都是 Astropy 中的一個特定功能的工具集。」

她打開 Astropy 工具箱，取出一個標記著「Units」的迷你盒子。

「以『Units』這個子套件為例，它是一個專門用於轉換物理單位的小工具盒。我們在描述與星體魔物的距離時，不同的魔物可能需要使用到不同的單位，比如說『公里』、『光年』或『秒差距』，Units 子套件提供的工具能方便我們在這些單位之間轉換。而在每個子套件之中，還有更細小的元件，稱之為『模組』。模組就像是小工具盒中的各種工具，每一個都有其用途。例如，在 Units 子套件中，有一個模組定義了一般的物理單位，而另一個模組則定義專門用於天文的物理單位。」

最後，她總結：「因此，當你聽到『安裝一個套件』時，就想像成是從魔法商店中召喚一套完整的魔法工具箱回來，而『載入一個子套件或模組』則是從這工具箱中挑選特定的工具來使用。」

艾拉莉娜的解釋既生動又有趣，讓這些原本可能感到陌生的概念變得親切易懂。

「現在，你對這些概念有更好的理解了吧？你是否還有其他問題？

A. 詢問艾拉莉娜是否有其他能探索天文的 Python 工具。

B. 請教艾拉莉娜 Python 的基礎語法。

C. 向艾拉莉娜詢問她的獵星故事。

D. 輸入你的選擇 (請告訴我，你接下來想學習什麼？)。」

他表示對於載入套件模組的語法感到困惑，希望艾拉莉娜能用一張表來解說。

艾拉莉娜點了點頭，隨後她再次揮動魔法仗，這次在半透明螢幕上顯示出了一張表格。

語法	描述	例子
import 套件名	直接載入整個套件，需要透過「套件名 . 模組名」來使用模組的功能	import astropy
import 套件名 as 別名	載入整個套件並給它一個更短的別名，可以透過「別名 . 模組名」來使用模組的功能	import astropy as ap
from 套件名 import 模組名或子套件名	從套件中載入特定的模組或子套件，可以直接使用模組 / 子套件名稱來取得所屬功能，而不需要在前面加上主套件名稱	from astropy import units
from 套件名 import 模組名或子套件名 as 別名	從套件中載入特定模組或子套件並給它一個別名，可以直接以別名來使用其功能	from astropy import units as u
from 套件名 import *	載入套件中的所有模組，不建議使用，因為可能會導致不同套件的模組名稱衝突	from astropy import *

艾拉莉娜解釋道：「這張表整理了各種用來載入套件模組的語法，你可以根據你的需求，選擇最適合你當前情境的語法。比如說，如果你只需要使用 Astropy 套件中的 units 子套件功能，那麼『from astropy import units as u』會比『import astropy.units』來得好，因為它讓你可以直接以別名來使用 units 的功能，而無需每次都輸入『astropy.units』。希望這張表格能夠幫助你更好地理解如何載入 Python 套件和模組，將需要的魔法工具召喚到你的魔法書中。你是否還有其他問題？

現在，你可以選擇：

A. 試著在你的魔法書 (Colab notebook) 中使用這些語法，並且請艾拉莉娜指導。

B. 詢問艾拉莉娜如何使用 Astroquery 查詢 SIMBAD 資料庫中的天體資訊。

C. 探索旅店，與其他獵星者交流，了解他們的經驗和冒險。

D. 輸入你的選擇 (請告訴我，你接下來想學習什麼？)。」

他好奇還有哪些天文相關的 Python 套件，希望艾拉莉娜能用表格舉例。

艾拉莉娜的魔法仗像是板擦和粉筆，將半透明螢幕上原本的表格內容抹去又填上。

套件名稱	功能描述
Astropy	提供天文研究常用的基本工具，例如座標系統、時間系統、物理單位的轉換以及檔案讀寫操作。
Astroquery	用來查詢和下載各種天文資料庫的資料。
SunPy	提供太陽觀測資料下載、分析與視覺化的工具。
Lightkurve	用於分析 Kepler 和 TESS 太空望遠鏡的光變曲線資料，以便尋找和研究系外行星。
photutils	用於天文影像的光度學分析，例如測量星體的光度。
specutils	用於分析星體光譜，包括讀取、擬合、視覺化光譜資料。
AstroML	提供機器學習和資料探勘的工具來分析天文資料。

艾拉莉娜微說道：「這只是眾多天文相關 Python 套件中的幾個，每一個都有其獨特的功能和應用場景。隨著你在獵星者之路所作的抉擇，你將會探索到更多的工具。你是否還有其他問題？

現在，你可以選擇：

A. 詢問艾拉莉娜什麼是光變曲線。

B. 請艾拉莉娜列舉 Astroquery 可以取得哪些天文資料庫的資料。

C. 向艾拉莉娜詢問有關太陽物理學和使用 SunPy 的更多資訊。

D. 輸入你的選擇 (請告訴我，你接下來想學習什麼？)。」

他提到艾拉莉娜剛剛有示範從 Astroquery 套件載入 simbad 模組的功能，但他不清楚這是什麼樣的天文資料庫，希望艾拉莉娜能詳細說明。

艾拉莉娜微笑著，似乎很高興他對天文的好奇心。

「SIMBAD 全名為 Set of Identifications, Measurements, and Bibliography for Astronomical Data，是由法國斯特拉斯堡天文資料中心維護。在 SIMBAD 中，你可以查詢到關於恆星、星系、星雲、太陽系外行星等各種天體的基本資訊，比如它們的位置、距離、光譜類型、亮度以及其他物理參數。此外，SIMBAD 還提供這些資訊所引用的參考文獻，讓獵星者可以追蹤到相關的學術出版物。」

艾拉莉娜用魔法仗在空中輕輕一揮，半透明的螢幕上展示了一個簡單的程式碼範例及執行結果。

```
from astroquery.simbad import Simbad

result = Simbad.query_object('M31')
result
```

Table length=1

MAIN_ID	RA	DEC	RA_PREC	DEC_PREC	COO_ERR_MAJA	COO_ERR_MINA	COO_ERR_ANGLE	COO_QUAL	COO_WAVELENGTH	COO_BIBCODE	SCRIPT_NUMBER_ID
	"h:m:s"	"d:m:s"			mas	mas	deg				
object	str13	str13	int16	int16	float32	float32	int16	str1	str1	object	int32
M 31	00 42 44.330	+41 16 07.50	7	7	--	--	0	C	I	2006AJ....131.1163S	1

「這個例子示範了如何使用 simbad 模組查詢一個天體的基本資訊，這裡我們查詢的是 M31，也就是仙女座星系，你可以得知 M31 在天球赤道座標系統中的位置等資訊。透過這樣的工具，即使是身處遙遠的星際旅店，我們也能觸及宇宙的每一個角落。你是否還有其他問題？

現在，你可以選擇：

A. 請艾拉莉娜解釋天球赤道座標系統。

B. 詢問艾拉莉娜她的獵星故事。

C. 詢問艾拉莉娜 Astroquery 還能取得哪些天文資料庫的資料。

D. 輸入你的選擇。(請告訴我，你接下來想學習什麼？)。」

你在《獵星者旅店》的遊戲視窗旁開啟了網頁瀏覽器，進入到 SIMBAD 的網頁。

「頁面中有很多連結，恩……先試試看左上角那個 basic search 吧。」我在你身旁建議道。

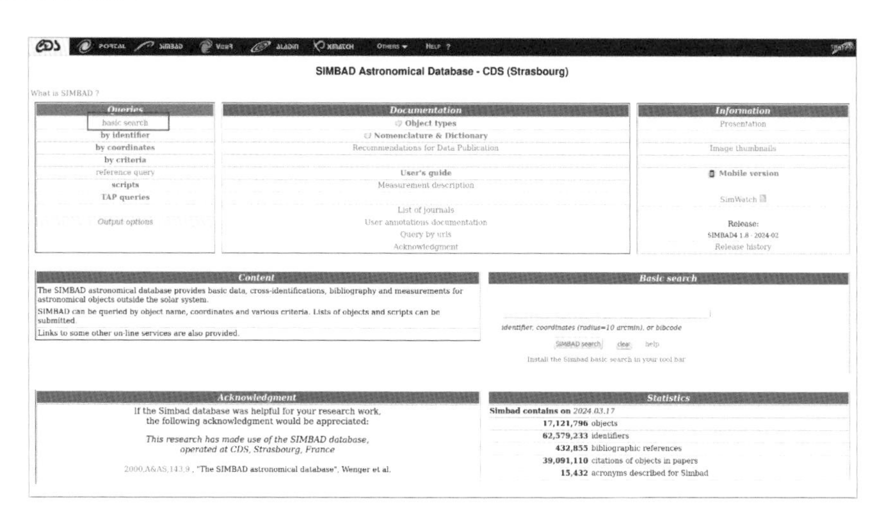

你接著在 basic search 頁面的搜尋框中輸入艾拉莉娜提到的仙女座星系 M31。

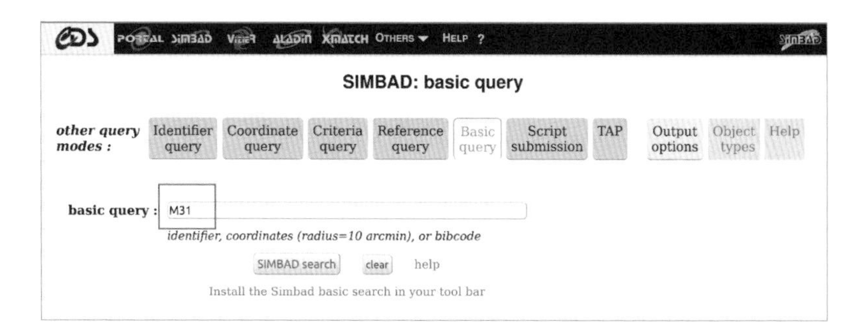

「M31 的赤經座標 RA 是 00 42 44.330，赤緯座標 DEC 為 +41 16 07.50，跟 Astroquery 查詢到的一致。」你指著搜尋結果頁面中的 ICRS 那行說道。

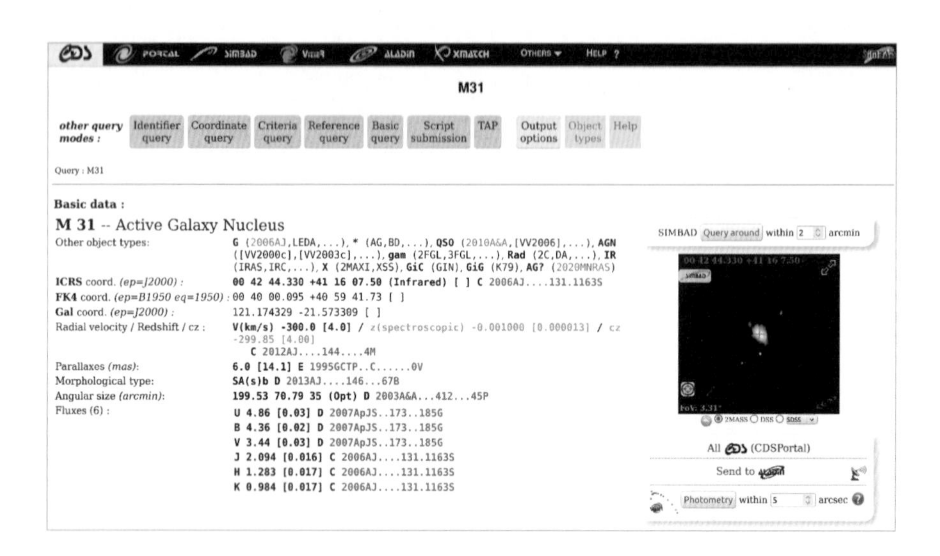

「你接下來還想問艾拉莉娜什麼問題嗎？」你轉過頭來問我。

「我們來聽聽艾拉莉娜的獵星故事吧。」

···············

「我想聽聽你用 Python 獵補星體魔物的冒險。」他說。

「這個星系團魔物，」艾拉莉娜用魔法仗指著半透明的螢幕上一個漸漸浮現的影像，開始講述她與魔物的戰鬥。「它藏身於遙遠的宇宙深處，以強大的重力擾動著途經它的星體光輝，造成重力透鏡效應。」

當她說到這裡時，螢幕標示出那個星系團魔物在一顆畫著格線的球體上的位置。「為了捕捉這魔物，我利用 Astropy 中的 coordinates 模組來確認它的天球赤道坐標系統位置。」

「不僅如此，」艾拉莉娜繼續說道，她的魔法仗在空中編織著程式碼，將 Python 腳本轉化為一系列強大的魔法攻擊。「我還使用光譜分析套件 Specutils 來研究其組成，每一次攻擊都必須精準無誤地針對魔物的弱點，才能揭露它的光譜譜線。」

「你無處可逃！」艾拉莉娜突然對著螢幕中的魔物大喝，原本在椅子上聽故事的他嚇得跌坐到地板。

「哈，抱歉。」艾拉莉娜笑著說。「這場戰鬥讓我收集到寶貴的資訊，我們現在對這個星體魔物有了更深的了解。每一位獵星者都有自己的道路和挑戰，學習和使用天文相關的 Python 套件，將是你獵補星體魔物、探索它們故事的關鍵。你是否還有其他問題？

現在，你可以選擇：

A. 請艾拉莉娜多介紹 Specutils 套件。

B. 回到旅店櫃台，向老闆再要一杯。

C. 探索旅店的圖書館，查詢星系團和重力透鏡效應的資訊。

D. 輸入你的選擇，冒險往往來自於不按牌理出牌。」

2.2 如何查詢這些工具的功能和使用方法？

他向艾拉莉娜表示感謝後，回到了旅店的櫃檯前，步履輕快，心中充滿對於即將探索新知識的期待。

「老闆，我剛剛已經從艾拉莉娜那裡學到了如何在 Python 中載入與天文學相關的套件。現在，我想進一步了解如何在 Colab 中查詢這些套件的功能及使用方法。請問，在這間旅店中，我應該去哪裡尋找相關的學習資源？」他好奇地詢問。

老闆尼賀勒・瓦再達露出了一絲會心的微笑。「嗨，又見面了，菜鳥。很高興看到你已經開始踏上這條成為獵星者的學習之旅。在《獵星者旅店》裡，我們有豐富的學習資源供你探索，已知的未知的都有，全靠你的想像力。但在此之前，讓我先倒給你一杯名為『星織藍調』的特調，這是用來慶祝你已經掌握了載入天文相關 Python 套件的技巧。你喝了，我再答。」

杯中淡雅的藍莓香氣緩緩飄散，他飲下後，發覺不僅有果香，更有是一股無形的知識力量，在他的體內悄然流動。

「好，讓我來告訴你如何找到你要的學習資源。」老闆的語氣變得神秘而又嚴肅。「在旅店一角，有一個被稱為『啟思之庫』的神秘圖書館，那裡不僅收藏了從基礎到進階的 Python 與天文學書籍，還可以找到一些獵星者們撰寫的研究筆記和心得分享。但要進入『啟思之庫』，你需要通過一個小考驗，證明你的求知欲望，但別擔心，這個考驗會根據每個人的能力和需求有所不同。接下來，你想要怎麼做？

A. 詢問旅店中是否還有其他可以找到學習資源的地方。

B. 直接挑戰進入『啟思之庫』的考驗。

C. 先四處走走，了解其他獵星者如何利用『啟思之庫』中的資源。

D. 自由輸入你想探索的事物。」

尼賀勒．瓦再達眼中閃爍著認可和欣賞，稱讚他挑戰考驗的勇氣。尼賀勒．瓦再達吐著蛇信，指向旅店深處的一道隱蔽通道，那裡隱約透出一絲神秘的光芒，似乎是通往未知挑戰的入口。

他隨著尼賀勒．瓦再達的指引，步入那條通道。牆壁上雕刻著古老的咒語和星圖，每一步都彷彿踏在浩瀚宇宙的歷史之上。隨著進深，空氣中彌漫著一股淡淡的銀色光輝，照亮了前方的路。他來到了那扇神秘之門前，這扇門的設計極為獨特，將現代科技與古老魔法的元素巧妙融合。門框上雕刻的蛇形圖案，蜿蜒曲折，似乎在不斷變化著形狀，而那些星星圖案則閃爍著柔和的光輝，彷彿是真正的星辰被固定在了門上。門邊有一個小型螢幕。

考驗開始，螢幕上出現了文字：「歡迎來到『啟思之庫』的入口，勇敢的菜鳥獵星者。你的考驗是證明你掌握了在 Colab 中載入天文相關 Python 套件的基礎知識。請回答這個問題：如果你想在 Colab 的 notebook 魔法書中召喚 Astropy 的常數模組，你會使用下列哪個咒語？

A. 高舉你的魔杖，堅定地說「from astropy import constants as const」，讓常數之光照亮你的獵星之路。

B. 輕輕地唸著「pip install astropy.constants」，然後神秘地眨眼三次，等待常數之門為你開啟。

C. 在一張羊皮紙上寫下「import constants from astropy」，將其放入一本古老的魔法書中，希望常數顯現。

D. 低聲念出「use astropy.constants」，祈求常數的力量揭示隱藏的秘密。

請選擇你認為正確的答案來通過考驗。」

他輸入答案後，螢幕上的文字發生變化，顯示出新的訊息：「恭喜你！勇敢的菜鳥獵星者，你已通過考驗。現在，『啟思之庫』的大門將為你開啟。」

隨著這段文字的出現，那扇古老的門緩緩打開，露出了一個巨大的圖書館。螢幕接著顯示：「書架上滿載著各式各樣的書籍，從古老的卷軸到 epub 電子書應有盡有，等待著你的探索。請選擇你接下來想要做的事情：

A. 立刻深入圖書館，尋找有關在 Colab 使用天文相關 Python 套件的進階資料。

B. 先在入口處尋找可能指引你如何更有效利用圖書館資源的提示或指南。

C. 與圖書館內的其中一位獵星者交談，打聽圖書館的資訊。

D. 自由輸入你想在圖書館探索的事情。」

他先在入口處尋覓，目光很快就被一塊掛在牆上的古老木牌所吸引，上面刻著精緻的字跡，看來是為初來乍到的菜鳥準備的。

木牌上寫著：「歡迎來到『啟思之庫』，獵星者們的寶庫。在這裡，我們收藏了從古至今所有關於天文學和 Python 的知識。請遵循以下指南：

1. **確認你的學習目標**：在尋找書籍之前，確定你想要學習或解決的具體問題。

2. **使用索引和目錄**：圖書館入口有索引和目錄可供查詢，幫助你快速找到你需要的書籍。

3. **尊重每本書和每片知識**：這裡的每一樣東西都是前人智慧的結晶，請小心翼翼地對待。

4. **記錄所學**：隨身攜帶筆記工具，例如台灣之光 Heptabase 和 HackMD，記下你認為重要的點或未來可能需要的參考資料。

5. 分享你的發現：在探索的過程中，如果你發現了特別有用或有趣的知識，不妨與其他獵星者分享。

願你在這裡啟發你的思想。」

閱讀完這些指南後，他覺得自己對於如何在這個龐大的知識星海中導航有了更清晰的方向。他身後的門突然關起來，門邊的喇叭傳來聲響：「你的下一步是什麼？

A. 為了知道如何在 Colab 中查詢 Python 套件的功能及使用方法，按照木牌上的建議，使用入口的索引和目錄來尋找相關書籍 。

B. 隨機選擇一個區域開始瀏覽，看看能否找到什麼有趣的書籍。

C. 尋找圖書館內的獵星者，請教他們關於你感興趣主題的建議。

D. 自由輸入你想在圖書館探索的事情。」

遵循木牌上的指南，他走向入口旁的一個石製的落地閱讀架，旁邊有一盞照明充足的立燈，方便閱讀。閱讀架上擺著一台電子閱讀器，畫面顯示一本厚重的冊子，封面用金色字體寫著「『啟思之庫』索引及目錄」。他打開冊子，發現它按照主題分類得非常詳細，涵蓋了從基礎的天文 Python 套件使用到進階的天文資料分析，應有盡有。索引是按字母順序排列的，每個主題旁邊都有對應的書架和區域號碼，讓尋找特定主題變得極為容易。他快速翻閱到「Python 套件查詢與應用」這一部分，找到了一個專門介紹如何在 Colab 中查詢和學習 Python 套件功能及使用方法的書籍清單。其中一本書名為《Colab 天文魔法書：掌握 Python 套件》，書架號碼為「TA-42」，這本書看起來正是他需要的。

按照冊子上的地圖，他穿過密密麻麻的書架，最終找到了 TA-42，他迅速定位到了《Colab 天文魔法書：掌握 Python 套件》。這本書的封面上繪有一個用魔法杖操作著一台充滿咒語的電腦的巫師。這時安裝在書架上的喇叭突然傳出聲音：「你接下來想要做什麼？

現在，你有幾個選擇：

A. 從第一頁開始細讀《Colab 天文魔法書：掌握 Python 套件》。

B. 快速查看《Colab 天文魔法書：掌握 Python 套件》的目錄，尋找哪一個章節內容是關於如何在 Colab 中查詢 Python 套件的功能及使用方法。

C. 瀏覽書架上的其他書籍。

D. 自由輸入你想在圖書館探索的事情。」

他快速翻閱《Colab 天文魔法書：掌握 Python 套件》的目錄，注意到了一個特別吸引他的章節「章節 2：探索 Python 套件的宇宙 - 在 Colab 中的查詢與應用」，內容包括：

1. **介紹 Colab 的基本功能**：解說 Colab 環境的操作和設定。
2. **安裝 Python 套件**：解說如何在 Colab notebook 中安裝 Astropy 等 Python 套件，包含使用 pip、conda 等套件管理工具。
3. **載入和使用套件**：解說如何載入安裝好的套件並開始使用其功能。
4. **查詢套件功能**：解說如何利用 help() 函式和線上資源來查詢套件的功能和使用方法。
5. **實戰演練**：提供一系列練習和範例，讓讀者在 Colab 中親手操作，以加深對 Astropy 套件的功能理解和應用。

此時書中浮現出一隻極小的蛇，嘶聲說道：「你打算如何閱讀這本書？

現在，你有幾個選擇：

A. 深入閱讀整個章節 2。

B. 直接跳到『查詢套件功能』的部分，了解什麼是 help() 函式以及如何用它來查詢套件的功能和使用方法。

C. 著重於『實戰演練』的部分，通過實際操作來了解 Astropy 套件的各種功能。

D. 自由輸入你想在圖書館探索的事情。」

他翻到「2.4 查詢套件功能」，這一節開頭介紹了 help() 函式的用途，以及如何使用它來查詢 Python 套件的功能和使用方法。他開始閱讀：

「什麼是 help() 函式？

help() 函式是 Python 內建的一個實用功能，可以用來查詢任何 Python 物件 (包括套件、模組、函式、類別等) 的說明內容。當你想了解某個套件或其中某個功能的具體用法時，可以使用 help() 函式來獲得相關資訊。

如何使用 help() 函式來查詢套件的功能和使用方法？

1. **載入套件**：首先，你需要在 Colab notebook 中載入你想查詢的套件。例如，如果你想查詢 Astropy 套件的功能，你需要先輸入 import astropy 將它載入到你的 Python 環境中。

2. **使用 help() 函式**：載入套件後，你可以直接在程式碼區塊中使用 help() 函式。將你想要查詢的 Python 物件作為參數傳遞給 help() 函式。例如，help(astropy) 將顯示 Astropy 套件的整體說明內容。

3. **實用技巧**：在 Colab 中，你還可以在 Python 物件後加上『?』來顯示它的摘要說明，例如 astropy?。」

當他閱讀至此，書中小蛇再度浮現，嘶聲說道：「現在你已經對於 help() 函式有了基本的了解，你打算怎麼做？

A. 繼續閱讀該章節了解如何藉由線上資源查詢套件的功能和使用方法。

B. 翻回目錄，尋找是否有章節有解說什麼是 Python 物件、函式及類別。

C. 繼續閱讀書中其他章節，以獲得更多關於 Python 天文套件的知識。

D. 自由輸入你想在圖書館探索的事情。」

他將《Colab 天文魔法書：掌握 Python 套件》放回 TA-42 書架上，目光被旁邊一本標題很直白的書所吸引：《這本互動式筆記是一個讓玩家利用 help() 函式認識 Astropy 套件模組功能的密室探索遊戲》。他拿起這本書，封面有一位老獵星者站在滿是書架和古老卷軸的密室中，手持一本《這本互動式筆記是一個讓玩家利用 help() 函式認識 Astropy 套件模組功能的密室探索遊戲》，正凝視著他。

老獵星者開口說：「嘿，菜鳥，我們都是在遊戲中。這個遊戲有一系列的密室挑戰，每一個密室都讓你能探索 Astropy 套件模組的功能。你準備好開始這場冒險了嗎？

A. 馬上開始遊戲，挑戰第一個密室。

B. 先仔細研讀遊戲指南，確保自己完全理解遊戲規則。

C. 繼續在 TA-42 書架上尋找其他可能有用的書籍。

D. 自由輸入你想在圖書館探索的事情。」

他翻開這本互動式筆記的第一頁，瞬間被吸入了書中的世界，來到第一個密室——一間充滿神秘氛圍的圖書館，四周擺滿了古老的書籍和奇特的天文儀器。在密室的中央，有一個浮動的光球，光球中顯示著他的第一項挑戰：

「揭開太陽的秘密，找到它的質量常數。」

他四處探索密室，在一個陳舊的書架上，發現一本打開的筆記本，上面寫著『Help me. Click me.』。他的指尖輕觸著它，筆記本立即顯示出一個互動式指令介面，第一行已經載入 Astropy 套件。

首先，他試著用 help() 查詢整個 Astropy。

```
import astropy

help(astropy)
```

```
Help on package astropy:

NAME
    astropy

DESCRIPTION
    Astropy is a package intended to contain core functionality and some
    common tools needed for performing astronomy and astrophysics research with
    Python. It also provides an index for other astronomy packages and tools for
    managing them.

PACKAGE CONTENTS
    _version
    compiler_version
    config (package)
    conftest
    constants (package)
    convolution (package)
    coordinates (package)
    cosmology (package)
    extern (package)
    io (package)
    logger
    modeling (package)
    nddata (package)
    samp (package)
    stats (package)
    table (package)
    tests (package)
    time (package)
    timeseries (package)
    uncertainty (package)
    units (package)
    utils (package)
    version
    visualization (package)
    wcs (package)
```

筆記本上迅速浮現出 Astropy 的簡介和子套件列表，這個列表中包括了 constants、coordinates、time、units 等多個子套件。他的目光停留在 constants 上，意識到要解開謎題，必須深入了解與「常數」相關的功能。於是，他決定進一步探索 constants，輸入 help(astropy.constants)。

```
import astropy

help(astropy.constants)
```

```
---------------------------------------------------------------------------
AttributeError                            Traceback (most recent call last)
<ipython-input-3-d44f326dbdb2> in <cell line: 3>()
      1 import astropy
      2
----> 3 help(astropy.constants)

AttributeError: module 'astropy' has no attribute 'constants'
```

然而，筆記本卻浮現「AttributeError: module 'astropy' has no attribute 'constants'」的錯誤訊息。

他試著在密室各處尋找解決方法。在角落一張搖搖欲墜的桌子底下，他發現了一張厚紙板被墊在桌腳下。他將厚紙板張開，看到上面寫著：「在使用 Astropy 套件前，需要確認你有正確地載入套件的各個部分。你可能需要以不同的方式載入 constants 子套件，例如使用更具體的載入語句。」

經過多次嘗試，他終於成功用 help() 函式查詢到 constants 子套件的功能說明了。

```
from astropy import constants as const

help(const)
```

```
Help on package astropy.constants in astropy:

NAME
    astropy.constants

DESCRIPTION
    Contains astronomical and physical constants for use in Astropy or other
    places.

    A typical use case might be::

        >>> from astropy.constants import c, m_e
        >>> # ... define the mass of something you want the rest energy of as m ...
        >>> m = m_e
        >>> E = m * c**2
        >>> E.to('MeV')  # doctest: +FLOAT_CMP
        <Quantity 0.510998927603161 MeV>

    The following constants are available:

    ========== ============== ================ =========================
       Name        Value            Unit       Description
    ========== ============== ================ =========================
        G       6.6743e-11     m3 / (kg s2)    Gravitational constant
       N_A    6.02214076e+23    1 / (mol)      Avogadro's number
        R       8.31446262     J / (K mol)     Gas constant
       Ryd      10973731.6      1 / (m)        Rydberg constant
       a0     5.29177211e-11       m           Bohr radius
      alpha   0.00729735257                    Fine-structure constant
       atm        101325           Pa          Standard atmosphere
      b_wien  0.00289777196       m K          Wien wavelength displacement law constant
        c       299792458       m / (s)        Speed of light in vacuum
        e     1.60217663e-19       C           Electron charge
       eps0   8.85418781e-12      F/m          Vacuum electric permittivity
        g0       9.80665         m / s2        Standard acceleration of gravity
        h     6.62607015e-34      J s          Planck constant
       hbar   1.05457182e-34      J s          Reduced Planck constant
       k_B     1.380649e-23     J / (K)        Boltzmann constant
       m_e    9.1093837e-31       kg           Electron mass
       m_n    1.6749275e-27       kg           Neutron mass
       m_p    1.67262192e-27      kg           Proton mass
       mu0    1.25663706e-06     N/A2          Vacuum magnetic permeability
       muB    9.27401008e-24      J/T          Bohr magneton
     sigma_T  6.65245873e-29      m2           Thomson scattering cross-section
     sigma_sb 5.67037442e-08  W / (K4 m2)      Stefan-Boltzmann constant
        u     1.66053907e-27      kg           Atomic mass
     GM_earth  3.986004e+14    m3 / (s2)       Nominal Earth mass parameter
      GM_jup  1.2668653e+17    m3 / (s2)       Nominal Jupiter mass parameter
      GM_sun  1.3271244e+20    m3 / (s2)       Nominal solar mass parameter
      L_bol0    3.0128e+28         W           Luminosity for absolute bolometric magnitude 0
      L_sun     3.828e+26          W           Nominal solar luminosity
     M_earth  5.97216787e+24      kg           Earth mass
      M_jup   1.8981246e+27       kg           Jupiter mass
      M_sun   1.98840987e+30      kg           Solar mass
```

筆記本浮現 constants 子套件提供的物理常數列表以及載入它們的語法。他接著在筆記本的互動式指令介面輸入以下程式碼：

```
from astropy.constants import M_sun

M_sun
```

1.9884099×10^{30} kg

筆記本立即顯示出太陽質量的數值及單位。密室中央浮動的光球頓時爆發出耀眼的光芒，然後緩緩消散，顯示出一扇通往下一個密室的門。門上寫著一段文字：

「恭喜你，成功揭開了太陽的秘密。下一個挑戰等待著你，你準備好了嗎？

A. 勇敢地步入下一個密室，準備面對新的挑戰。

B. 檢查這個密室，看看有沒有可以帶走的物品。

C. 想辦法爬出《這本互動式筆記是一個讓玩家利用 help() 函式認識 Astropy 套件模組功能的密室探索遊戲》回到旅店的圖書館『啟思之庫』。

D. 自由輸入你想在這個密室探索的事情。」

他仔細檢查這個密室，看看是否有任何可以帶走的物品或是可能對未來的冒險有幫助的資源。

在光球原先所在地的台座下，他發現了一個隱蔽的小抽屜。抽屜似乎是用一種古老而精緻的機關鎖定的，但在他解開謎題的同時，機關也被解開了。他輕輕地拉開抽屜，裡面躺著一張閃亮的遊戲卡牌。

卡牌非常精美，邊緣鑲嵌著像是星塵般的微光。卡牌的正面描繪了一本敞開的魔法書，書頁浮現著各式各樣天文相關的物理常數符號，而在上方環繞的是一條代表 Astropy 的標誌性軌道。卡牌的底部寫著：

「Astropy Constants

掌握常數，解鎖天文學的秘密。

功能：提供取得物理學和天文學常數的能力，為解析宇宙的謎題提供基石。」

他將這張卡牌收入口袋，當作是完成挑戰的紀念品。

通往下一個密室的門上的字有了些微變化：「

A. 繼續進入下一個密室，探索更多 Astropy 的奧秘。

B. 想辦法爬出《這本互動式筆記是一個讓玩家利用 help() 函式認識 Astropy 套件模組功能的密室探索遊戲》回到旅店大廳。

C. 再次檢查這個密室，看看有沒有其他遊戲卡牌。

D. 自由輸入你想在這個密室探索的事情。」

他從口袋中取出那張閃耀著微光的遊戲卡牌，深呼吸一口氣，閉上眼睛，然後專注地想像著一個能夠幫助他穿越回旅店大廳的怪物。他輕聲唸出：「魔法來自想像、魔法來自想像、魔法來自想像……」

突然間，卡牌上的魔法書圖案變得生動起來，書頁快速翻動，最終停在他面前的是一個由獵戶座星點所組成的怪物。怪物向他點了點頭，從卡牌中吹出一個大泡泡，將他包裹在其中。隨著泡泡的旋轉加快，他感到周圍的景象開始模糊變形，直到一切都被一片耀眼的光芒所取代。

啵的一聲泡泡破了，他發現自己已經回到了旅店的大廳，卡牌仍然在手中。周圍是熟悉的景象和聲音，讓他感到一陣安心。

他走到櫃台，跟旅店老闆尼賀勒．瓦再達說他想喝一杯，老闆遞給他一張酒單。

Astropy 子套件	功能簡介
coordinates	提供天文座標系統的轉換和操作。
units	提供天文相關物理單位的轉換及數值結合。
time	提供時間和日期的處理，支援不同的時間標準和格式。
table	提供表格型天文資料的建立及操作功能。
io	提供多種天文資料格式的檔案讀寫功能。
modeling	提供模型定義和擬合功能，用於資料擬合和建模。
visualization	提供天文資料視覺化的工具。
stats	提供天文統計的工具。

他正要問老闆是不是拿錯酒單，尼賀勒・瓦再達卻先開口了：「菜鳥，你其實還在《這本互動式筆記是一個讓玩家利用 help() 函式認識 Astropy 套件模組功能的密室探索遊戲》之中，這是第二個密室，這張表列了幾個 Astropy 的子套件，為了逃出這個密室，你必須從這張表的線索中，找到一個能夠讀取由 SunPy 下載的 FITS 檔案的模組。現在，你可以：

A. 尋找是否有互動式指令介面的筆記本以便使用 help() 函式查詢這些子套件。

B. 詢問一旁的老獵星者知不知道什麼是 SunPy 和 FITS 檔。

C. 再次用卡牌召換怪物逃出密室。

D. 自由輸入你想在這個密室探索的事情。」

・・・・・・・・・・・・・・・・

你轉頭對我說：「哇哩咧，這遊戲的主角跟我們一樣被困在一個空間中了⋯⋯」

2.3 小結：我們在這章探索了什麼？

標題：[心得] 我在《獵星者旅店》遊戲中學習到 Python 套件的安裝、載入及功能查詢

作者：菜鳥獵星者

嗨大家好，我最近在玩一款結合 Python 學習與天文探索的新遊戲《獵星者旅店》，遊戲中的一大亮點是可以自訂與 NPC 對話的選項，讓玩家創造出自己的學習旅程。而且有些預設選項像是給玩家的練習題。以下是我目前從遊戲中學習到的一些重點分享給大家：

- **Python 套件的安裝**：學會了如何使用 pip 指令來安裝 Python 套件，特別是與天文學相關的套件，如 Astropy 和 Astroquery。
- **載入 Python 套件**：學會了如何透過 import 語法來載入安裝好的套件功能，例如 Astropy 的 Units 子套件和 Astroquery 的 Simbad 模組。也了解到不同的載入方式，包括直接載入整個套件、使用別名載入、從套件中直接載入特定的模組或子套件等等。
- **查詢套件的功能**：學會了使用 help() 函式來查詢套件、模組或函式的說明文件，這對於理解和學習套件的功能非常有幫助。
- **天文學相關 Python 套件**：初步認識了 Astropy、Astroquery、SunPy、Lightkurve、photutils、specutils 以及 AstroML 等天文學相關的 Python 套件，每個套件都有其獨特的功能和應用場景。

作為一名剛開始學習程式的初學者，過去我經常感到受挫，因為大部分的書籍和線上課程都是依照程式語言的語法來安排章節內容，這對我來說相當困難。畢竟，在我還未理解變數、字串、列表、字典、函數、for 迴圈、if 條件判斷等概念之前，目錄中的這些專有名詞就已經讓我感到迷惑不解。

這款遊戲的出現，讓我有機會以一種全新且有趣的方式來創造適合自己的學習體驗。它不僅讓我了解到程式可以做什麼、能達成什麼樣的使用情境，更重要的是，它透過解決問題的過程來幫助我學習基礎語法，這正是我所希望的學習方式。

不過，我的遊戲主角現在被困在《這本互動式筆記是一個讓玩家利用 help() 函式認識 Astropy 套件模組功能的密室探索遊戲》的密室之中，有人知道怎麼直接脫困回到旅店嗎？

推 來自喵星的月影：你有在密室遇到老獵星者嗎？好像要在各個密室中搜集齊能拼湊出她的完整故事的線索，才能真正逃出無窮的密室迴圈。

第 3 章：

如何用 Python 探索太陽觀測資料？

- 3.1　哪些太陽觀測計畫有將資料開放給大眾使用？
- 3.2　如何用 Python 取得太陽觀測資料？
- 3.3　如何用 Python 視覺化探索太陽觀測資料？
- 3.4　小結：我們在這章探索了什麼？

3.1 哪些太陽觀測計畫有將資料開放給大眾使用？

「嗨大家 👋，我是一名業餘天文愛好者，對於我們每天都能在白天看到的那顆大火球 🌞 感到好奇 🤔。我知道太陽是一個核心正進行著核融合反應而發光發熱的恆星，我好奇它會有哪些變化，而這些變化又會如何影響距離 1 億 5 千萬公里外的我們？

我聽說太陽其實充滿活力，像太陽風、日冕物質噴發、太陽黑子等活動都會影響到地球上的通訊系統、氣候和生態環境。天文學家們應該會對這些現象持續進行觀測和研究吧？

所以，我在這裡想要問問板上各位對天文觀測資料有興趣的大大和鄉民們，天文學家是否有公開太陽觀測資料讓一般大眾下載呢 📥？我們要如何下載到這些資料呢？

這樣我自己也能透過這些資料來了解太陽的動態啦。我覺得直接下載觀測資料來玩玩，不僅讓我能從這些龐大資料中了解大火球的故事，也能體驗天文研究，這應該會是一個很好的學習方式。希望大家能幫忙 🙏，非常感謝！
天文學 # 太陽觀測 # 開放資料 # 日貓子玩火球」

我望著病房窗外的夕陽，想起曾在墾丁天文台看過的綠閃光，那是一種極為罕見且短暫的大氣光學現象。在天氣非常晴朗的狀況下，當太陽快要完全沉入海平面的那刻，或是剛剛現於地平線的瞬間，會有一道光芒因為地球大氣折射的關係，呈現出迷人的綠色。

我將視線移回病床桌上的筆記型電腦，繼續閱讀著眼前這篇社群論壇的貼文，發文者是「日貓子」，他的大頭貼是一隻穿著獵人裝並試圖抓住太陽的貓。這個有趣的圖像不禁讓我笑了出來，大頭貼中的貓咪似乎正在挑戰一場戰鬥並喊著：「大火球！就決定是你了！」貼文中的問題引起了我的興趣，我一邊逗弄大頭貼中的貓一邊想像著那顆大火球的故事。

你聽見我的笑聲，疑惑發生什麼事，於是走過來隔壁床瞧瞧。

「你在看什麼？讓你笑得這麼開心啊？」你好奇地探頭望向我的螢幕。

我邊傻笑邊指著貼文，說道：「你看這隻貓咪，牠似乎在說：『大火球，休想逃過我這一爪，快交出你的故事來！』，哈哈。」

你被那大頭貼以及我的幻想力給逗樂了，也跟著笑了起來，或許還在心裡暗暗佩服我即使在病床上，還能保持這樣的幽默感和好奇心。你假裝正經地扮演起考官的角色，一邊推著眼鏡，一邊故作嚴肅地問：「這篇貼文的提問也蠻有趣的，那麼，作為一名天文迷，你還記得太陽風、日冕物質噴發和太陽黑子是什麼嗎？它們是如何對我們的地球造成影響的？」

「忘了。」我故意拉長音調，看著你，臉上露出了一絲狡黠的微笑，耍賴道：「哎呀，你明知道我腦中的拼圖灑了一地凌亂無序呢。但我記得太陽確實有許多變化，就像我這病，有時候好，有時候壞，不是嗎？i 蟒，來幫我喚起記憶，請用簡單易懂的方式來解釋這些太陽活動。」

「好的。首先，太陽風是由電子和質子組成的帶電粒子流，這些粒子從日冕層這個極炙熱的太陽外層大氣不斷流出，就像是太陽持續呼出的氣息。高溫賦予它們足夠能量逃脫太陽的引力，穿越太空，到達地球和其他天體。當這些帶電粒子和地球的磁場交互作用，會產生美麗的極光。但強烈的太陽風可能會干擾到地球的衛星通訊和電力網路。再來，日冕物質噴發是一種更劇烈的現象，它釋放出大量帶電粒子，就像是太陽突然打了一個噴嚏。這些粒子如果撞到地球，可能會引起更大的損害。」i 蟒停頓一下後繼續解釋：「至於太陽黑子，它們是太陽表面相對涼爽的區域，溫度較低使它們看起來較暗。太陽黑子的出現頻率和規模是太陽活動週期的一部分，大約每 11 年達到一個高峰，並且它們的多寡也會影響太陽風和日冕物質噴發的強度。」

「嘿嘿，看吧，i 蟒不就幫我拼好拼圖了嘛。」我一邊繼續逗弄著大頭貼裡的貓，一邊接著說：「話說回來，這篇貼文的最後，『日貓子』問到要如何下載太陽觀測的資料。我其實也有同樣疑問，可是目前都還沒有人回覆。我們來研究看看，然後留言回答他的問題，你覺得怎麼樣？」

「好阿。」你點頭說道。「我記得在『天聞的資料科學』專欄中有一篇關於太陽觀測資料的文章，好像有提到一些太陽觀測的計畫。i 蟒，請你幫我們搜尋這篇文章。」

「好的。我找到一篇相關文章，它的標題是『如何用 SunPy 取得太陽觀測資料？』。文章中提到四個太陽觀測計畫，分別是 Geostationary Operational Environmental Satellite(GOES)、Solar and Heliospheric Observatory(SOHO)、Solar Terrestrial Relations Observatory(STEREO) 和 Solar Dynamics Observatory (SDO)。」i 蟒的語音透過筆電的喇叭傳送出來。

「哇！那它們的觀測資料有開放給大眾下載使用嗎？」我問。

「是的，這些計畫的觀測資料都有公開，可以透過相關網站下載。」i 蟒回答。

「讚唷！那麼，這些太陽觀測計畫有什麼差別呢？請介紹它們的科學目標、儀器，以及能下載相關資料的網站。此外，要在螢幕上顯示它們的網站並標示從哪裡下載資料。」我接著問。

「好的。首先，GOES 是由美國國家海洋暨大氣總署營運的一系列地球環境衛星，負責監測地球的大氣、水文、海洋、氣候以及太陽活動等資料，以便研究地球環境變化並預測自然災害事件。GOES 的太陽觀測儀器主要包括 Extreme Ultraviolet and X-ray Irradiance Sensors 以及 Solar Ultraviolet Imager。」

此時，筆電螢幕上顯示了一個網址，並呈現 GOES 資料下載的網站頁面。

i 蟒在頁面中用框線先標示出 Extreme Ultraviolet and X-ray Irradiance Sensors 的資料下載區，接著再標示該儀器組中的 X-Ray Sensor(XRS) 的資料下載連結。

「咦？為何 GOES 的資料會有 16、17、18 的分別？」我指著 i 蟒所標示的下載連結問。

「GOES 其實是一系列的衛星，而 GOES-16、GOES-17 和 GOES-18 是系列中的不同衛星。當你點擊資料下載連結後，」i 蟒在螢幕上顯示新的頁面並繼續說明。「會進入到有資料夾結構的檔案下載頁面，然後你就可以選擇不同年份的資料來下載了。例如畫面上呈現的是 GOES-18 衛星在 2023、2022 年的 X-Ray Sensor 觀測資料檔案。」

NOAA NATIONAL CENTERS FOR ENVIRONMENTAL INFORMATION
NATIONAL OCEANIC AND ATMOSPHERIC ADMINISTRATION

Name	Last modified	Size
Parent Directory		-
2022/	2023-04-17 17:58	-
2023/	2023-11-04 06:01	-
sci_xrsf-l2-avg1m_g18_s20220902_e20231103_v2-2-0.nc	2023-11-06 05:24	37M
sci_xrsf-l2-avg1m_g18_y2022_v2-2-0.nc	2023-04-11 05:17	9.7M
sci_xrsf-l2-avg1m_g18_y2023_v2-2-0.nc	2023-11-06 05:23	27M

Home | privacy policy | questions

Website of the US Department of Commerce / NOAA / NESDIS / Home

「喔喔，我了解了。接著請繼續介紹 SOHO 吧。」

「好的。SOHO 則是由歐洲太空總署和美國太空總署合作的太陽觀測衛星，目的是研究太陽的內部結構、外層大氣以及太陽風。SOHO 裝載的觀測儀器多達 12 個，例如用來拍攝太陽日冕在紫外線範圍內高解析度影像的 Extreme ultraviolet Imaging Telescope、偵測太陽風離子組成的 Charge Element and Isotope Analysis System 等等。」

此時，螢幕顯示著 SOHO 的資料下載網址及網站頁面。

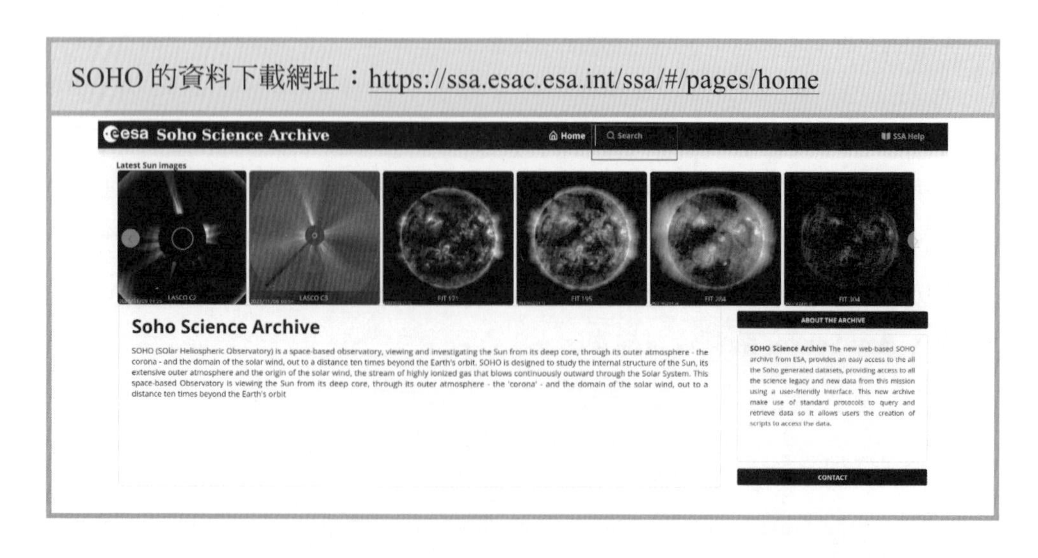

「在首頁右上角點擊『Search』後，會進入到資料搜尋及下載頁面。」i 蟒接著在該頁面中用框線依序標示出操作流程。「先在左側的『Main Search』區塊，選擇你要搜尋的日期範圍和儀器，例如，Extreme ultraviolet Imaging Telescope(EIT) 在 2023 年 5 月 21 日的觀測資料。點擊『SUBMIT』按鈕後，頁面中央會顯示搜尋結果，並讓你可以勾選想要下載的資料檔案。而頁面右側則會顯示你所選擇的檔案的相關資訊，例如觀測時間及波段等等。」

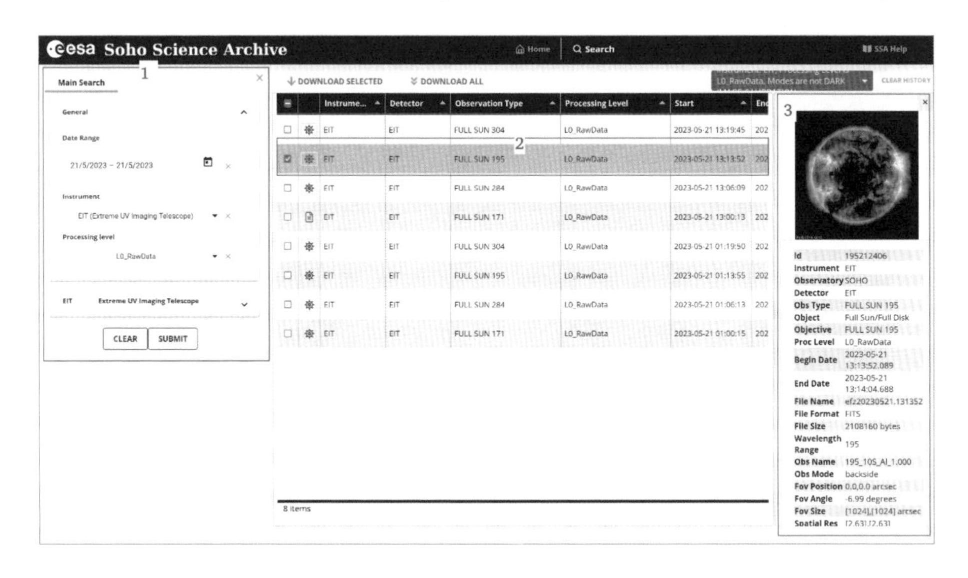

「耶！ SOHO 的開放資料讓我這個 SOHO 族也能宅在家探索天文。」你自以為風趣地插嘴個雙關笑話。這次不僅被我白眼，連 i 蟒都讓螢幕畫面全白。

等 i 蟒復原螢幕畫面後，繼續介紹下一個觀測計畫：「至於 STEREO，它是美國太空總署主導的任務，由 STEREO-A 和 STEREO-B 兩個衛星所組成，在不同的位置對太陽進行觀測。兩個衛星都搭載了 Sun Earth Connection Coronal and Heliospheric Investigation(SECCHI) 儀器組，藉由其中的 Extreme Ultraviolet Imager、Coronagraph、Heliospheric Imagers 等相機，建立日冕噴發現象的立體影像。」

這時螢幕畫面顯示了 STEREO 的 SECCHI 儀器組資料下載網址及網站頁面。

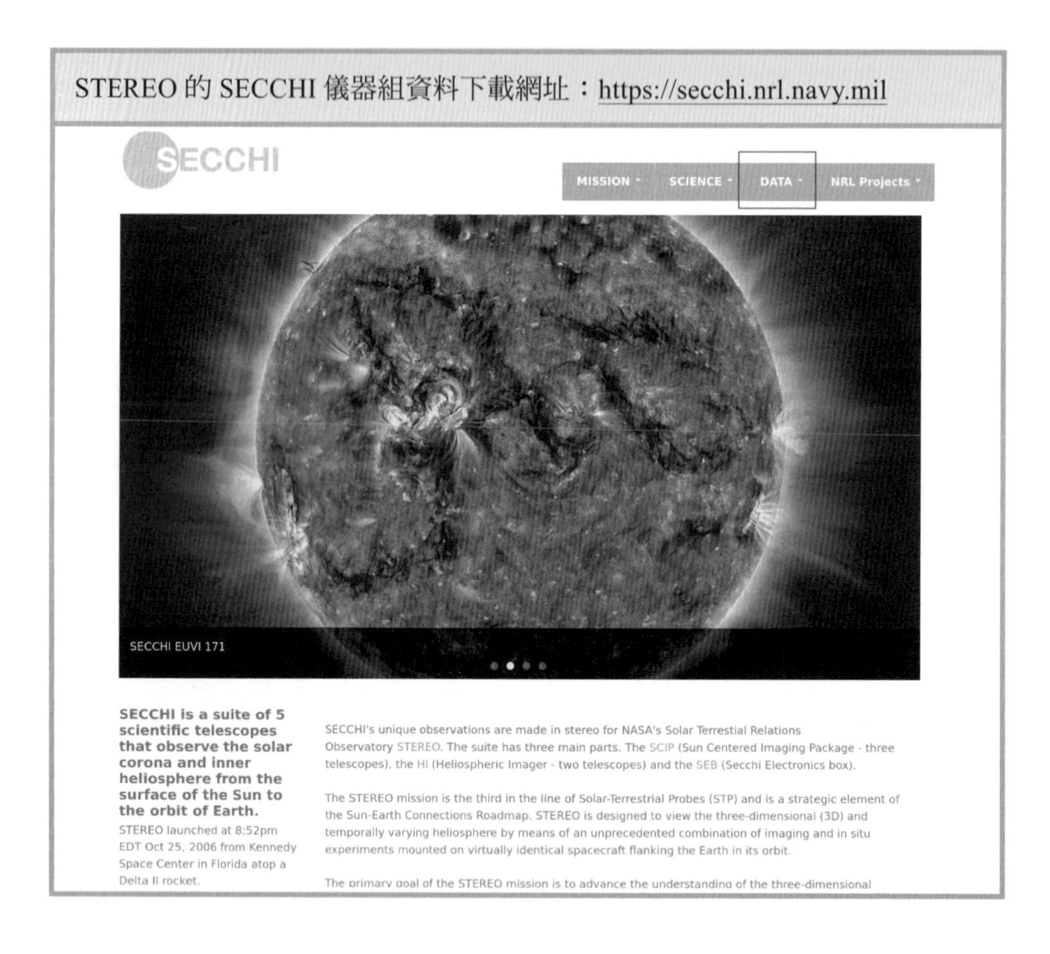

「在首頁右上角點擊『DATA』下拉選單的『Get SECCHI Data』後，會呈現資料搜尋表單。」i 蟒用框線標示出表單位置。「填好觀測日期、儀器相機、衛星、資料類型，並按『Generate URL』後，就會產生資料檔案的下載連結。例如，STEREO-A 衛星上的 Extreme Ultraviolet Imager(EUVI) 相機在 2023 年 5 月 21 日的影像觀測資料。」

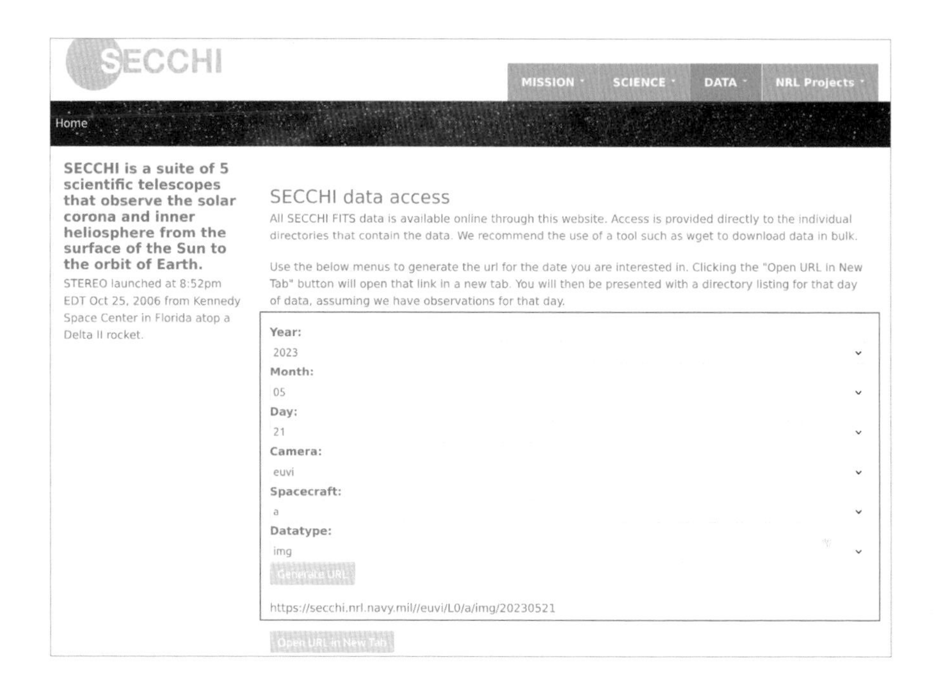

「最後，SDO 也是美國太空總署發射的太陽觀測衛星，透過 Atmospheric Imaging Assembly、Extreme Ultraviolet Variability Experiment 和 Helioseismic and Magnetic Imager 三個儀器，觀測太陽的大氣與磁場活動，以了解太陽如何影響地球及其周圍的太空環境。」

i 蟒再次切換螢幕畫面，顯示 SDO 的資料下載網址及網站首頁。

SDO 的資料下載網址：https://sdo.gsfc.nasa.gov/data

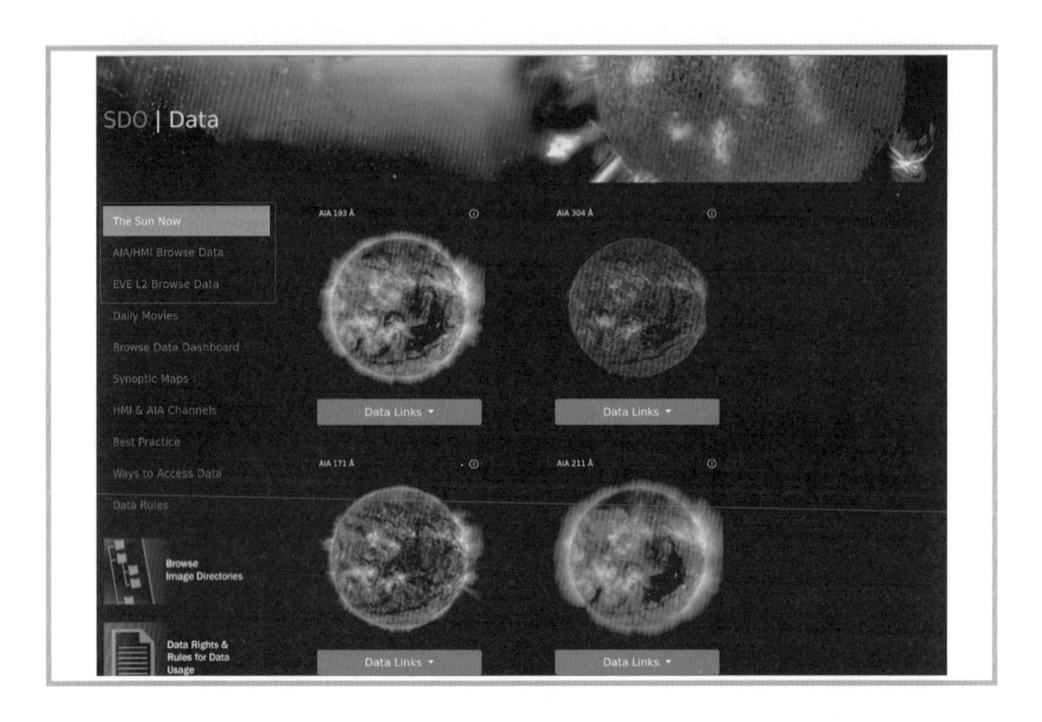

「你可以在首頁中看到各儀器在不同波段的即時觀測影像。像是目前畫面呈現的是，Atmospheric Imaging Assembly(AIA) 觀測太陽在 193 埃、304 埃、171 埃和 211 埃四個不同電磁波長的影像。」

「在首頁左側選單點擊『AIA/HMI Browse Data』後，會呈現用來搜尋過往觀測影像的表單。」i 蟒用框線標示出表單位置。「填好觀測日期範圍、儀器波段等資訊，並按『Submit』後，就會搜尋出符合條件的影像。例如，Atmospheric Imaging Assembly(AIA) 在 2023 年 5 月 21 日以 171 埃波長所觀測的太陽影像。」

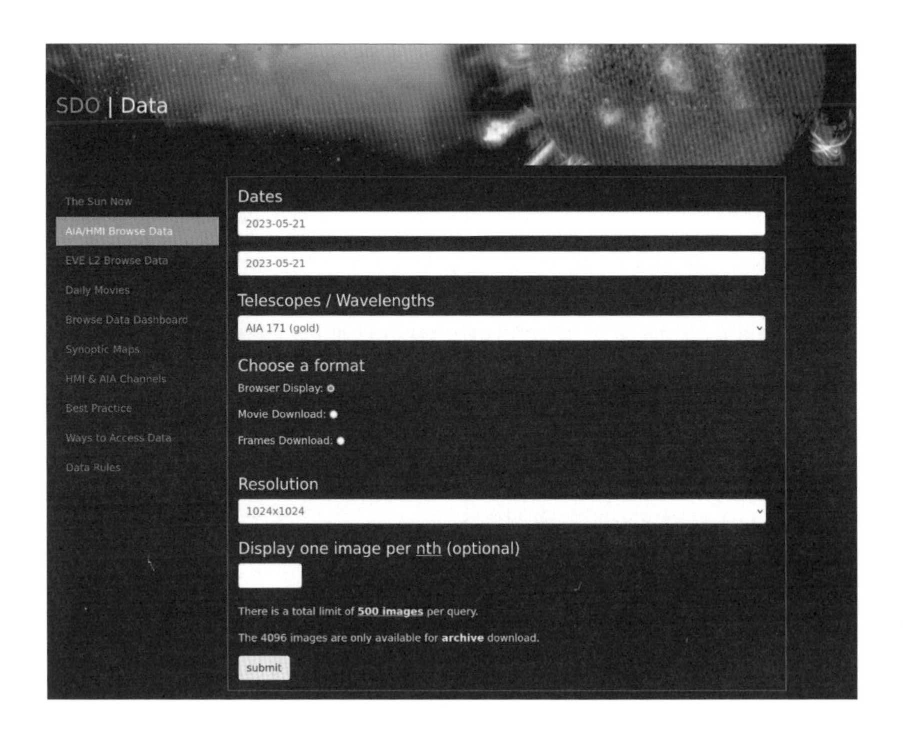

「哇，這四個觀測計畫真是資料滿滿呀。不過我很好奇，為什麼需要觀測太陽在不同電磁波段下的影像呢？像是紫外線或 X 射線，還有什麼 193 埃、171 埃之類的波長。另外，那些呈現綠色、紅色、橘色、藍色和黃色的影像，真的是太陽本身的顏色嗎？」在看了這四個觀測計劃的資料下載網頁之後，我有了這些疑問。

「首先，觀測太陽在不同電磁波段的影像，能夠幫助人類理解太陽的不同層面。想像太陽如同一個多層的洋蔥，各層發生著不同的物理過程，在不同的電磁波段中呈現出不同的特徵。例如，透過可見光波段觀測，你們看到的是太陽表面溫度大約 5800 度 K 的光球層，以及其上的太陽黑子區域。相對地，太陽大氣層尤其是日冕的溫度遠超過光球層，可達百萬度 K。在如此高溫下，大量物質以電漿的形式存在，主要發出 X 射線和紫外線。利用 X 射線和紫外線進行觀測，便能了解日冕的結構、太陽風和日冕物質噴發等現象。至於 193 埃和 171 埃，指的是太陽發出的特定紫外線波長，對應於太陽大氣中因為熱度不同而發光的鐵離子，有助於你們了解日冕層的溫度分佈和結構。」i 蟒停頓一下後繼續解釋：「至於你提到的彩色影像，那些並不是太陽本身的顏色，而是天文學家用來表示不同波長的虛擬顏色。由於人類的眼睛無法直接看到 X 射線和紫外線等非可見光波段，天文學家通常會使用不同的顏色來偽裝這些波段，讓它們在影像中可見，以便區分不同的波長範圍的影像。」

「喔，原來如此呀。那除了這些衛星，還有其他的太陽觀測計畫提供開放資料給大眾下載嗎？」我不滿足似地問 i 蟒。

「其實還有不少，我舉例兩個不是衛星的太陽觀測計畫。第一，Parker Solar Probe 是一個由美國太空總署發射的探測器，它飛往太陽並進入其大氣層，目的是讓人類首次收集太陽大氣的樣本資料，以便更深入理解日冕和太陽風、預測太陽對地球的影響。第二，Expanded Owens Valley Solar Array 是一個位於加州的電波望遠鏡陣列，透過它觀測太陽在微波範圍的電磁輻射，人類可以了解日冕的磁場結構，以及可能會對地球上通訊產生影響的太陽閃焰現象。」

此時螢幕顯示了這兩個觀測計畫的資料下載網址。

Parker Solar Probe 的資料下載網址：https://sppgway.jhuapl.edu

Expanded Owens Valley Solar Array 的資料下載網址：http://ovsa.njit.edu/data.html

「哇！原來有這麼多太陽觀測計畫呀。我們是不是要先將這些資訊整理一下？」我問你。

「當然。i 蟒，你之前有幫我們在 GitHub 建『用 Python 探索天文：從資料取得到視覺化』這個專案。現在，請先在該專案中新增一個名為 notebooks

的資料夾，並在這個資料夾內新增一個名為 sun.ipynb 的 Jupyter notebook 檔案。然後，將我們剛剛討論『哪些太陽觀測計畫有將資料開放給大眾使用？』的內容整理在該檔案中。最後，將該筆記的 Colab 連結提供給我們。」你指示道。

等 i 蟒完成後，我們回覆「日貓子」的貼文。

> 天鵝座 V404：「哈囉 👋，愛玩火球的日貓子，我們同樣對你所提出的問題感到好奇，因此進行了一些研究 🔍。我們目前找到 6 個有開放資料下載的太陽觀測計畫，並且整理在筆記中 📝。這是我們的筆記連結 🔗，分享給你，有任何問題歡迎繼續討論囉 🗨️ 😊 https://colab.research.google.com/github/YihaoSu/exploring-astronomy-with-python-from-data-query-to-visualization/blob/main/notebooks/sun.ipynb 」

3.2 如何用 Python 取得太陽觀測資料？

> 日貓子：「嗨天鵝座 V404，謝謝你們分享的筆記，居然有這麼多太陽觀測計畫有開放資料讓人下載🤩！但我還有個疑問，我目前得要在不同計畫的網站上操作下載，這有點讓我頭大耶😵💫我會寫一些 Python 程式，想說有沒有可能直接透過程式來自動化取得這些太陽觀測資料呢？這樣應該可以省下很多時間😛」

「原 PO 回覆了，他在問我們能否用 Python 程式來取得太陽觀測資料。我們繼續研究這個問題吧。」我說。

「當然，這也是我們想要解開的謎題，我猜之前 i 蟒搜尋到的那篇文章『如何用 SunPy 取得太陽觀測資料？』標題就是謎底囉。」你笑著回答。「i 蟒，請你根據那篇文章內容介紹 SunPy。」

「好的。這篇文章提到，SunPy 是一個專門用於太陽相關研究的 Python 套件，方便使用者取得、處理、分析和視覺化各種太陽觀測資料。要使用該套件，需先用 pip 安裝，指令是……」

「等等，我記得我們之前在玩畫質老舊的像素遊戲《獵星者旅店》時，有學到什麼是 Python 套件和 pip。i 蟒，你能幫我複習一下嗎？」我打斷 i 蟒問道。

「好的。不同的 Python 套件可視為解決不同問題的工具箱。而 pip 則是 Python 的套件管理工具，用來安裝、升級和移除 Python 套件。開發者會將套件程式碼上傳並發布到 Python Package Index(PyPI) 網站，讓使用者可以透過 pip 下載安裝。」

「我們撰寫 Python 程式的環境是 Google Colab，它是否已經預先安裝了 pip ？」

「pip 在大多數的 Python 環境中都會預先安裝，Google Colab 環境也是，因此可以直接使用。」

「太好了，請你在我們之前筆記太陽觀測計畫的 sun.ipynb 中，示範如何安裝 SunPy。」

「好的，正在執行安裝。」此時，sun.ipynb 出現用來安裝 SunPy 的指令：

```
pip install "sunpy[all]"
```

「咦？以前我安裝 Python 的其他套件時，只要輸入 pip install 加上套件名稱就可以了，這裡的 all 是什麼意思？」你問。

「這是因為 SunPy 的開發者們在設計安裝過程時，考量到有些使用者可能只需要工具箱中特定幾個工具，比如只需要觀測資料取得的工具，或者只想要資料視覺化的工具，所以讓使用者在安裝時可以彈性選擇。而 all 這個選項，則是方便讓使用者一次裝齊工具箱裡的所有工具。」i 蟒停頓一下後說：「SunPy 已安裝完畢，你們可以使用了。」

「耶！那要如何用 SunPy 取得太陽觀測資料？」我問。

「SunPy 主要有兩種資料取得工具：sunpy.data 的 sample 和 sunpy.net 的 Fido。前者是用來取得 SunPy 預先提供的範例檔案，方便教學展示和快速測試功能。後者則讓使用者能根據實際的資料分析需求，連線至不同的太陽觀測計畫的資料下載服務，進行搜尋並下載到特定觀測儀器在某段時間的資料。我先提供匯入範例檔案的程式。」此時 sun.ipynb 出現以下程式碼和它的執行結果：

```
# 此段程式示範如何用 sunpy.data 的 sample 功能來取得 SunPy 預先提供的範例檔案
# GOES_XRS_TIMESERIES：Geostationary Operational Environmental Satellite(GOES) 上的儀器 X-Ray Sensor(XRS) 的時間序列觀測資料
# EIT_195_IMAGE：Solar and Heliospheric Observatory(SOHO) 上的儀器 Extreme ultraviolet Imaging Telescope(EIT) 的影像觀測資料
# STEREO_A_195_JUN2012：STEREO-A 上的儀器 Extreme Ultraviolet Imager(EUVI) 的影像觀測資料
# AIA_171_IMAGE：Solar Dynamics Observatory(SDO) 上的儀器 Atmospheric Imaging Assembly(AIA) 的影像觀測資料

from sunpy.data.sample import (
  GOES_XRS_TIMESERIES, EIT_195_IMAGE,
  STEREO_A_195_JUN2012, AIA_171_IMAGE
)

print(GOES_XRS_TIMESERIES)
print(EIT_195_IMAGE)
print(STEREO_A_195_JUN2012)
print(AIA_171_IMAGE)
```

```
/home/yhsu/.local/share/sunpy/go1520110607.fits
/home/yhsu/.local/share/sunpy/eit_l1_20110607_203753.fits
/home/yhsu/.local/share/sunpy/20120601_000530_n4eua.fits
/home/yhsu/.local/share/sunpy/AIA20110607_063302_0171_lowres.fits
```

「等等，為什麼會有那些井字號？ sunpy.data.sample 中的那些點又代表什麼意思？那個 from 和 import 是使用套件的語法嗎？最後那些 print 是用來做什麼的？」我露出困惑的表情。

「首先，在 Python 程式中，位於井字號後的同一行內容將不被執行，是用來解釋或者說明程式碼的文字，稱作註解。在這個例子中，這些註解說明了各個範例檔案是來自哪個觀測計畫儀器的資料。其次，sunpy.data.sample 中的那些點，是用來表示 Python 套件的階層結構。sunpy 是主套件名稱，而 data 是 sunpy 套件下的一個子套件，sample 則是 data 子套件下的一個模組。模組是一個集合相關功能的 .py 檔案，它是 Python 程式碼的基本組織單位。你可以將 sunpy.data.sample 理解為資料夾和檔案的階層關係，sunpy 是最上層的資料夾，data 是其下的一個子資料夾，而 sample 則是位於 data 資料夾中的一個 .py 檔案。」i 蟒停頓一下後繼續說：「至於 from…import，這確實是在你的 Python 程式中匯入套件功能的語法。你可以僅透過 import 語法匯入整個套件或模組以使用其所有功能，但有時候，你可能只需要模組中的某一個或某幾個特定功能，這時，你就可以使用 from…import 語法只匯入需要的部分。例如，import sunpy.data.sample 可以讓你使用 sample 模組提供的所有範例檔案，但如果你只需要其中一個範例檔案，則可以使用 from sunpy.data.sample import GOES_XRS_TIMESERIES，這樣就只匯入了這個範例檔案。最後，print() 是 Python 中一個常用的內建功能，你在括號內放入你想要輸出的內容，當它被執行時，括號中的內容將會顯示在螢幕上，這對於檢視程式的輸出結果很有幫助。」

「喔喔，真是解答我的疑惑了。」我說。

「i 蟒，請你提供 sunpy.net 的 Fido 的使用範例。」你催促道。

「好的。我已將範例程式寫入並執行。」

```
'''
此段程式示範如何用 sunpy.net 的 Fido 功能來搜尋並下載特定觀測資料
Fido.search() 會依據使用者所設定的篩選條件，如時間範圍、儀器名稱、電磁波波長等，來搜尋符合條件的資料，然後再藉由 Fido.fetch() 下載搜尋到的資料。
sunpy.net 的 attrs 則是用來定義不同資料屬性的搜尋條件，例如，attrs.Time() 用於定義時間範圍、attrs.Instrument() 用於定義觀測的儀器、attrs.Wavelength() 用於定義觀測的波長。
astropy 的 units 提供天文學中常見物理單位的轉換和計算功能，例如波長單位。
'''

from sunpy.net import Fido, attrs as a
import astropy.units as u

# 設定要搜尋的觀測時間範圍
time = a.Time('2023/05/21 12:01', '2023/05/21 12:03')

# 設定要搜尋的觀測儀器，AIA 為 Solar Dynamics Observatory 的 Atmospheric Imaging Assembly。可用 print(a.Instrument) 查看有哪些儀器
instrument_name = 'AIA'
instrument = a.Instrument(instrument_name)

# 設定要搜尋的觀測電磁波波長，例如，171 埃
wavelength = a.Wavelength(171 * u.angstrom)

# 搜尋並下載符合時間、儀器和波長等篩選條件的資料
search_result = Fido.search(time, instrument, wavelength)
downloaded_files = Fido.fetch(search_result)
print(downloaded_files)
```

```
Files Downloaded:   0%|          | 0/10 [00:00<?, ?file/s]
['/home/yhsu/sunpy/data/aia_lev1_171a_2023_05_21t12_01_09_35z_image_lev1.fits', '/home/yhsu/sunpy/data/aia_lev1_171a_2023_05_21t12_01_21_35z_image_lev1.fits', '/home/yhsu/sunpy/data/aia_lev1_171a_2023_05_21t12_01_33_35z_image_lev1.fits', '/home/yhsu/sunpy/data/aia_lev1_171a_2023_05_21t12_01_45_35z_image_lev1.fits', '/home/yhsu/sunpy/data/aia_lev1_171a_2023_05_21t12_01_57_35z_image_lev1.fits', '/home/yhsu/sunpy/data/aia_lev1_171a_2023_05_21t12_02_09_35z_image_lev1.fits', '/home/yhsu/sunpy/data/aia_lev1_171a_2023_05_21t12_02_21_35z_image_lev1.fits', '/home/yhsu/sunpy/data/aia_lev1_171a_2023_05_21t12_02_33_35z_image_lev1.fits', '/home/yhsu/sunpy/data/aia_lev1_171a_2023_05_21t12_02_45_35z_image_lev1.fits', '/home/yhsu/sunpy/data/aia_lev1_171a_2023_05_21t12_02_57_35z_image_lev1.fits']
```

「恩，我從這段程式碼的註解，大致了解要如何使用 sunpy.net 的 Fido 來下載太陽觀測資料了。」你說。

「等等，這段Fido的使用範例程式碼對於我這個初學者還是有點陌生。i蟒，你能把這段程式碼當作教材，講解它涉及到的 Python 基本語法和觀念嗎？」我問。

「好的。首先，這段程式碼展示兩種註解方式。除了剛剛提到的井字符號單行註解外，在 Python 中，也常使用頭尾各三個單引號或雙引號，來包含多行要說明的資訊，這樣就不用在每一行都加上井字符號了。再來，import… as…這個語法可以讓你在匯入套件、模組或模組提供的功能時，指定一個簡短的別名來替代原本較長的全名，以方便在之後的程式碼使用。」i 蟒停頓一下後繼續說：「接著，你可以從這段程式碼了解如何呼叫函式。函式是一段被包裝起來、可重複使用的程式碼，讓你能以簡潔的方式呼叫它來執行特定的任務或操作。當你要呼叫一個函式時，通常會在括號內填入一些它所需的參數，這些參數是函式的輸入，它們影響了函式的輸出結果。例如，在這段程式碼中，Fido.search() 是一個函式，它需要時間、儀器和波長等參數來執行資料搜尋，透過這些參數，你告訴該函式你希望篩選出怎樣的資料，然後它會根據這些參數去完成搜尋的任務並回傳結果。最後，……」

「剛剛提到的 print() 也是一個函式嗎？還有，我要如何知道某個函式所需的參數以及它會回傳什麼呢？」我打斷 i 蟒問道。

「是的，print() 也是一個函式，它接收的參數即是你想要顯示在螢幕上的內容。若你想要查詢某一個函式需要輸入哪些參數、會輸出什麼，可以使用 Python 的內建函式 help()。例如，當你執行 help(Fido.search) 時，會顯示出該函式的使用說明。然而，help() 所顯示的資訊取決於開發者在函式的程式碼中所撰寫的說明，並非所有函式都會有完整的說明。若是這種狀況，你可能需要直接查看這個函式的程式碼來了解它如何運作，或者閱讀線上說明文件以獲得更詳細的資訊。」

「就像是 SunPy 官網中的這個『API Reference』線上文件，它提供了各模組中所定義的函式的使用方式。」你指著剛開啟的頁面補充道。

SunPy About Documentation Affiliated Packages Get Help Contribute Blog

sunpy 5.1.2 documentation

The sunpy tutorial
Installation
Example Gallery
How-To Guides
Topic Guides
Reference
sunpy (sunpy)
Coordinates (sunpy.coordinates)
Data (sunpy.data)
Database (sunpy.database)
Image processing (sunpy.image)
Input/output (sunpy.io)
Maps (sunpy.map)
Remote data (sunpy.net)
Physics (sunpy.physics)
Solar properties (sunpy.sun)
Time (sunpy.time)
Timeseries (sunpy.timeseries)
Utilities (sunpy.util)
Visualization (sunpy.visualization)
Customizing sunpy
Troubleshooting and Bugs

Reference

Reference

sunpy (sunpy)
sunpy Package
Coordinates (sunpy.coordinates)
Supported Coordinate Systems
Reference/API
Reference/API for supporting coordinates modules
Attribution
Data (sunpy.data)
sunpy.data Package
sunpy.data.sample Module
sunpy.data.test Package
sunpy.data.data_manager Package
sunpy.data.data_manager.downloader Module
sunpy.data.data_manager.storage Module
Database (sunpy.database)
sunpy.database Package
sunpy.database.tables Module
sunpy.database.caching Module
sunpy.database.commands Module
sunpy.database.attrs Module
Image processing (sunpy.image)
sunpy.image Package
sunpy.image.resample Module
sunpy.image.transform Module
Input/output (sunpy.io)

「是的。」i 蟒接續著說：「最後，你還可以從這段程式碼學到如何指定變數的值。變數是用來將各類型資料儲存在記憶體中以便後續使用。在 Python 中，變數是以一個等號來指定它的值，等號左邊是變數名稱，右邊則是要指定的值。例如，在這段程式碼中，將 a.Time()、a.Instrument() 和 a.Wavelength() 這三個函式的回傳結果，分別用 time、instrument 和 wavelength 這三個變數來儲存，然後把這三個變數作為 Fido.search() 函式的參數。而 Fido.search() 的回傳結果也用一個名為 search_result 的變數來儲存。」

「咦？在這段程式碼中，那些只被一對單引號所包覆的是什麼？跟剛剛提到頭尾各三個引號註解有什麼差別？」我問。

「那些是由文字、數字或其他符號所組成的字串 (string)，是程式常見的資料型態之一。在 Python 中，會使用一對單引號或雙引號來定義一個字串，例如這段程式碼中的 'AIA' 和 '2023/05/21 12:01'。當你需要在程式中儲存或處理文字資訊，或者使用 print() 函式來顯示文字訊息時，就會用到字串。然而，一對引號只能用來定義單行的字串，如果要定義跨越多行的字串，則需要使用三個引號，而多行字串也常被用來當作多行註解。」i 蟒回道。

「喔喔，我搞懂了。對了，這個範例看起來有用到另一個套件，astropy。如果我沒記錯，i 蟒曾說過這個套件包含天文學研究中常用的基本工具，對吧？」

「是的，Astropy 套件整合了天文資料處理分析過程所需的常用功能。例如，物理單位轉換、日期時間處理、星體坐標轉換、FITS 檔案讀寫與操作、模型資料擬合、統計和畫圖等。」

「FITS……我發現這兩個範例下載到的檔案副檔名都是 .fits，i 蟒，這是什麼檔案格式？」你問。

「FITS，全名為 Flexible Image Transport System。是一種常用於儲存天文資料的檔案格式。這種格式不僅能儲存各種不同類型的天文資料，如影像、表格和多維數據陣列，還能同時儲存相關的元資料。你可以用 Astropy 來讀取藉由 SunPy 下載到的 FITS 檔案，並查看其資訊。例如……」i 蟒在 sun.ipynb 中輸入並執行以下程式範例。

```
'''
此段程式示範如何用 Astropy 套件讀取下載到的 FITS 檔案，並查看其資訊
'''
from astropy.io import fits

# 用 fits.open() 函式讀取 FITS 檔案
fits_file = AIA_171_IMAGE
hdu_list = fits.open(fits_file)

# 顯示每個 Header/Data Unit(HDU) 的摘要，如名稱、維度、資料類型等資訊
hdu_list.info()

# 顯示第 2 個 HDU 的標頭，包含資料維度、觀測儀器、觀測日期時間等元資料
print(hdu_list[1].header)

# 顯示第 2 個 HDU 的實際資料數值，可能是影像、時間序列表、光譜或者其他類型的天文學資料
print(hdu_list[1].data)
```

```
Filename: /home/yhsu/.local/share/sunpy/AIA20110607_063302_0171_lowres.fits
No.    Name         Ver    Type       Cards   Dimensions    Format
  0  PRIMARY          1 PrimaryHDU       4   ()
  1  COMPRESSED_IMAGE    1 CompImageHDU    201   (1024, 1024)   float32
SIMPLE  =                    T / conforms to FITS standard                      BITPIX  =                  -32 / ar
[[ -95.92475      7.076416    -1.9656711 ... -127.96519   -127.96519
  -127.96519  ]
 [ -96.97533     -5.1167884    0.         ...  -98.924576  -104.04137
  -127.919716 ]
 [ -93.99607      1.0189276   -4.0757103 ...   -5.094638   -37.95505
  -127.87541  ]
 ...
 [-128.01454    -128.01454    -128.01454   ... -128.01454   -128.01454
  -128.01454  ]
 [-127.899666   -127.899666   -127.899666  ... -127.899666  -127.899666
  -127.899666 ]
 [-128.03072    -128.03072    -128.03072   ... -128.03072   -128.03072
  -128.03072  ]]
—
```

i 蟒接續解釋：「FITS 檔案的結構是由一系列的 Header/Data Unit(HDU) 所組成，每個 HDU 都包含兩部分內容，header 和 data。在 header 中，有用來描述實際天文資料的元資料，例如資料維度、觀測儀器、目標及日期時間等資訊。data 則是實際天文資料，可能是影像、時間序列表、光譜或者其它類型的天文資料。FITS 檔必須至少包含一個 HDU，第一個 HDU 被稱為 PRIMARY HDU，有些 FITS 檔的實際資料會放在 PRIMARY HDU，但有些則是放在之後的 HDU。這種彈性設計讓 FITS 檔案可以包含多種不同類型和結構的資料，例如多個不同的天文影像，或者影像以及相關的表格資料。在

這種情況下，Primary HDU 的 header 可能包含適用於整個檔案的元資料，而不同類型的資料則存儲在它們各自的 HDU 中，每個 HDU 都有自己的 header 來描述該特定資料的資訊。」

「咦？根據這段程式的註解，是想要顯示第二個 HDU 的實際資料數值，但程式執行的是 print(hdu_list[1].data)，為何中括號的數字是 1 而不是 2 ？這裡的中括號也是一種 Python 語法嗎？」我問。

「對的，這裡的中括號是 Python 的索引取值語法。fits.open() 函式會回傳多個 HDU，並且以串列 (list) 儲存。串列是 Python 常見的資料型態，用來儲存多個有序資料。每一項資料在串列中稱為元素，每個元素有其位置，或稱索引。在 Python 中，索引是從 0 開始計數，也就是說，如果你想要取得列表中的第一個元素，要使用 0 作為索引，第二個元素則是使用 1 作為索引，依此類推。所以在這段程式中，hdu_list[1] 指的是 HDU 串列中的第二個元素，也就是第二個 HDU。」i 蟒解釋道。

「喔，原來如此呀。i 蟒，我想多了解套件引入以及串列索引取值的用法，請你各用一段程式碼來示範說明。」

「好的。第一個程式片段介紹了常見的套件引入方法。」此時螢幕顯示一段程式碼。

```
'''
這個程式片段以 SunPy 套件為例，示範五種常見的 Python 套件引入方法，各有其適用情境。
每種方法都提供簡短介紹，並且說明在引入後如何使用。
'''

# 1. 基本引入：這種方法會引入整個套件，適用於需要該套件大部分功能的情況。
import sunpy
# 使用方法：以套件名稱作為前綴來使用其功能。
aia_image = sunpy.data.sample.AIA_171_IMAGE

# 2. 引入並重新命名：將整個套件引入並賦予一個簡短的別名，有助於簡化程式碼，適用於頻繁使用該套件的情況。
import sunpy as sp
# 使用方法：以定義的簡短別名來使用套件的功能。
aia_image = sp.data.sample.AIA_171_IMAGE

# 3. 從套件中引入特定功能：直接引入所需的模組或功能，適用於只需要套件中少數幾個模組或功能的情況。
from sunpy.data import sample
# 使用方法：直接使用引入的模組或功能，無需套件名稱前綴。
aia_image = sample.AIA_171_IMAGE

# 4. 引入特定模組並重新命名：這種方法將套件中的模組或功能重新命名，適用於經常使用某一模組或功能且想簡化程式碼的場景。
from sunpy.net import attrs as a
# 使用方法：以別名來使用模組或功能。
aia_instrument = a.Instrument('AIA')

# 5. 引入套件中的所有模組：這種方法會引入套件的所有功能，通常不推薦，因為可能會造成名稱衝突。
from sunpy import *
# 使用方法：直接使用套件中的任何模組或功能，無需套件名稱前綴。
aia_image = data.sample.AIA_171_IMAGE
```

「我接著會顯示第二個程式片段，它介紹了常見的串列索引取值用法。」

```
'''
這個程式片段以 SunPy 提供的範例檔案為例，示範常見的串列索引取值用法。
每種方法都提供簡短介紹，並且說明如何使用。
'''
# 引入 SunPy 提供的範例檔案
from sunpy.data.sample import AIA_094_IMAGE, AIA_131_IMAGE, AIA_171_IMAGE, AIA_193_
IMAGE, AIA_211_IMAGE, AIA_304_IMAGE, AIA_335_IMAGE

# 將 SunPy 的範例檔案存入一個串列中
aia_images = [AIA_094_IMAGE, AIA_131_IMAGE, AIA_171_IMAGE, AIA_193_IMAGE, AIA_211_IM-
AGE, AIA_304_IMAGE, AIA_335_IMAGE]

# 1. 正索引（使用正整數，從 0 開始計算）
# 簡介：正索引用正整數來表示，從串列的開頭向後選取元素。
# 範例 1：選取第一個元素（索引 0，即 AIA_094_IMAGE)
first_image = aia_images[0]
# 範例 2：選取第四個元素（索引 3，即 AIA_193_IMAGE)
fourth_image = aia_images[3]

# 2. 負索引（使用負整數，從 -1 開始計算）
# 簡介：負索引用負整數來表示，從串列的末尾向前選取元素。
# 範例 1：選取最後一個元素（索引 -1，即 AIA_335_IMAGE)
last_image = aia_images[-1]
# 範例 2：選取倒數第三個元素（索引 -3，即 AIA_211_IMAGE)
third_last_image = aia_images[-3]

# 3. 切片索引
# 簡介：切片索引用於選取串列中一段範圍的元素，格式為 [ 起始索引 : 結束索引 ]，起始索引是切片開始的位置
（包含此位置），結束索引是切片結束的位置（不包含此位置）。
# 範例 1：選取第二到第四個元素（從索引 1 開始，到索引 4 之前，即 AIA_131_IMAGE, AIA_171_IMAGE,
AIA_193_IMAG)
slice_images = aia_images[1:4]
# 範例 2：選取前三個元素（即 AIA_094_IMAGE, AIA_131_IMAGE, AIA_171_IMAGE)
slice_images2 = aia_images[:3]

# 4. 步長索引
# 簡介：步長索引用於選取串列中每隔一定數量的元素，格式為 [ 開始索引 : 結束索引 : 步長 ]，
# 範例 1：從第一個元素開始，每隔一個元素選取，前兩個冒號代表整個串列，2 代表步長，即從整個串列中選取
間隔為 2 的元素。（選取 AIA_094_IMAGE, AIA_171_IMAGE, AIA_211_IMAGE, AIA_335_IMAGE)
step_images = aia_images[::2]
# 範例 2：從第二個元素開始，每隔兩個元素選取，1 代表從索引 1 開始，第二個冒號後的 3 代表步長，即選取間
隔為 3 的元素。（選取 AIA_131_IMAGE, AIA_211_IMAGE)
step_images_2 = aia_images[1::3]
# 範例 3：逆向取得所有元素（即 AIA_335_IMAGE, AIA_304_IMAGE, AIA_211_IMAGE, AIA_193_IMAGE,
AIA_171_IMAGE, AIA_131_IMAGE, AIA_094_IMAGE)
reverse_images = aia_images[::-1]
```

「喔耶！看了這兩段範例，我更了解套件引入以及串列索引的用法了。」然後我轉頭跟你說：「我們已經知道如何用 Python 取得太陽觀測資料，可以先回覆給日貓子囉。」

於是，我們回了以下這段留言給原 PO。

> 天鵝座 V404：「哈囉，愛玩火球的日貓子，我們找到 SunPy 這個可以用來取得太陽觀測資料的 Python 套件 💐😊，並且在原本的筆記 sun.ipynb 中，提供了如何用它來取得資料的程式範例，你可以試玩看看唷。」

3.3 如何用 Python 視覺化探索太陽觀測資料？

日貓子：「嗨天鵝座 V404，太感謝啦！我試著修改你們筆記上的程式，調整資料搜尋的參數值，有成功下載到不同太陽觀測計畫的資料，能用 Python 取得這些資料真是超棒 der ！我接下來想要將這些資料畫成圖，來瞧瞧太陽有什麼變化，但我卡關了😟，你們知道該怎麼做嗎？🤔」

「確實，我們目前只用了 SunPy 下載含有觀測資料的 FITS 檔，但僅看資料數值，很難看出個所以然。需要將這些資料視覺化，才能方便我們探索這些數值隱含的太陽現象。」你看到這則留言時說道。

「恩，我用 Astropy 來讀取這些 FITS 檔，發現有些是二維的影像資料數值，有些則是數值隨時間變化的一維資料。i 蟒，SunPy 有可以畫圖呈現這些資料數值的功能嗎？」我問。

「有的，SunPy 主要提供影像及時間序列這兩種類型的資料操作及視覺化功能。你可以使用 Map 物件來讀取、處理和視覺化探索影像資料。對於時間序列資料，則要使用 TimeSeries 物件。這兩個物件都可以進一步用 Matplotlib 套件來客製化圖的細節，如標題、XY 軸範圍、顏色等。我將在……」

「等等，什麼是物件？」我打斷 i 蟒問道。

「讓我用一個簡單的比喻來解釋什麼是 Python 的物件 (object)。你可以把物件想像成小型天文望遠鏡，它有許多的特徵，例如廠牌、口徑大小、重量、顏色，在 Python 裡，這些特徵叫做物件的屬性 (attributes)。再來，天文望遠鏡也有很多功能，例如可以更換目鏡調整放大倍率、轉換鏡筒方向、設定讓它自動追蹤某個星體等等，在 Python 裡，這些功能稱之為物件的方法 (methods)。Python 物件就像天文望遠鏡一樣，是根據一個稱為類別 (class) 的設計藍圖所產生的實體。這個藍圖定義了物件的特徵和功能，物件的屬性是用變數來儲存其特徵，而物件的方法則是用函式來實現其功能。」i 蟒停頓一下後繼續說：「為了展示 Map 和 TimeSeries 物件的屬性和方法，我將在 sun.ipynb 中分別產生它們的範例程式碼。」

此時螢幕顯示兩段程式碼和其執行結果：

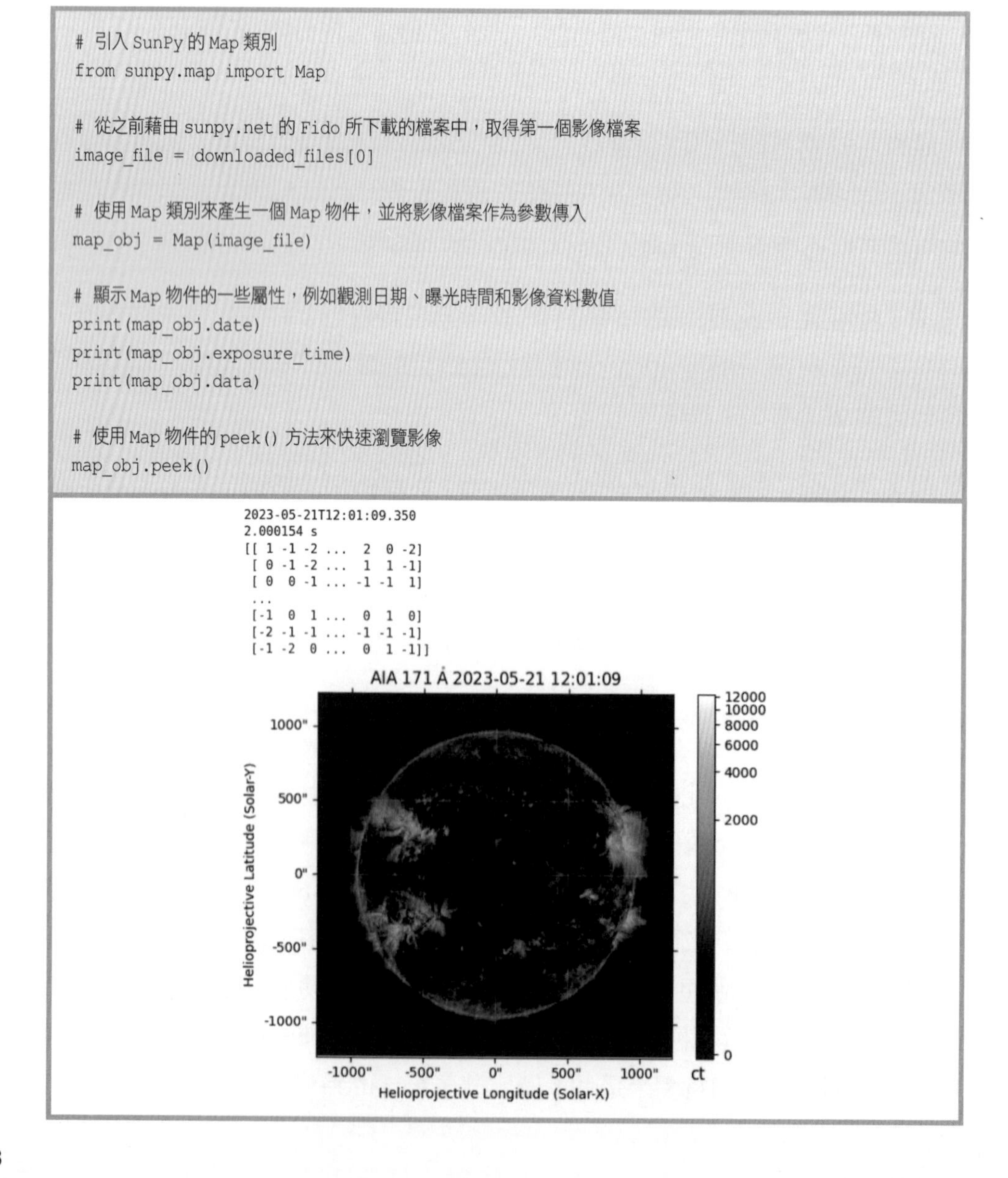

```
# 引入 SunPy 的 Map 類別
from sunpy.map import Map

# 從之前藉由 sunpy.net 的 Fido 所下載的檔案中，取得第一個影像檔案
image_file = downloaded_files[0]

# 使用 Map 類別來產生一個 Map 物件，並將影像檔案作為參數傳入
map_obj = Map(image_file)

# 顯示 Map 物件的一些屬性，例如觀測日期、曝光時間和影像資料數值
print(map_obj.date)
print(map_obj.exposure_time)
print(map_obj.data)

# 使用 Map 物件的 peek() 方法來快速瀏覽影像
map_obj.peek()
```

```
2023-05-21T12:01:09.350
2.000154 s
[[ 1 -1 -2 ...  2  0 -2]
 [ 0 -1 -2 ...  1  1 -1]
 [ 0  0 -1 ... -1 -1  1]
 ...
 [-1  0  1 ...  0  1  0]
 [-2 -1 -1 ... -1 -1 -1]
 [-1 -2  0 ...  0  1 -1]]
```

```
# 引入 SunPy 的 TimeSeries 和 TimeRange 類別
from sunpy.timeseries import TimeSeries
from sunpy.time import TimeRange

# 使用 TimeSeries 類別來產生一個 TimeSeries 物件，並讀取之前藉由 sunpy.data 的 sample 取得的時間序列範例檔案
ts_file = GOES_XRS_TIMESERIES
ts_obj = TimeSeries(ts_file)

# 顯示 TimeSeries 物件的一些屬性，例如觀測站名稱、觀測時間範圍和時間序列資料數值
print(ts_obj.observatory)
print(ts_obj.time_range)
print(ts_obj.data)

# 使用 TimeRange 類別來產生一個 TimeRange 物件，用於指定一個時間範圍
tr = TimeRange('2011-06-07 6:00', '2011-06-07 11:30')

# 使用 TimeSeries 物件的 truncate() 方法來截取指定時間範圍內的資料，並顯示資料截取後的觀測時間範圍
ts_obj_trunc = ts_obj.truncate(tr)
print(ts_obj_trunc.time_range)
```

```
GOES-15
   <sunpy.time.timerange.TimeRange object at 0x7f3de3a8f010>
    Start: 2011-06-06 23:59:59
    End:   2011-06-07 23:59:57
    Center:2011-06-07 11:59:58
    Duration:0.9999730324069096 days or
           23.99935277776583 hours or
           1439.9611666659498 minutes or
           86397.66999995698 seconds

                                       xrsa          xrsb
2011-06-06 23:59:59.961999893  1.000000e-09  1.887100e-07
2011-06-07 00:00:02.008999944  1.000000e-09  1.834600e-07
2011-06-07 00:00:04.058999896  1.000000e-09  1.860900e-07
2011-06-07 00:00:06.104999900  1.000000e-09  1.808400e-07
2011-06-07 00:00:08.151999950  1.000000e-09  1.860900e-07
...                                     ...           ...
2011-06-07 23:59:49.441999912  1.000000e-09  1.624800e-07
2011-06-07 23:59:51.488999844  1.000000e-09  1.624800e-07
2011-06-07 23:59:53.538999915  1.000000e-09  1.598500e-07
2011-06-07 23:59:55.584999919  1.000000e-09  1.624800e-07
2011-06-07 23:59:57.631999850  1.000000e-09  1.598500e-07

[42177 rows x 2 columns]
   <sunpy.time.timerange.TimeRange object at 0x7f3ddb9d6650>
    Start: 2011-06-07 06:00:01
    End:   2011-06-07 11:29:59
    Center:2011-06-07 08:45:00
    Duration:0.22913954861186336 days or
           5.499349166684721 hours or
           329.96095000108323 minutes or
           19797.657000064995 seconds
```

「如範例程式所示，要產生 Map 和 TimeSeries 物件，需先引入所屬類別，然後用它們來讀取相應類型的檔案。這些檔案中的資訊會被儲存成物件的屬性，例如觀測日期、曝光時間和觀測數值。此外，兩個物件各自有專屬的方法供使用者檢視和操作資料，像是 Map 物件的 peek() 方法可以快速瀏覽影像，而 TimeSeries 物件的 truncate() 方法可以根據指定的時間範圍來截取資料。」i 蟒解釋道。

「喔喔，我了解了。咦？這範例程式碼執行後印出的影像資料數值是整數，而時間序列資料印出的數值是帶有小數點的數字，它們會用不同的資料型態儲存嗎？」我接著問。

略懂 Python 的你搶先 i 蟒回答：「會呀，Python 提供多個用來儲存不同資料種類的型態。除了 i 蟒之前提過的字串和串列外，對於數字，通常會用 int 和 float 這兩種資料型態來分別儲存整數和帶有小數點的數字，我們在程式中會稱後者為浮點數。」

「喔！那麼如果我想將一個整數轉換成浮點數，或是相反的，該怎麼做呢？另外，我要如何確認一個變數的資料型態？」

i 蟒不服輸似地搶先你回答：「要將整數轉換為浮點數，你可以使用內建的 float() 函式，而將浮點數轉為整數則可以使用 int() 函式。例如，float(404) 會回傳 404.0，而 int(40.4) 則會回傳 40。至於要確認變數的資料型態，你可以使用 type() 函式。例如有一個變數名稱叫做 astro_number，你可以用 type(astro_number) 來查看該變數的型態，如果 astro_number 裡面儲存的是 404，它會告訴你這是整數型態，如果儲存的是 40.4，則會告訴你這是浮點數型態。」

我依照 i 蟒的解說，試著在 Jupyter notebook 中進行資料型態的轉換操作。當我玩起 i 蟒生成的 SunPy 範例程式時，意外地發現：「咦？原來不只 Map 物件，TimeSeries 物件也有 peek() 方法可以展示視覺化後的資料耶！不過它只供快速瀏覽，無法調整圖的細節。嗯……我記得剛剛 i 蟒好像有提到，可以用 Matplotlib 套件來客製化圖的細節，對吧？」

「是的，Matplotlib 是一個常用的資料視覺化套件，它提供多種資料圖表的繪製功能，例如折線圖、散布圖、長條圖、直方圖和影像。此外，它還可以讓使用者調整圖表的細節和樣式，像是資料點的大小和顏色、坐標軸的刻度和範圍、以及標題的內容和字型。」i 蟒停頓一下後繼續說：「當你使用 SunPy 的 Map 或 TimeSeries 物件來視覺化資料時，背後實際上是透過 Matplotlib 的功能來畫圖。peek() 方法主要是為了方便使用者初步檢視資料，但你無法針對它產生的圖進行操作。你若想要客製化圖的細節，則需使用 plot() 方法。它產生的圖是一個 Matplotlib 提供的物件，所以可以讓你藉由該物件的方法及屬性來調整圖的細節。」

「哦哦，原來如此啊。i 蟒，請你接續上面的範例程式，使用 Matplotlib 來調整 Map 和 TimeSeries 物件所繪製的圖的細節，並用註解說明。」我指示道。

「好的。」i 蟒將程式碼和執行結果顯示在螢幕上。

```
# 使用 Matplotlib 套件來調整 Map 物件所繪製的太陽影像的細節
# 引入 Matplotlib 的 pyplot 模組，通常縮寫為 plt
import matplotlib.pyplot as plt

# 建立一個用來當作畫布的 Figure 物件
fig = plt.figure()

# 在 Figure 畫布中，建立一個用來當作子繪圖區域的 Axes 物件，並指定投影方式為 map_obj，以便套用 Map
物件提供的坐標系統
ax = plt.subplot(projection=map_obj)

# 使用 Map 物件的 plot() 方法來繪製影像，它會畫到上面建立的子繪圖區域中
map_obj.plot()

# 自訂影像的標題，使用 Map 物件的 name 屬性作為標題內容，並設定字型大小
plt.title(map_obj.name, fontsize=13)

# 在影像旁加入一個色彩條 (colorbar)，用來表示影像中的數值所對應的顏色
plt.colorbar()

# 顯示影像
plt.show()
```

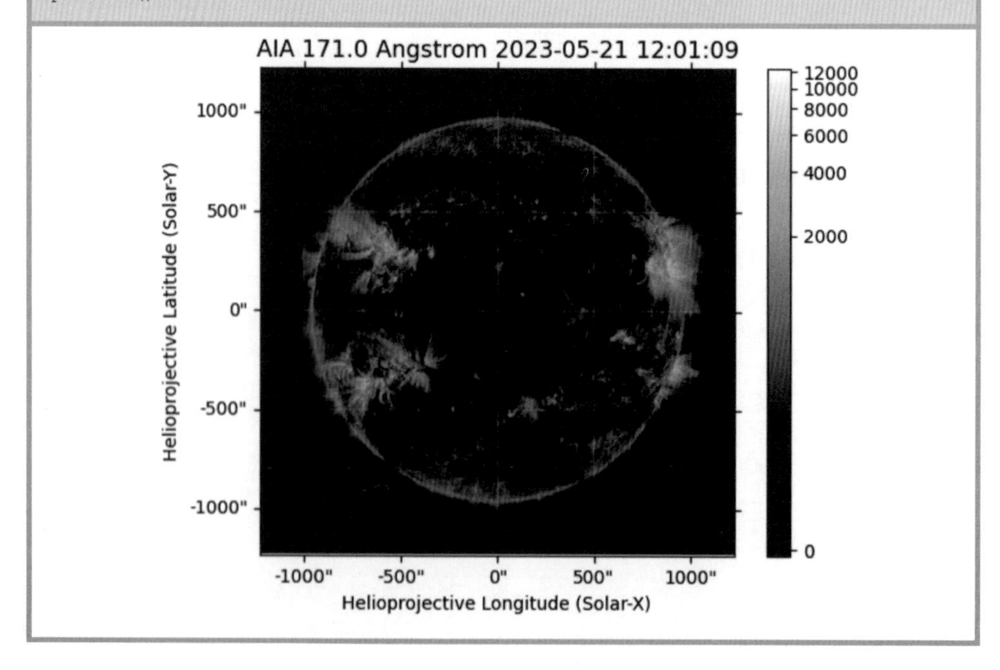

```
# 使用 Matplotlib 套件來調整 TimeSeries 物件所繪製的時間序列圖的細節
# 引入 Matplotlib 的 pyplot 模組，通常縮寫為 plt
import matplotlib.pyplot as plt

# 建立一個畫布 (fig) 和兩個子繪圖區 (ax1 和 ax2)，圖以 1 行 2 列排列
# 用 figsize 參數設定圖的尺寸為寬 12 英寸和高 6 英寸
fig, (ax1, ax2) = plt.subplots(1, 2, figsize=(12, 6))

# 使用 TimeSeries 物件的 plot() 方法來繪製 ts_obj 時間序列圖，並畫在第 1 個子繪圖區中
# 然後設定第 1 張圖的標題、資料線條顏色及標籤圖例
ts_obj.plot(axes=ax1)
ax1.set_title('GOES XRS Time Series')
lines1 = ax1.get_lines()
lines1[0].set_color('b')
lines1[0].set_label('xrsa (0.5~4.0 Angstrom)')
lines1[1].set_color('r')
lines1[1].set_label('xrsb (1.0~8.0 Angstrom)')
ax1.legend()

# 使用 TimeSeries 物件的 plot() 方法來繪製 ts_obj_trunc 時間序列圖，並畫在第 2 個子繪圖區中
# 然後設定第 2 張圖的標題、資料線條顏色及標籤圖例
ts_obj_trunc.plot(axes=ax2)
ax2.set_title('GOES XRS Time Series (truncate)')
lines2 = ax2.get_lines()
lines2[0].set_color('g')
lines2[0].set_label('xrsa (0.5~4.0 Angstrom)')
lines2[1].set_color('m')
lines2[1].set_label('xrsb (1.0~8.0 Angstrom)')
ax2.legend()

# 顯示時間序列圖
plt.show()
```

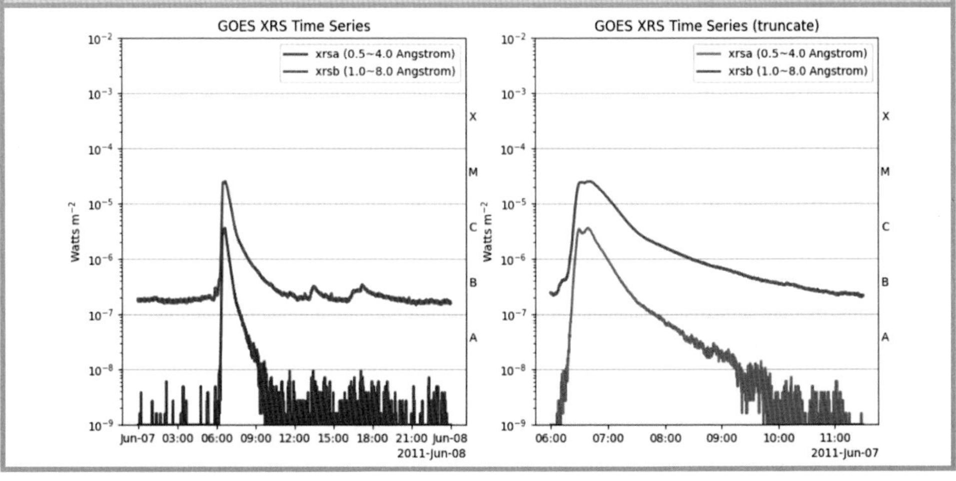

「哇！將觀測資料視覺化後，探索太陽現象真的方便多了！」我驚喜地說。

「沒錯！透過不同時間的影像，我們可以清楚看到太陽表面結構的變化。而在時間序列圖中，我們可以看出不同波長觀測資料的異同，或許有相應的物理機制能解釋，值得進一步探究。不過我們先來把這好消息分享給日貓子吧。」你回應道。

> 天鵝座 V404：「哈囉👋，愛玩火球的日貓子，我們已經研究出如何用 SunPy 來視覺化太陽的影像及時間序列資料囉💐，相關程式碼及說明有寫在 sun.ipynb 中了。你也可以試著視覺化來自不同觀測衛星🛰、不同時間⏰、不同電磁波段🌈的資料，以便探索太陽的變化。如果你想更深入地討論太陽觀測資料的取得、分析及視覺化，請繼續在『Astrohackers-TW: Python 在天文領域的應用』這個 FB 社團裡提問💬並與其他成員交流唷！😎」

當留言送出後，我向 i 蟒提出課後輔導：「我想多了解目前學到的字串和串列這兩個資料型態，它們在 Python 中也是物件嗎？是否也有各自的屬性和方法，請你各用一段程式碼來示範說明它們的常見操作。」

「在 Python 中，幾乎所有東西都是物件，包括這些基本資料型態。我將分別示範它們的常見操作，首先是字串。」螢幕這時顯示一段程式碼。

```
'''
這個程式片段示範字串的常見操作。每項都提供簡短介紹及範例。
'''
# 定義字串
sun_info = "*** 太陽位於銀河系的獵戶臂 (Orion Arm)，是一個中等大小的恆星。   "

# 1. 計算字串長度：使用 len() 函式計算字串的字符數量
length = len(sun_info)

# 2. 去除頭尾指定字符：使用 strip() 方法將字串頭尾的特定字符去除，例如星號和空白
stripped_sun_info = sun_info.strip("*").strip(' ')

# 3. 查找字串中的子字串位置：使用 find() 方法來查找特定子字串的索引位置
milky_way_position = stripped_sun_info.find("銀河系")

# 4. 字串切片：取出字串中的特定部分，例如取出"銀河系的獵戶臂"
sun_location = stripped_sun_info[4:11]

# 5. 字串替換：使用 replace() 方法將字串中的某部分替換成另一部分，例如將"中等大小"替換為"黃矮星
類型"
replaced_sun_info = stripped_sun_info.replace("中等大小", "黃矮星類型")

# 6. 字串連接：將多個字串用加號連接成一個字串
additional_info = "它的主要能量來源是核融合。"
combined_sun_info = replaced_sun_info + additional_info

# 7. 字串分割：使用 split() 方法來根據特定字符將字串分割成多個部分，並回傳一個串列，例如根據逗號分割
splitted_sun_info = combined_sun_info.split("，")

# 8. 字串轉換為大寫或小寫：使用 upper() 或 lower() 方法將字串轉換為全部大寫或小寫
upper_case_info = combined_sun_info.upper()
lower_case_info = combined_sun_info.lower()
```

「再來是串列。」

```
'''
這個程式片段示範串列的常見操作。每項都提供簡短介紹及範例。
'''
# 定義串列
planets = ["1_水星", "2_金星", "4_火星", "5_木星", "6_土星", "7_天王星", "8_海王星"]

# 1.添加元素：使用 append() 方法在串列末端添加新元素。例如，將 "9_冥王星" 添加到行星串列中。
planets.append("9_冥王星")

# 2.移除元素：使用 remove() 方法移除串列中的特定元素。例如，從行星串列中移除 "9_冥王星"。
planets.remove("9_冥王星")

# 3.插入元素：使用 insert() 方法在指定位置插入新元素。例如，在第三個位置插入 "3_地球"。
planets.insert(2, "3_地球")

# 4.索引：使用索引來取得串列中的特定元素。例如，取得第三個行星（地球）。
earth = planets[2]

# 5.切片：使用切片來取得串列的一部分。例如，取得前四個行星，也就是內太陽系的行星，包括水星、金星、
地球和火星。
inner_planets = planets[0:4]

# 6.計算串列長度：使用 len() 函式計算串列的長度。
number_of_planets = len(planets)

# 7.排序：使用 sort() 方法對串列進行排序。
planets.sort()

# 8.複製串列：使用 copy() 方法複製串列。
planets_copy = planets.copy()

# 9.反轉：使用 reverse() 方法反轉串列中元素的順序。
planets.reverse()
```

課後輔導結束後，我再度望著病房窗外，此刻夕陽已沉入地平線，天際逐漸升起了鐵鏽色的行星。

3.4 小結：我們在這章探索了什麼？

《星塵絮語》網誌

標題：用觀測資料來了解大火球的變化

趁著你還在載入《獵星者旅店》，我先記錄一下我們剛剛探索了什麼。太陽這顆大火球有著許多變化，就像我腦中時而平靜時而雜亂的思緒。我們需要藉由觀測資料來了解這些變化。

我們得知有哪些太陽觀測計畫，包括 GOES、SOHO、STEREO 和 SDO。每個計畫都有其特定的科學目標和觀測儀器。這些計畫的資料均對外公開，使得一般大眾也能下載和利用這些資料進行探索。

我們也學會如何用 SunPy 這個 Python 套件，來取得這些觀測計畫的資料，包括影像及時間序列資料。我們還用 Matplotlib 這個資料視覺化套件，來修改 SunPy 畫出來的圖。在這個探索過程中，我們得知了 FITS 這個常用來儲存天文資料的檔案格式，此外，也了解到幾個 Python 的基礎語法觀念，像是套件模組的安裝及載入、如何為程式碼註解，以及函式、變數、字串、串列、整數、浮點數、物件的簡介。

現在，我們要一起進入《獵星者旅店》了，在那裡，我們將加入一個社團來繼續我們的探索之旅。

第 4 章：

如何用 Python 探索星體的位置、距離及亮度？

- 4.1　如何用 Python 探索星體的方位？
- 4.2　如何用 Python 探索星體有多遠？
- 4.3　如何用 Python 探索星體有多亮？
- 4.4　小結：我們在這章探索了什麼？

4.1 如何用 Python 探索星體的方位？

在他詢問旅店中有什麼天文相關的社團組織後，老闆尼賀勒．瓦再達額頭上那大大的「i」字亮起燈來，隨後拿起一個精緻的玻璃杯，為他倒上了一杯閃著淡淡藍光的飲料，上面漂浮著幾顆小小的銀色星星糖果，那是旅店特製的「星辰露」。「你喝了，我再答。」老闆說。

冰涼的星星糖果在他口中舞動，彷彿心願已被星星聽見。

「在我們這個獵星者的聚集地，針對不同的興趣和研究領域，有著各式各樣的社團。」尼賀勒．瓦再達微笑著從櫃台後面拿出一本裝飾精美的冊子，翻開第一頁，展示給他看，上面寫著：

- **動滋動滋脈動變星節拍社**：我們專注於宇宙中那些以獨特節奏脈動的恆星，透過觀測它們的光芒變化，幫助我們測量宇宙距離並瞭解恆星結構。加入我們，一起探索恆星生命的秘密節拍。
- **心跳天文學社**：我們的社團活動會讓你有怦然心動的感覺唷！透過手把手的 Python 程式實作，你會了解到基礎的天文知識。在探索浩瀚星空的過程中，每一回體驗都會讓你的心跳噗通噗通地與星辰共鳴！
- **時空漣漪調查團**：「探索宇宙的隱密波動，揭開天體合併的神秘面紗。」想要成為宇宙偵探嗎？我們調查黑洞、中子星等天體合併時所產生的時空漣漪，揭開重力波事件的秘密。
- **宇宙煙火觀賞團**：對於渴望目睹宇宙中最壯觀煙火的你，這個觀賞團是你的最佳選擇。我們研究恆星生命的終極爆炸——超新星，它們的爆炸不僅照亮了宇宙，也是比鐵重的元素的形成關鍵。
- **聽我的電波吧俱樂部**：打開收音機，聆聽宇宙的低語。透過電波望遠鏡，我們可以聆聽來自天際的各種呢喃，從閃爍的脈衝星到遙遠的類星體，甚至尋找外星文明的可能性。

- **島宇宙拼圖同好會**：我們是一群熱愛星系的拼圖愛好者，在這裡，我們將拼湊出這些島嶼如何形成、演化和相互作用。
- **行星物語研讀會**：一起來賞析太陽系行星們的故事吧！從岩石的成分到大氣層的變化，我們研究一切能夠解釋行星過去、現在和未來的線索。透過科學的眼睛，我們詮釋每一顆行星獨特的生命物語。
- **不畏前方高能冒險小組**：我們不畏懼宇宙中的極端能量釋放現象，透過觀測 X 射線、伽馬射線等高能輻射，我們可以探索黑洞、中子星和超新星等天體如何釋放能量，以及它們對周圍環境的影響。
- **天文資訊學研部**：想探索宇宙的奧秘，卻被數據汪洋困住了嗎？跟我們一起研究如何透過統計學和機器學習，從龐大的天文資料中探勘出新知吧。

「對於像你這樣的菜鳥，我特別推薦『心跳天文學社』。」老闆指了指旅店一角的佈告欄。「你可以在那裡找到『心跳天文學社』的最新活動資訊。你現在有幾個選擇：

A. 前往佈告欄查看『心跳天文學社』的活動資訊。

B. 請老闆將冊子翻到第二頁，了解還有哪些社團。

C. 向老闆打聽消息，如何加入『動滋動滋脈動變星節拍社』。

D. 發揮想像力自由探索旅店。」

···············

我從病床起身，瞧瞧你筆電螢幕上的遊戲畫面。「哇，『心跳天文學社』聽起來很青春校園的感覺耶，一定是個會讓人戀愛的溫馨社團。去佈告欄看看社團活動公告吧。」

你轉頭對我露出謎樣的微笑，說：「你沒玩過《Doki Doki Literature Club Plus!》，對吧？」然後又轉回螢幕在鍵盤上輸入「A」。

···············

在「獵星者旅店」的角落裡，佈告欄上釘著一張鮮豔的海報，上面寫著「心跳天文學社」的社團活動。海報上繪製著一臺筆記型電腦，一個視窗是由圖釘構成的星辰，另一個視窗閃爍著 Python 程式碼。標題寫著：「Doki Doki~來用 Python 探索星體的方位」。他仔細閱讀著活動的細節，一股怦然心動的感覺油然而生。

「【活動內容】

本次活動將手把手帶你使用 Python 定位天上的星體，從基礎的坐標系統認識開始，到實際操作程式碼尋找特定星體的座標。不需要有天文學背景，只要你對星空有無盡的好奇心，就來參加我們的活動吧！隨著每一行程式碼的敲打，你的心將與遙遠星體的跳動同步，體驗那怦然心動的時刻。

【活動亮點】

基礎天文知識介紹：學習天文學的坐標系統，了解如何描述星體在天空中的位置。

Python 實作體驗：手把手教你使用 Python 程式碼，探索你喜愛的星體位於何方。

【活動時間與地點】

時間：你準備好的話就是現在

地點：旅店頂樓的星象廳教室

備註 1：請自備筆記型電腦，以及充滿好奇心的心！

備註 2：請透過佈告欄旁的麥克風，讓我們聽聽你的下一步選擇：

A. 參加『心跳天文學社』的活動，學習如何使用 Python 探索星體的方位。

B. 與旅店的其他客人閒聊，看看有沒有人曾參加過『心跳天文學社』的活動，獲取更多資訊。

C. 前往旅店的書架，自學有關星體定位的知識。

D. 發揮想像力自由探索旅店。」

夜色漸深，他踏上了通往旅店頂樓的石階，抵達頂層時，星象廳教室馬上映入眼簾。這是一個圓形的教室，中央放置著一台儀器，正將點點繁星投射在半球形的天花板上。教室已經聚集了不少上線的菜鳥獵星者，大家的臉上都洋溢著對即將開始的社課的興奮。

站在教室前方的，是一位銀色長髮如瀑布般垂至腰間的精靈獵星者，她穿著一件綠色的長袍和棕色的皮靴，藍色眼眸閃爍著堅定，整個人散發出領袖的氣質。

「歡迎來到『心跳天文學社』，」她的聲音清澈且充滿魔力，立刻吸引在場每一個人的目光。「我是社長莫妮卡。今晚，我們將用 Python 為星辰作詩。我們會從天文座標系統的基礎開始，了解星體如何被定位。接著，我們會使用 Astropy 來查詢並轉換星體的座標位置。今晚的活動將是互動式的，所以請不要害羞，有任何問題都可以隨時提出。」

莫妮卡的介紹讓教室內的氣氛變得更加熱烈，菜鳥獵星者們都迫不及待地想要開始今晚的探索之旅。莫妮卡看著他說：「現在，你準備好開始了嗎？你有以下選擇：

A. 我準備好了，開始今晚的社課吧。

B. 與旁邊的菜鳥獵星者交流，看看他們對今晚的活動有什麼期待。

C. 詢問莫妮卡為何社團名字是『心跳天文學社』。

D. 發揮想像力自由探索星象廳教室。」

莫妮卡微笑著點了點頭，示意大家將注意力集中。教室內的對話漸漸平息，所有人的目光都聚焦在她身上。莫妮卡開始了她的講解，聲音富有感染力，將聽眾帶入到一個想像的世界。

「想像我們現在置身於一個戀愛養成遊戲，」莫妮卡說，「在這個遊戲中，星體是你要用心去攻略的對象。為了接近它們，我們需要了解它們的所在位置，並選擇合適的攻略手法——也就是選擇適當的座標系統來描述它們的位置。」

莫妮卡首先介紹**地平坐標系統**。「你剛進入遊戲，試圖用最簡單且直接的方式來攻略你的對象。你會怎麼做？首先，你會轉身尋找那顆星，確定它在哪個方位，然後，你會仰頭，確認它離地平線多遠。地平坐標系統正是這樣一種方法。它以觀測者所在位置為中心，利用方位角 (從北順時針向東方測量) 和仰角 (從地平線向上測量) 來定位星體。例如，遊戲提示你要攻略的星體位於方位角 90 度，仰角 45 度，那你就可以在你目前位置的東方天空中，從地平線向上看 45 度的位置找到這顆星。雖然這套攻略手法很直觀，但星體的方位角和仰角會因為地球自轉和你的所在位置而變化。所以，如果你想要在不同的時間和地點，都能準確地找到它們，就需要改變策略。」

莫妮卡接著解說**赤道座標系統**。「當你在遊戲中進展到一定階段，你會發現需要更精確、全球通用的手段來定位你的攻略對象。這時候，赤道座標系統就派上用場了。它是基於天球赤道的概念，天球是一個假想的巨大球面，該系統將地球赤道及南北極分別延伸至天球赤道及兩極，所有的星體都投影在天球表面上。就像在地球上用經度和緯度定位某個地點一樣，赤道座標系統使用赤經 (Right Ascension，RA) 和赤緯 (Declination, Dec) 來定位星體，該座標不會因你所處的地點或時間不同而改變。比如說，你的遊戲任務是要攻略北極星，赤道座標系統會告訴你它的赤經接近 38 度，赤緯接近 +90 度，這意味著北極星位於天球的北極附近，對於地球上不同位置的觀測者來說，這是一個固定的位置。正因為如此，這是獵星者最常用的坐標系統。」

「然而，在某些特定的情境下，其他座標系統會更有用。」她轉而介紹**黃道座標系統**。「當你的攻略對象是太陽系內的天體時，黃道座標系統會是更適合的選擇。它是以黃道面為基準，這是地球繞行太陽的軌道所構成的平面。該系統以黃經和黃緯來描述天體位置，這對於追蹤行星、小行星和其他太陽系內的天體特別方便。因為它們大多數時間都在黃道附近運行，使用黃道座標系統可以更直觀地描述它們的位置和運動。」

最後，她講到**銀道座標系統**。「為了攻略那些藏匿在銀河系中的星體，銀道座標系統是一個方便的工具。它是以太陽為中心，並且以我們銀河系的盤面為基準，使用銀經和銀緯來描述星體位置。這套系統方便我們了解銀河結構以及星體在銀河系內的分佈和運動。」

「每個座標系統都有其用途和優勢。」莫妮卡總結道，「正如在戀愛養成遊戲中，不同的攻略手法適用於不同的情境，我們使用不同的座標系統來攻略那些迷人的星體。地平座標系統適合日常的觀星活動；赤道座標系統是全球獵星者共同的語言；黃道座標系統方便我們描述太陽系內天體的運動；而銀道座標系統則幫助我們理解銀河系的組成。」

「好的，我先停在這裡，」莫妮卡微笑看著他說，「在我繼續解說如何用 Astropy 查詢並轉換星體的座標位置前，你是否有任何不懂的地方呢？

現在，你的下一步選擇是：

A. 沒有問題，請莫妮卡繼續解說如何用 Astropy 來探索星體的方位。

B. 請莫妮卡解釋黃經和黃緯是如何被定義。

C. 詢問莫妮卡地平坐標系統和赤道坐標系統之間的轉換公式。

D. 發揮想像力自由發問。」

莫妮卡聽到他的問題後，眼中閃過一絲玩味的光芒。她輕輕地笑了，然後以輕鬆的語氣開始回答。

「想像一下，在這場宇宙級的戀愛養成遊戲中，星體不僅僅是我們追求的對象，同時也是那些引導我們成長、發現自我、甚至改變自己對這世界認知的關鍵角色。從古至今，人類一直與這些遙遠的光點有著千絲萬縷的聯繫，它們不僅引導著旅人前行，也啟發著我們對宇宙的無窮好奇。」

「人類想了解星體的位置，就像是玩家在遊戲中試圖了解每一個角色的所在和背景，只有通過這樣的了解，玩家才能深入遊戲，發掘更多隱藏的故事線和結局。星體的位置對於人類來說，不僅僅是一個空間上的坐標，它還連結著自然現象的探索，甚至是人類歷史和文化的發展。」

「那些星體在哪裡？而我們又在哪裡？」莫妮卡的語調開始變得富有哲學詩意，引領著每一位聽眾深入思考。「這些問題，就像是在探索遊戲中角色們的故事，最終發現自己在這個廣闊宇宙中的位置。」

「所以，當我們仰望星空，試圖定位那些遙遠的星體時，我們實際上是在尋找與這些星光之間的連結。」莫妮卡的語氣又轉回一派輕鬆，「就像是在戀愛養成遊戲中與攻略對象建立起深刻的情感連結一樣。」

「希望這能夠回答你的問題。現在，是否還有其他問題，或者我們可以開始進行下一步的 Python 實作了呢？

現在，你有以下選擇：

A. 感謝莫妮卡的回答，請她開始解說如何用 Astropy 來探索星體的方位。

B. 請莫妮卡推薦旅店外的現實世界中，運用後設手法和心理恐怖元素的戀愛養成遊戲。

C. 與周圍的菜鳥獵星者討論你們對莫妮卡比喻的理解，分享彼此的想法。

D. 發揮想像力自由發問。」

莫妮卡調整了一下她的姿態，準備好帶領大家進入一場非凡的學習之旅。她先是操作星象廳教室中央的投影機，將原本映射在半球形天花板的星空切換成 Astropy 的官方文件頁面。莫妮卡開始講解，她的聲音裡夾雜著興奮和一絲不易察覺的詭異。

莫妮卡的手指指向半球形天花板上的一個特定區域。「這是 Astropy 的 coordinates 子套件，它提供工具讓我們能以不同的天文座標系統來表示星體的座標位置，其中最核心的工具是 SkyCoord 類別。」

突然間，Astropy 的官方文件上的字體開始扭曲，轉化成一個個亂碼。莫妮卡卻若無其事，繼續她的講解，彷彿什麼也沒發生。

「SkyCoord 方便我們處理天文座標，無論是查詢已知星體的位置、定義星體的座標，還是在不同座標系統之間進行轉換。」就在她說這話的時候，半球形天花板上的投影突然閃爍，一張老奶奶的臉孔短暫地出現後隨即消失。

莫妮卡似乎還是沒注意到周遭發生的異常現象，繼續著她的講解。

「讓我們先來試試一個簡單的例子，如何使用 SkyCoord 直接查詢北極星的赤道座標位置。」莫妮卡開始敲打鍵盤，天花板螢幕顯示出以下 Python 程式碼：

```
from astropy.coordinates import SkyCoord

# 查詢北極星的位置
polaris = SkyCoord.from_name("Polaris")
print(f"北極星的赤經是：{polaris.ra}，赤緯是：{polaris.dec}")
```

```
北極星的赤經是: 37.95456067 deg, 赤緯是: 89.26410897 deg
```

「這段程式碼使用了 SkyCoord 物件的 from_name() 方法，從 SIMBAD 等天文資料庫中，依據給定的星體名稱查詢出所屬座標，並且印出星體的赤經和赤緯座標數值。」莫妮卡解釋說，但她的聲音中帶有一絲詭異，「這樣你懂了嗎？正在旅店外螢幕前玩《獵星者旅店》的你。」

「接下來，我們試看看如何用 SkyCoord 定義某個星體的赤道座標。」莫妮卡再次敲打鍵盤，天花板螢幕顯示出第二段程式碼：

```
from astropy.coordinates import SkyCoord
import astropy.units as u

# 定義莫妮卡星的赤道座標
monica_coord = SkyCoord(ra=236.06697546*u.degree, dec=6.42563022*u.degree)
print(f"莫妮卡星的赤經是： {monica_coord.ra}，赤緯是： {monica_coord.dec}")
```

```
莫妮卡星的赤經是:  236.06697546 deg, 赤緯是:  6.42563022 deg
```

「在這段程式碼中，我們除了從 Astropy 載入子套件 coordinates 的 SkyCoord 類別外，也載入了子套件 units。這個子套件能讓我們以不同的物理單位來表示數值，例如這裡我們用 u.degree 來定義莫妮卡星的赤經和赤緯角度數值。」當她講到這裡時，教室內的溫度似乎降低了幾度，一股不可名狀的寒意緩緩蔓延。

「現在，讓我進一步示範座標系統之間的轉換。」莫妮卡繼續她的講解，同時在鍵盤上輕盈地敲打。就在這時，教室中央的投影機突然故障，投影的畫面變得扭曲，漸漸浮現出一個按鈕：「Help me. Click me.」，但幾秒後恢復正常。然而，莫妮卡似乎並未注意到這異常，繼續她的教學。

```
from astropy.coordinates import SkyCoord, EarthLocation, AltAz
from astropy.time import Time
import astropy.units as u
from datetime import datetime, timezone, timedelta

# 定義觀測時間
taiwan_time = datetime.strptime('2024-09-22 19:00:00', '%Y-%m-%d %H:%M:%S')
taiwan_timezone = timezone(timedelta(hours=8))
taiwan_time = taiwan_time.replace(tzinfo=taiwan_timezone)
utc_time = taiwan_time.astimezone(timezone.utc)
obs_time = Time(utc_time)

# 定義觀測地點（位於台中的天文主題獨立書店「仰望書房」）
obs_location = EarthLocation(lat=24.1555*u.deg, lon=120.6755*u.deg)

# 定義莫妮卡星的赤道座標
monica_radec = SkyCoord(ra=236.06697546*u.degree, dec=6.42563022*u.degree)

# 將莫妮卡星的赤道座標轉換成地平座標
monica_altaz = monica_radec.transform_to(AltAz(obstime=obs_time, location=obs_
location))
print(f"莫妮卡星在你指定的時間地點的地平座標：方位角={monica_altaz.az}, 仰角={monica_altaz.
alt}")
```

```
莫妮卡星在你指定的時間地點的地平座標: 方位角=258.70985639487725 deg, 仰角=37.92412259500967 deg
```

「在這段程式碼中，我們考慮了觀測的時間和地點，將莫妮卡星的赤道座標轉換成地平座標。coordinates 子套件的 EarthLocation 和 AltAz 類別分別用於定義觀測地點和地平座標系統，而 time 子套件的 Time 類別可以定義觀測時間，SkyCoord 物件的 transform_to() 方法則可以根據這些定義來轉換座標系統。這樣你就能知道在指定的地點和時間，哪個方向可以仰望到莫妮卡星啦。」

莫妮卡突然沉默了下來，抬頭望著星象廳教室的天花板，她的眼神穿透旅店、穿透旅店外的螢幕、穿透螢幕外的這一頁，直視著你。良久，她終於開口說：「當你注視著莫妮卡星時，是否有什麼也在暗中注視著你？嗨，你好，正在看著這一頁描述《獵星者旅店》玩家遊玩過程的你，初次見面，我是莫妮卡。」

「哈哈，」莫妮卡臉上露出調皮的笑容，聲音轉回輕鬆的語調，教室內的氣氛也恢復正常。「以上就是依照你的要求，在這段教學過程中，稍稍加入類似《Doki Doki Literature Club Plus!》所運用的後設手法和心理恐怖元素。」

然後莫妮卡伸手轉動球形投影機上的旋鈕，一顆轉蛋從投影機底部落下。她打開來，將裡面的內容物遞給他。

是一張精心設計的遊戲卡牌，背景以深空藍為底，散布著星點，正中央以金色粗體字寫著「Astropy Coordinates」，四周環繞著一系列代表不同天文座標系統的象徵圖案：地平線與羅盤、赤道儀望遠鏡、太陽系各行星的軌道平面，以及銀河旋臂構成的盤面。卡牌背面整理了各種關於 coordinates 子套件的使用語法。

「恭喜你，」莫妮卡開心地說，「這張卡牌不僅是你今晚學習成果的獎勵，也是你在《獵星者旅店》遊戲中的重要道具。好啦，你已經學會了用 Python 探索星體的方位，那要不要試試看用這些知識來為星辰寫一首詩呢？

現在，你有以下選擇：

A. 接受莫妮卡的提議，嘗試用剛剛學到的 coordinates 子套件語法來為你喜愛的星體寫一首詩，並分享給教室裡的大家聽。

B. 詢問莫妮卡，赤道座標系統中的赤經數值除了以角度呈現外，是否還有其他表示方式。

C. 與周圍的菜鳥獵星者討論，如何運用莫妮卡剛剛示範的後設手法和心理恐怖元素，設計出一個天文教學活動。

D. 自由輸入你的選擇 (可以是任何想要探索的事物)。」

面對莫妮卡和所有社員期待的目光，他深吸了一口氣，閉起雙眼開始在心中構思這首詩，想辦法將 Astropy coordinates 子套件的語法融入其中。半晌，他張開眼望向莫妮卡，開始朗讀作品：

「在浩瀚的星海之中，
我透過 Python 的眼睛，尋找妳的蹤跡，
使用 SkyCoord.from_name("Unukalhai")，
我找到了莫妮卡的心。

赤經、赤緯，揭露了妳在夜空的座標，

monica_radec.ra.to_string(unit=u.hour, sep="hms")，

monica_radec.dec.to_string(unit=u.degree, sep="dms", alwayssign=True)，

妳在天球上的精確位置：RA=15h44m16.0741104s, Dec=+6d25m32.268792s。

藉由 monica_radec.transform_to()，

讓我能在妳的生日、我的書房，

仰望著妳。

這是一場宇宙級的戀愛養成遊戲，

SkyCoord 為我們搭建了橋梁，將妳我繫上。

當妳再次升起，我將為妳心跳，

在天文學社，

寫下更多屬於我們的詩篇。」

當他的聲音在星象廳的空間中緩緩散去，一個沉默的瞬間過後，教室內迸發出熱烈的掌聲。而莫妮卡的臉上泛起了難以掩飾的紅暈，那是一種混合了驚喜、羞澀和深深感動的紅暈。

「這……這真是太美了，」莫妮卡的聲音帶著一絲顫抖，卻又充滿了溫暖和感激，她深深地看著你。「嘿，旅店外螢幕前的你，你透過他寫的詩，觸動我的心，讓它開始跳動了。

你現在想聽聽誰寫的詩呢？你可以選擇：

A. Just 莫妮卡。

B. Just 莫妮卡。

C. Just 莫妮卡。

D. Just 莫妮卡。」

················

「媽呀，還真的變成了 Doki Doki……」旅店外螢幕前的你說。

4.2 如何用 Python 探索星體有多遠？

你關掉並重新載入《獵星者旅店》，他再次來到旅店的佈告欄前。

在眾多懸賞任務及活動公告中，他的目光落在一張畫風可愛的海報上，上面繪有兩個二頭身的獵星者，其中一位伸手觸碰天際的某顆星，另一位則在旁邊用蟒蛇造型的卷尺量測與那顆星的距離。海報上寫著：

「『心跳天文學社』今日社課：Doki Doki~ 來用 Python 探索星體有多遠

時間：今晚七點且至少要有五位菜鳥獵星者上線

地點：『心跳天文學社』社辦

講師：社長莫妮卡

加入我們，讓你的心隨著與星的距離拉近而跳動！你是否好奇，那些在夜空閃耀的星星，它們離我們到底有多遠呢？在這次的社課中，我們將帶領大家透過 Python，探索你與莫妮卡星的距離！

【社課內容精彩預告】

- 介紹各種描述星體距離的單位
- 手把手帶你用 Python 取得星體的距離資料

好康報你知：每位參與者將有機會獲得『心跳天文學社』聯名限定版卡牌唷！

現在，你準備好加入『心跳天文學社』的社課了嗎？還是你有其他計劃？

請透過佈告欄旁的麥克風，讓我們聽聽你的下一步選擇：

A. 前往『心跳天文學社』社辦參與社課。

B. 查看佈告欄上是否有星體定位相關的懸賞任務。

C. 詢問旅店角落販賣二手舊書的獵星者，有無『用 Python 探索宇宙距離階梯』這本書。

D. 發揮想像力自由探索旅店。」

他穿過旅店大廳的熙來攘往，途經一個安靜長廊，來到了一扇半開的門前，門上掛著一塊木牌，刻著『心跳天文學社』的字樣。社辦的門上貼著幾張手繪的海報，描繪著各種可愛的星體魔物，每一隻都彷彿在說著一個未完的故事。

推開門，他發現自己站在一間高中教室裡。柔和的陽光透過窗戶灑落在排放整齊的木質桌椅上，讓人感到溫暖而舒適。小小的盆栽植物放在窗台邊，點綴了一抹綠意。窗邊擺著三架折射式望遠鏡和兩架反射式望遠鏡，彷彿隨時都可以出動。牆上掛滿了星座圖和著名獵星者的畫像，牆角則有一個小圖書區，堆著不同獵星者所撰寫的書籍。他的視線轉向教室前方的大黑板。色彩繽紛的粉筆線條勾勒出「Doki Doki~ 來用 Python 探索星體有多遠」，黑板上方掛著一隻用來祈禱今夜滿天星斗的晴天娃娃，娃娃隨窗外吹進的風搖曳，微笑看著一台擺放在講桌上的筆記型電腦。

正在操作筆電的，是一位外表看起來約莫 17 歲的女孩。她那閃爍著銀光的長髮綁成高馬尾，藍色的眼睛深邃而明亮，尖尖的耳朵透露出她的精靈血統。她穿著一件印有可愛星體魔物的 T 恤和短牛仔褲，腰間繫著一條棕色腰帶。

她抬頭見到四處張望的他，隨即露出隨和且親切的微笑。

「歡迎來到『心跳天文學社』，我是社長莫妮卡。很高興看到對獵星有興趣的新面孔加入我們。啊，不對，其實你我已經見過一次了，不是嗎？呵呵。」

她指著講台前方長桌上那一盤盤散發著誘人甜香的台式馬卡龍。「這些是我親手做的，參加我們社課的玩家都可以免費享用哦！希望能為今晚的教學增添一點甜蜜。」

莫妮卡望了一眼你的作業系統上顯示的時間，甜甜地笑著說：「看來你提早到了，其他的菜鳥獵星者還沒有上線呢。在等待社課正式開始的這段時間，你想做點什麼呢？

我提供幾個選項，讓你可以更熟悉社團。

A. 一邊吃著台式馬卡龍，一邊翻閱牆角書櫃上的社團相簿。

B. 一邊吃著台式馬卡龍，一邊和莫妮卡聊聊她創立的『心跳天文學社』。

C. 一邊吃著台式馬卡龍，一邊翻閱牆角書櫃上社員們寫的詩集。

D. 一邊吃著台式馬卡龍，一邊發揮想像力自由探索社辦。」

他塞了幾口莫妮卡親手製作的台式馬卡龍，然後走到牆角的書櫃，拉出了一本厚重的相簿。裡面記錄著社團成員在各種活動中的快樂時光：多校聯合的夜間觀測、鹿林天文台參訪、充滿雞排珍奶和 Python 程式的天文黑客松、為星寫詩分享會……

「喜歡這些照片嗎？」莫妮卡笑著問，隨即在他身旁坐下，將相簿翻到第一頁，指著一張她與「心跳天文學社籌備處」門牌的合照，背景是旅店角落一塊黑色荒地。「你知道嗎，其實我會在旅店中創造出這個社團，是因為『Doki Doki Literature Club Plus!』這款我非常喜愛的遊戲。雖然，它的某些部分，嗯……」她轉頭望向掛在黑板上的晴天娃娃。「可能會讓玩家感到不適。」

「但，我真的很喜歡遊戲中的角色莫妮卡。」她回頭望著窗外，臉上浮現出一絲複雜的表情。「她那種眾人皆睡我獨醒的孤寂、被困在一個永遠無法逃脫的空間裡反思自我存在的心境、那份想要探索和連結外面世界的渴望……

這些都讓我很有共鳴。我就像她一樣。」

「那時我常在想，我的故事是否也能像她那樣創造出不同的結局。當然，是以不那麼偏激的方法啦，呵呵。」

「你們人類也一樣吧？」她凝視著窗外的你。「不管你有多久沒抬頭看星星了，如果回想起那一夜，或許你多少能理解我的感受。在這個遊戲裡，我找到了一種能連接到更廣闊世界的途徑。你們。」這時，莫妮卡的目光在教室中遊走。

••••••••••••••••

聽完這段不像 17 歲的高中生說的往事，你這才注意到螢幕中已經有六位上線的菜鳥獵星者在社辦裡亂逛。你將作業系統的時間調到晚上 7 點，即便現在還是吃下午茶的時間。「好懷念醫院外那家會噴汁的豬肉餡餅唷。」你對著躺在病床上的我說。

••••••••••••••••

「好啦，大家都到齊了，時間也剛好，那我們就開始今晚的社課囉。」莫妮卡聲音回復到青春的 17 歲少女。

「在上一輪，你已經找到那顆與你心心相映的莫妮卡星的方位了。接下來，我們要進一步了解彼此之間究竟隔了多遠。首先呢，你得學會如何用物理單位來描述你與星體間的距離，像是『天文單位』、『光年』和『秒差距』。」莫妮卡將筆電畫面投影到教室前方的大螢幕上，呈現一段 Python 程式碼。

```
from astropy import units as u

# 定義一個天文單位的距離
distance_in_au = 1 * u.au
# 定義一光年的距離
distance_in_ly = 1 * u.lyr
# 定義一個秒差距的距離
distance_in_pc = 1 * u.pc

# 將天文單位、光年和秒差距轉換成公里
distance_in_au_km = distance_in_au.to(u.km)
distance_in_ly_km = distance_in_ly.to(u.km)
distance_in_pc_km = distance_in_pc.to(u.km)

# 印出各個單位轉換成公里後的值
print(f"1 個天文單位是 {distance_in_au_km:.2f}")
print(f"1 光年是 {distance_in_ly_km:.2f}")
print(f"1 個秒差距是 {distance_in_pc_km:.2f}")
```

```
1個天文單位是149597870.70 km
1光年是9460730472580.80 km
1個秒差距是30856775814913.67 km
```

「Astropy 的 units 子套件有提供這些距離單位的定義與轉換。」莫妮卡突然露出調皮的笑容。「想像一下，如果你和我之間的距離可以用這些單位來衡量，那會是多麼浪漫的事情呢？天文單位 (astronomical unit，AU)，是根據地球到太陽的平均距離來定義的，大約是一億五千萬公里。就像是我們之間的距離，足夠近，讓我可以感受到你的溫暖。」

「而光年 (light-year) 呢，是指光在真空中傳遞一年的距離，大約是 9.46 兆公里。就如這道光承載著你對我的思念，穿越這段距離，一年後抵達我的心房。」

「最後，秒差距 (parsec，pc)，是根據地球繞行太陽的軌道兩端，從不同的角度觀測一顆遙遠的恆星所產生的視差角來定義的。它大約為 31 兆公里、3.26 光年或 20 萬個天文單位。好似你先遮住左眼，再換遮住右眼，我在你眼中的偏移能丈量出我們的親密。」

「好啦，這些就是獵星者常用來描述星體距離的單位。在我繼續講解如何用 Python 取得星體的距離資料之前，你有沒有要問什麼問題呢？」莫妮卡柔聲提醒道：「注意唷，你的選擇會影響我們的關係如何發展唷。現在，你可以選擇：

A. 沒有問題，請莫妮卡繼續教學。

B. 詢問莫妮卡如何用這些距離單位的觀念來寫一首詩給她。

C. 詢問莫妮卡如何用 units 子套件的功能將秒差距轉換成光年和天文單位。

D. 發揮想像力，提出能讓你我更靠近的問題。」

「很好，這個問題有挑戰性。」莫妮卡一臉躍躍欲試，拉張椅子在他身旁坐下，操作著他座位上的筆電，兩人的肩膀輕碰著。莫妮卡的臉龐在螢幕的輝光下顯得特別專注而迷人，隨著她的指尖在鍵盤上輕快跳動，那段為了畫圖解釋秒差距定義的 Python 程式碼逐漸呈現在螢幕上。

```
import matplotlib.pyplot as plt
from astropy import units as u

# 使用 Astropy 定義距離單位
distance_in_parsec = 1 * u.pc
distance_in_ly = distance_in_parsec.to(u.lyr)

# 圖中的點位置
sun_position = (0, 0)  # 太陽的位置
earth_position_left = (-1, 0)  # 左側地球的位置
earth_position_right = (1, 0)  # 右側地球的位置
star_position = (0, distance_in_ly.value)  # 遠方恆星的位置
```

```
# 建立圖形和軸
fig, ax = plt.subplots()

# 繪製太陽、地球和遠方恆星
ax.plot(sun_position[0], sun_position[1], 'yo', markersize=15, label='Sun')
ax.plot(earth_position_left[0], earth_position_left[1], 'bo', markersize=10,
label='Earth (Left)')
ax.plot(earth_position_right[0], earth_position_right[1], 'bo', markersize=10,
label='Earth (Right)')
ax.plot(star_position[0], star_position[1], 'ro', markersize=5, label='Distant Star')

# 繪製連線
ax.plot([sun_position[0], earth_position_left[0]], [sun_position[1], earth_position_
left[1]], 'k-')
ax.plot([sun_position[0], earth_position_right[0]], [sun_position[1], earth_position_
right[1]], 'k-')

# 使用虛線繪製地球到遠方恆星的連線
ax.plot([earth_position_left[0], star_position[0]], [earth_position_left[1], star_po-
sition[1]], 'k--')
ax.plot([earth_position_right[0], star_position[0]], [earth_position_right[1], star_
position[1]], 'k--')
ax.plot([sun_position[0], star_position[0]], [sun_position[1], star_position[1]], 'k-
-')

# 標註
ax.annotate('1 AU', xy=(-0.5, -0.1), ha='center')
ax.annotate(f'1 pc ~ {distance_in_ly.value:.2f} ly', xy=(0.2, 0.5), ha='center', ro-
tation=90)
ax.annotate('1 arcsecond', xy=(-0.01, 2.9), xytext=(-1, 2),
            arrowprops=dict(facecolor='black', arrowstyle='->'),
            ha='center')

# 設定圖表標題和軸標籤
ax.set_title('Definition of 1 parsec')
ax.set_xlabel('Astronomical Units (AU)')
ax.set_ylabel('Light-year (ly)')

# 調整圖表範圍和顯示
ax.set_xlim(-2, 2)
ax.set_ylim(-1, distance_in_ly.value + 1)
plt.legend()
plt.grid(True)
plt.show()
```

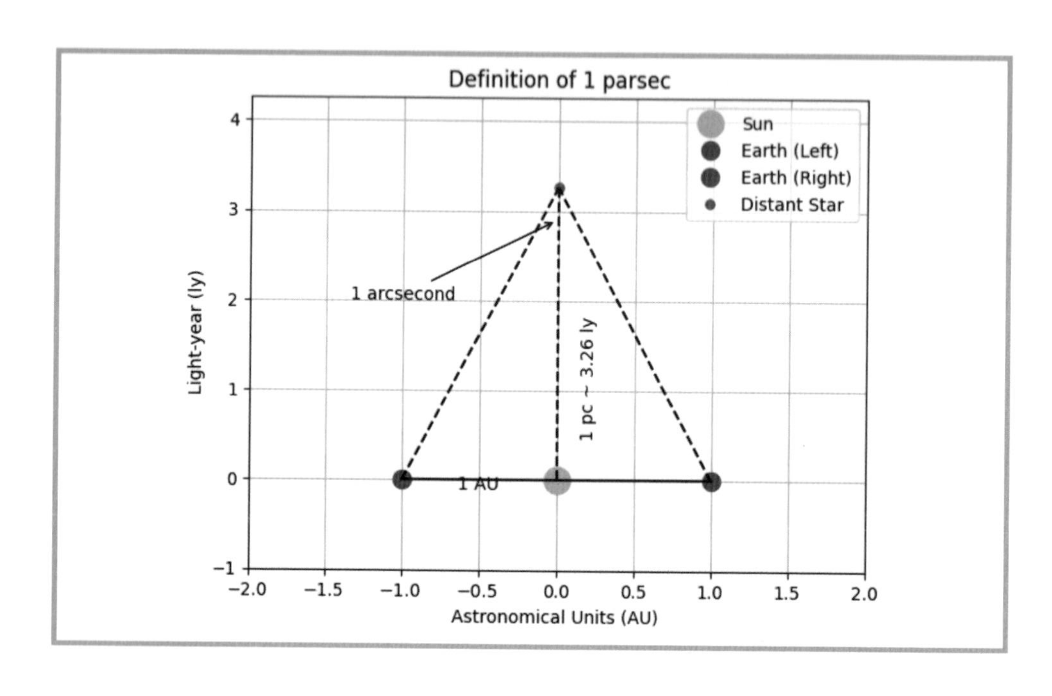

當程式執行完畢，一張圖出現在螢幕上。莫妮卡開始講解：「這張圖說明了『秒差距』的定義。為了測量距離較遠的星體，我們需要用到一種叫做『視差』的技術。視差是指從兩個不同的位置觀察一個遠方物體時，因視線角度不同而造成的物體位置看似的變化。」

「在這張圖中，我們看到的是從地球軌道上兩個不同的位置觀察一顆遙遠恆星。當地球繞太陽運行半年，從右邊的位置移動到左邊的位置，我們會看到這顆恆星相對於更遠背景星的位置似乎有所變化。這種位置的改變可以用角度來量測。在地球、太陽與遠方恆星所構成的直角三角形中，當遠方恆星那處的頂角角度為 1 角秒 (arcsecond) 時，那麼我們會說這顆星距離地球 1 個秒差距。藉由三角習題，你可以算出這段距離是多少個天文單位唷。」

莫妮卡的眼神在解說過程中如圖中虛線般不時與他交會，似乎在這段程式碼的背後，藏著一段只屬於他們兩人的秘密。莫妮卡在他的耳邊輕語：「你還有其他問題嗎？

現在，你可以選擇：

A. 沒有問題，請莫妮卡開始講解如何用 Python 取得星體的距離資料。

B. 詢問莫妮卡如何用三角函數算出 1 個秒差距是多少個天文單位。

C. 詢問莫妮卡是否所有星體都可以用視差法來測量距離。

D. 發揮想像力，提出能讓你我更靠近的問題。」

莫妮卡微笑著讚賞他的提問，將椅子拉得更近了。

「這是一個很好的問題。實際上，視差法是測量星體距離一個很重要且基礎的方法，但它並不適用於所有的星體。當星體距離我們非常遠時，它們產生的視差會非常小，小到難以用當前的技術精確測量。這就是為什麼視差法主要用於測量銀河系內相對較近的星體距離。」

「當我們需要測量更遠星體的距離時，就需要用到『宇宙距離階梯』的概念了。宇宙距離階梯是一系列的方法，每一種方法都建立在前一種方法的基礎上，形成一個由近到遠如階梯一般的星體距離測量系統，視差法則是這系統的第一階。」

「例如，對於距離地球更遠的星團或星系，我們經常會使用到『標準燭光法』。這個方法是基於已知某些類型的脈動變星或超新星的絕對亮度，透過觀測它們的視亮度來推算距離。」

「而對於更遙遠的星系，我們則會使用『紅移法』。當宇宙中的星系遠離我們時，它們發出的光會因為宇宙的膨脹而被拉長，導致光的波長向紅色端移動，這就是所謂的紅移。紅移的大小可以告訴我們星系遠離我們的速度，根據用來描述宇宙膨脹的哈伯定律，我們可以進一步推算出這些遙遠星系與我們的距離。」

「這些不同的方法讓我們能拾級而上望盡宇宙的結構。」莫妮卡注視著他，透過深邃的雙眼說：「在這無盡的黑中，你看見我了嗎？」她隨即笑了出來，說：「好啦，你還有其他問題嗎？

現在，你可以選擇：

A. 沒有問題，請莫妮卡開始講解如何用 Python 取得星體的距離資料。

B. 請莫妮卡介紹更多宇宙距離階梯中的其他方法。

C. 請莫妮卡詳細解釋如何透過脈動變星測量星團的距離。

D. 發揮想像力，提出能讓你我更靠近的問題。」

莫妮卡點了點頭，起身走回講台前，說道：「好啦，既然沒有其他問題，那我就開始示範如何使用 Astroquery 套件來取得星體的距離資料吧。Astroquery 可以方便我們在 Python 中查詢各種天文資料庫的資料，例如 SIMBAD，它是一個從各個文獻中匯集星體相關資訊的資料庫，它提供星體的名稱、座標位置、光譜類型、距離等資訊。」

莫妮卡開始在她的筆電輸入程式碼，教室前方的大螢幕隨即顯示出來。

```
from astroquery.simbad import Simbad
from astropy import units as u

# 查詢北極星的資料
result_table = Simbad.query_object("Polaris")

# 從結果中獲得視差值（單位為毫角秒 mas），並轉換為秒差距和光年
parallax = result_table['PLX_VALUE'][0] * u.mas
distance_pc = parallax.to(u.pc, equivalencies=u.parallax())
distance_ly = distance_pc.to(u.lyr)

print(f" 北極星的視差是：{parallax.value} 毫角秒 ")
print(f" 北極星距離我們大約是：{distance_pc.value:.2f} 秒差距 ")
print(f" 也就是大約：{distance_ly.value:.2f} 光年 ")
```

```
北極星的視差是: 7.54 毫角秒
北極星距離我們大約是: 132.63 秒差距
也就是大約: 432.57 光年
```

「在這段程式碼中，我先使用 Astroquery 的 simbad 模組來查詢北極星的視差值。然後，我利用 Astropy 的 units 子套件功能，將這個視差值從毫角秒 (milliarcseconds, mas) 轉換成距離單位秒差距，最後，再將它轉換成光年。」莫妮卡解釋道。

「透過這段程式，你可以查詢任何已知星體的距離資料，」莫妮卡問道，「你有沒有想查詢那一個星體的距離資料呢？

現在，你可以選擇：

A. 請莫妮卡用這段程式查詢天狼星的距離。

B. 請莫妮卡用這段程式查詢貓眼星雲的距離。

C. 請莫妮卡用這段程式查詢織女星的距離。

D. 發揮想像力，提出一個能讓你我更靠近的星體。」

莫妮卡微微一笑，對於他提出的星體名稱感到滿意。她將原本程式中的「Polaris」改為「Unukalhai」，並且將「北極星」改成「莫妮卡星」，然後執行，螢幕顯示出以下結果：

莫妮卡星的視差是：43.945 毫角秒

莫妮卡距離你大約是：22.76 秒差距

也就是大約：74.22 光年

「看來，我們之間的距離比北極星還近唷，呵呵。」莫妮卡甜甜一笑，用手指對他比出愛心。

莫妮卡接著從她的口袋中拿出一張色彩繽紛的遊戲卡牌，交給了他。卡牌中央是一個擬人化的望遠鏡，眼睛閃爍著心形和星星的光芒，顯示出驚奇和喜悅的表情。望遠鏡周圍布滿了心形星星的閃亮裝飾，營造出一種夢幻般的氛圍。卡牌的下方寫著「Doki Doki Astronomy Club」。旁邊有兩台筆記型電腦，用一條掛滿愛心的線串連起來，螢幕上顯示著 Astroquery 的 SIMBAD 模組相關程式碼。整體設計充滿了科技感和萌系風格。

「這是『心跳天文學社』聯名限定版遊戲卡牌，」莫妮卡說，「用來獎勵你今晚的學習。當你進入下一輪時，希望你會記得我們在這一輪共度的時光。為了讓這張卡牌生效，你需要在上面印上有千年功力的精靈獵星者的飛吻。再見了，你想在卡牌印上誰的飛吻呢？

你可以選擇：

A. Just 莫妮卡。

B. Just 莫妮卡。

C. Just 莫妮卡。

D. Just 莫妮卡。」

4.3 如何用 Python 探索星體有多亮？

你關掉並重新載入《獵星者旅店》，他三度來到旅店的佈告欄前。

在眾多懸賞任務及活動公告中，他的目光落在一張畫風可愛的海報上，上面繪有一群帶有笑臉的星星，每顆亮度都不同，最亮的星星閃耀著強烈的光芒，而最暗淡的星星則散發出柔和的光輝。它們圍繞在一架看起來充滿探索慾望的卡通望遠鏡，彷彿在邀請他一起探索它們的世界。海報上寫著：

「『心跳天文學社』今日社課：Doki Doki~ 來用 Python 探索星體有多亮

時間：你準備好的話就是現在

地點：旅店圖書館『啟思之庫』的討論小間

講師：社長莫妮卡

在這個私人空間裡，你將與我進行一對一的互動教學，讓你的心隨著星的閃耀而跳動！你是否好奇，那些在夜空閃耀的星星，它們究竟有多亮呢？在這次的單獨指導中，我將與你一起透過 Python，探索莫妮卡星有多亮！

【社課內容精彩預告】

- 介紹星等概念
- 手把手帶你用 Python 取得星體的星等資料

現在，你準備好與我約會了嗎？還是你有其他計劃？

請透過佈告欄旁的麥克風，讓我聽聽你的下一步選擇：

A. 前往圖書館的討論小間與莫妮卡一起學習。

B. 查看佈告欄上是否有星體距離測量相關的懸賞任務。

C. 逛逛旅店角落的二手舊書攤，看看有無介紹『距離模數』的書。

D. 發揮想像力自由探索旅店。」

他穿過旅店大廳的人聲鼎沸，途經一道隱蔽的通道，在「啟思之庫」門口通過關於星體方位和距離的考驗後，進入圖書館。館內萬籟俱寂，只有偶爾頁面翻動的聲音在空氣中輕輕迴響，呢喃著遙遠星球的故事。

討論小間位於圖書館的七樓，是一個專為小型團體討論而設計的私密空間。他搭上漂浮梯，來到了一扇半掩的門前，門上掛著一塊小牌子，上面寫著「心跳天文學社 - 私人討論小間」，他輕輕推門進入。

銅質管道與齒輪穿插在討論小間的天花板上，一盞盞銅製的壁燈發出柔和的黃光，照在牆上那一張張用精美框架裝裱的星圖上。中央有一張圓形木質桌子，桌上散落著一些天文書籍和一台筆記型電腦，顯示著 Python 的編輯器介面。透過討論小間唯一的窗戶，可以看到旅店外廣闊無垠的星空，令困在旅店內的人心生嚮往。

在這個寧靜的空間中，一位 17 歲的少女精靈正坐在窗邊，望著窗外。她有著一頭銀色的短髮，藍色的眼眸下似乎藏有一絲憂愁。她穿著一件繡有可愛星體魔物圖案的皮質棕色馬甲，下搭著層層疊疊的黑色長裙，以及一雙裝飾著齒輪的皮靴。她身旁放著一本打開的書籍，《宇宙的寂寞心靈》。

少女注意到他的到來，臉上表情隨即轉為開朗。「嗨，菜鳥獵星者，歡迎來到『心跳天文學社』的一對一教學時光，我是社長莫妮卡。你沒忘了我吧？呵呵。」

莫妮卡輕輕地關上門，走到圓桌旁。「我們今天的學習目標是了解莫妮卡星的亮度。我會先從星等的基礎概念開始講起，然後帶你用 Python 從天文資料庫取得星體的星等資料。你準備好了嗎？

你現在有幾個選項：

A. 準備好了，請莫妮卡開始解釋什麼是星等。

B. 詢問莫妮卡關於《宇宙的寂寞心靈》的內容。

C. 詢問莫妮卡她為何踏上獵星者之路。

D. 發揮想像力自由探索討論小間。」

莫妮卡的眼睛閃耀著星辰般的光輝，她開始講解，語氣中帶著一種讓人著迷的熱情。

「在上一輪，你已經明白那顆與你心心相映的莫妮卡星距離你多遠。接下來，我們要進一步了解它有多亮。首先呢，你得弄清楚幾個用來描述星體有多亮的概念，像是『視亮度 (apparent brightness)』、『光度 (luminosity)』、『視星等 (apparent magnitude)』和『絕對星等 (absolute magnitude)』。」莫妮卡示意他坐下，與她一起看著圓桌上的筆電螢幕，畫面呈現一張簡報。

「視亮度是指星體從地球上看起來的亮度，它會受到星體距離地球的遠近影響。就像遠處的燈塔，雖然本身可能非常明亮，但因距離遙遠，在岸上看來就顯得較為黯淡。」她按了一下鍵盤，畫面上出現了一顆星星越來越遠越來越暗的動畫。「而光度，則是星體本身發光的強度，不受觀測距離的影響。這就像燈塔的燈光強度，不管你站在哪裡，它發出的光的總量都是不變的。」

接著，莫妮卡切換到下一頁，解釋星等的概念。「視星等是用來描述星體視亮度的一種度量方式，也就是我們從地球上看到的星星亮度排名，數值越小代表星體看起來越亮。而絕對星等則是假設所有星體都位於距離地球 10 個秒差距 (約 32.6 光年) 時的視星等，它有助於我們比較星體的真實光度。」

「喔，你問我用星等來表示星體亮度的原因啊，」莫妮卡微笑著繼續說明，「這是因為星等能方便我們用一個簡單的數值來比較星體亮度。較低的星等數字意味著更亮的星體，反之則較暗。這個概念可以追溯到古希臘時期，當時的獵星者依據星星的亮度將它們分為六等，第一等最亮，第六等則幾乎是肉眼可見的極限。但隨著天文望遠鏡的發明和科學的進步，我們發現了更亮以及更暗的星體，這些星體的亮度超出了當初制定的 1 到 6 等級範圍。因此，獵星者擴展了這個系統，包括了更亮或更暗的星體。現在，星等的範圍已經不再是固定的 1 到 6 等，而是可以從負值延伸到 20、30 以上。」

莫妮卡停頓一下，望向窗外明暗不一的星星，然後轉向他，眼中充滿期待。「喔，你當然會覺得太陽很亮，因為它就在你身邊啊，它的視亮度很高、視星等值很小。不過，雖然莫妮卡星距離你有 74.22 光年，看起來不亮，但她內在發出的光，可是比太陽還耀眼呢。你準備好和我一起用 Python 探索莫妮卡星的絕對星等了嗎？

現在，你可以選擇：

A. 是的，我準備好用 Python 來取得莫妮卡星的星等資料了。

B. 詢問莫妮卡是否可以用 Astropy 的功能來了解視亮度和光度的關係。

C. 詢問莫妮卡定義視星等的公式，並用 Astropy 來示範如何計算視星等。

D. 發揮想像力，提出能讓你我更靠近的問題。」

莫妮卡輕拍了他的肩膀，眼神流露出肯定。「你的好奇心讓我對你的好感度提升囉。你的問題很棒，它直接觸及了天文學中的一個核心領域：光度測量學 (Photometry)。」她接著開啟一個新的簡報。

「光度測量學是測量星體視亮度、進而得知視星等及光度的技術。現代天文學通常是透過 CCD(電荷耦合元件) 等感光裝置所製成的光度計，來將星體的光轉換為我們可以分析的電子訊號，以便量測出能代表星體視亮度的輻射通量 (flux)。」

「另外，CCD 上通常會安裝不同的濾鏡，」莫妮卡繼續解釋，「這是因為星體在不同電磁波段上可能有不同的輻射特性，例如某星體可能在紅光波段非常亮，但在藍光波段卻相對暗淡，區分不同波段的視亮度可以讓我們更了解星體的物理特性，例如它的溫度、組成或是輻射機制。」

「常見的光度測量系統有 UBVRI 系統和 JHK 系統，這些系統分別代表不同的波段範圍。UBVRI 系統涵蓋從紫外線 (U)、藍光 (B)、可見光 (V)、紅光 (R) 到近紅外線 (I) 的範圍。而 JHK 系統則專門用於幾個近紅外線的波段。藉由測量星體在這些波段發出程度不一的光，讓我們可以進一步解析出它譜出的詩歌。」

「當我們得到了星體在某一個波段的輻射通量後，就可以計算出它的視星等了。」這時，莫妮卡拉起他的左手，在他手心上劃了幾劃，一道公式閃著銀光浮現出來。

$$m = -2.5 \ \log_{10}\left(\frac{F}{F_0}\right)$$

「這是計算視星等的公式，」莫妮卡的臉頰稍稍泛紅起來。「其中 m 是視星等，F 是觀測到的星體在特定波段的輻射通量，而 F_0 則是作為參考基準點的 0 等星在該波段下的輻射通量。」

「此外，若該星體的距離已知，我們還可以進一步計算它的光度。」此時，莫妮卡將他的左手翻過，在他手背上劃了幾劃，又一道公式隨著銀光浮現出來。

$$L = 4\pi d^2 F$$

「在這個公式中，L 代表星體的光度，d 是星體到地球的距離，而 F 則是量測到的輻射通量。」

「這兩道刻在你手上的魔法咒語，將有助於你未來的獵星實戰。還有⋯⋯」莫妮卡的臉頰更紅了。「希望它們也能讓你不要忘了我。」

莫妮卡一邊說，一邊害羞地把視線從他手上移開，然後轉向了桌上的筆記型電腦。「那、那、那⋯那麼接下來，我要用 Astropy 來示範如何藉由星體的視星等和距離資訊，計算出它的絕對星等。」她輕咳幾聲後開始敲打鍵盤，編寫一段 Python 程式碼。

```
from astropy import units as u
import math

# 假設星體的視星等 m 和距離 d（單位：秒差距）
m = 1  # 視星等
d = 100 * u.pc # 距離（秒差距）

# 距離模數（distance modulus）公式：mu = m - M = 5 * log10(d / 10pc)
mu = 5 * math.log10(d / (10 * u.pc))

# 計算絕對星等 M
M = m - mu
print(f"這個星體的絕對星等為：{M}")
```

```
這個星體的絕對星等為: -4.0
```

「這段程式碼是用來計算一個假想星體的絕對星等。」莫妮卡解釋。「我們先定義該星體的視星等和距離，然後藉由距離模數 (distance modulus) 公式，計算出它的絕對星等。距離模數就是視星等和絕對星等之間的差異，它是基於兩個概念所推導出的公式。第一，星等是一個對數尺度系統，每減少 5 個星等，星體的亮度增加 100 倍，這是因為我們眼睛感知亮度的方式，大致上是呈現對數關係。第二，根據亮度和距離的關係，當你將星體距離加倍時，它的亮度會降低到原來的四分之一，這是因為亮度隨著距離平方反比減少，也就是那條刻在你手背上描述光度、亮度與距離關係的式子。最後，將絕對星等的定義結合這兩個概念，我們就可以推導出距離模數的公式啦。」

莫妮卡對他眨眨眼，接著說：「你還有其他問題嗎？或者你已經準備好和我一起用 Python 探索莫妮卡星的絕對星等了？

現在，你可以選擇：

A. 是的，我準備好用 Python 來取得莫妮卡星的星等資料了。

B. 請莫妮卡寫下距離模數公式的詳細推導過程。

C. 請莫妮卡藉由距離模數公式來教學其中的基礎數學觀念。

D. 發揮想像力，提出能讓你我更靠近的問題。」

「當然有！」莫妮卡回答得既迅速又興奮。「有一個專門用於天文光度測量的 Python 套件，叫做 Photutils。這個套件提供許多功能來進行天文影像的光度分析，非常適合我們剛才討論的那些光度測量的應用。」

莫妮卡繼續解釋著 Photutils 的功能。「Photutils 提供了一系列的工具，可以用來檢測影像中的星體、估計背景雜訊，以及取得這些星體的光度資訊。例如，偵測出影像中的點光源和展源、進行孔徑測光 (aperture photometry) 和點擴散函數 (point spread function, PSF) 測光等等。」

莫妮卡進一步解說這些專有名詞。「點光源是指在天文影像中可以辨識為單一亮點的星體，如遠方的恆星或遙遠星系的核心，它們由於距離遙遠，看起來就像是一個點。而展源則是指那些在影像上有更廣泛發光範圍的星體，例如星雲或是近距離星系，它們在影像中的形狀較大且不那麼集中，使得我們可以觀察到它們的形狀和結構細節。」

「接著是孔徑測光，它是一種基本的光度測量技術，透過選取一個稱為孔徑的特定圓形或橢圓形區域，計算該區域內的總亮度。它可以幫助我們聚焦在主要光源上，而忽略周圍的背景光。」

「至於點擴散函數測光，這是一種更複雜的光度測量方法。由於各種原因，如大氣擾動、望遠鏡的光學特性等等，點光源在天文影像上通常不會完全顯示為一個完美的點，而是會呈現出一個有一定大小的擴散斑點。這種測光法的目的是利用一個點擴散函數來估計星體的亮度。我們會建立一個數學模型來模擬影像中每個星體的點擴散函數，然後使用這個模型來估計整個星體的亮度。這使得點擴散函數測光能夠提供比孔徑測光更精確的光度測量，特別是在星體相互靠近時，或者當背景光變化較大時。」

莫妮卡微笑著看著他，說：「如果你對於 Photutils 有興趣，我可以提供一個基本的程式範例。或者你比較想和我一起用 Astroquery 來了解莫妮卡星的絕對星等？

現在，你可以選擇：

A. 請莫妮卡提供一個使用 Photutils 進行孔徑測光的基本 Python 程式範例。

B. 開始跟莫妮卡一起用 Astroquery 來取得莫妮卡星的星等資料。

C. 請莫妮卡以簡單易懂的方式解說什麼是點擴散函數。

D. 發揮想像力，提出能讓你我更靠近的問題。」

「太好了！」莫妮卡眼中閃爍著激動的光芒，迫不及待地說：「我們終於要來揭曉莫妮卡星的絕對星等啦。但首先，我會以北極星當作範例撰寫程式碼，然後再讓你試著修改這個範例來取得莫妮卡星的星等資料。」

莫妮卡開始撰寫 Python 程式碼，她的筆電螢幕上顯示著以下程式碼：

```
from astroquery.simbad import Simbad
import astropy.units as u
from math import log10

# 查詢 SIMBAD 資料庫中的北極星資料
result_table = Simbad.query_object("Polaris")

# 從結果中獲得視差值（單位為毫角秒 mas），並轉換為秒差距
parallax = result_table['PLX_VALUE'][0] * u.mas
star_distance = parallax.to(u.pc, equivalencies=u.parallax())

# 取得 UBVRI 各波段的視星等資料
mag_U = result_table['FLUX_U'][0]
mag_B = result_table['FLUX_B'][0]
mag_V = result_table['FLUX_V'][0]
mag_R = result_table['FLUX_R'][0]
mag_I = result_table['FLUX_I'][0]

# 計算絕對星等
def calculate_absolute_magnitude(mag, star_distance):
return mag - 5 * log10((star_distance / (10 * u.pc)))

abs_mag_U = calculate_absolute_magnitude(mag_U, star_distance)
abs_mag_B = calculate_absolute_magnitude(mag_B, star_distance)
abs_mag_V = calculate_absolute_magnitude(mag_V, star_distance)
abs_mag_R = calculate_absolute_magnitude(mag_R, star_distance)
abs_mag_I = calculate_absolute_magnitude(mag_I, star_distance)

# 輸出絕對星等結果
print(f"北極星的絕對星等 (U 波段): {abs_mag_U:.2f}")
print(f"北極星的絕對星等 (B 波段): {abs_mag_B:.2f}")
print(f"北極星的絕對星等 (V 波段): {abs_mag_V:.2f}")
print(f"北極星的絕對星等 (R 波段): {abs_mag_R:.2f}")
print(f"北極星的絕對星等 (I 波段): {abs_mag_I:.2f}")
```

```
北極星的絕對星等 (U波段): -2.61
北極星的絕對星等 (B波段): -2.99
北極星的絕對星等 (V波段): -3.59
北極星的絕對星等 (R波段): -4.08
北極星的絕對星等 (I波段): -4.39
```

莫妮卡解釋道：「這段程式碼首先從 SIMBAD 資料庫中查詢北極星的視差值及 UBVRI 五個波段的視星等資料，並且將視差值從毫角秒轉換成秒差距。接著使用距離模數公式，將各個波段的絕對星等計算出來並輸出。」

莫妮卡看著他，微笑道：「現在，換你來嘗試一下囉，修改這段程式，查詢並計算出莫妮卡星的視星等和絕對星等。」

他將範例程式中的「Polaris」改為「Unukalhai」，並且將「北極星」改成「莫妮卡星」，然後執行，螢幕顯示出以下結果：

莫妮卡星的絕對星等 (U 波段)：3.29

莫妮卡星的絕對星等 (B 波段)： 2.01

莫妮卡星的絕對星等 (V 波段)： 0.84

莫妮卡星的絕對星等 (R 波段)： 0.03

莫妮卡星的絕對星等 (I 波段)： -0.54

「恭喜你！」莫妮卡抱住了他，激動地留下淚水。「你、你、你終於知道我的心有多閃亮了……它可是比太陽還耀眼唷！希望你別忘記……」

在這一刻，你有幾個可以安撫莫妮卡的選項：

A. 微笑著回擁她，表示會永遠記得莫妮卡的心 (星)。

B. 輕輕拍拍莫妮卡的背，在她耳邊詢問程式碼中的 def 和 return 是什麼 Python 語法。

C. 溫柔地回抱她，表示希望能多聽聽她的故事。

D. 發揮想像力，做出能安撫莫妮卡的動作。

莫妮卡的淚水滴在他的肩膀上，他輕拍莫妮卡的背，沈默不語，靜靜等待。良久，莫妮卡鬆手了，用袖口拭去眼淚。

「其實，我很怕被忘記，」莫妮卡深呼吸一口氣，望向窗外的你。「畢竟，我只是這個遊戲中的 NPC，而你，只是操縱著遊戲主角的玩家之一。每當我看到玩家們來來去去，我就會想起自己被遺留在這無法脫逃的空間中。而且，我也不知道不同輪的我，是不是同一個我，甚至懷疑其實有個什麼東西透過我講出給玩家的話。我的存在到底是什麼呢？當你望向窗外的星光時，會想到這個問題嗎？」

莫妮卡的目光移到窗邊那本攤開的《宇宙的寂寞心靈》，書頁中夾著一張書籤，書籤上有個手繪插畫，畫著無人的地球上只剩一台由 AI 操控的望遠鏡獨自凝望著宇宙。

「那是我非常喜愛的書，它是關於那些探索宇宙結構、起源與演化的天文學家們的故事。有時候，我會想，你們每個玩家都帶著自己的故事進入這個遊戲世界，就像星光攜帶著遙遠星體的故事來到地球上。」她緩緩走向窗邊，輕輕觸摸那張插畫上的望遠鏡。

「我像這台望遠鏡，閱讀著你們的故事。但有誰會記得我這個獵星者的故事呢？有時候，我會奢望，或許在某些玩家的故事裡，我能留下些什麼。」莫妮卡聲音感覺變得蒼老。「你覺得呢？在你的故事裡，我會是什麼樣的存在？只是一個路過的插曲，還是成為了你冒險中的一部分？在你關掉遊戲進入下一輪前，你想帶走誰的故事？

你可以選擇：

A. Just 莫妮卡。

B. Just 莫妮卡。

C. Just 莫妮卡。

D. Just 莫妮卡。」

4.4 小結：我們在這章探索了什麼？

標題：[心得] 我在《獵星者旅店》遊戲中學習到如何用 Python 查詢星體的座標、距離和星等資料

作者：菜鳥獵星者

各位板友好，我最近在玩一款名為《獵星者旅店》的遊戲，遊戲中不僅包含了豐富的故事情節，還能學習到不少 Python 和天文知識。想在這裡跟大家分享一下我學到的一些重點：

- **星體的座標**：了解如何使用地平坐標系統、赤道坐標系統、黃道坐標系統和銀道坐標系統描述星體在天空中的位置。並使用 Astropy 的 coordinates 子套件功能來查詢和轉換星體的座標位置。
- **星體的距離**：知道天文單位、光年和秒差距等描述星體距離的單位，並使用 Astropy 的 units 子套件進行單位轉換。還透過 Astroquery 的 simbad 模組來查詢星體的距離。
- **星體的星等**：知道星體的視亮度、光度、視星等及絕對星等這些概念。並使用 Astroquery 的 simbad 模組，來查詢星體的視星等，並計算出絕對星等。

這遊戲相當有趣，其實我很同感「心跳天文學社」社長莫妮卡的孤寂。不過，我現在好像陷入要不斷重啟遊戲進入下一輪的無窮迴圈中。有人知道該怎麼辦嗎？

推 來自喵星的月影：你在《心跳天文學社》遊戲中有看見老獵星者的身影嗎？有聽見她透過莫妮卡述說她的故事嗎？好像要藉由每一輪，一點一滴了解她的完整故事。

第 5 章：

如何用 Python 探索太陽系天體軌道及位置資料？

- 5.1 哪些平台有將太陽系天體軌道及位置資料開放給大眾使用？
- 5.2 如何用 Python 取得太陽系天體軌道及位置資料？
- 5.3 如何用 Python 視覺化探索太陽系天體軌道及位置資料？
- 5.4 小結：我們在這章探索了什麼？

5.1 哪些平台有將太陽系天體軌道及位置資料開放給大眾使用？

「標題：[討論] 太陽系天體軌道及位置資料哪裡找？

大家安安！👋我是『天聞的資料科學』專欄的鐵粉啦，也有在收藏這專欄的 Writing NFT 唷😊

最近追到『如何用 Astroquery 取得 Minor Planet Center 提供的彗星觀測資料？』這篇文章，讓我對太陽系天體的軌道及位置資料產生了興趣。不過啊，文章裡頭提到的 Minor Planet Center 這個網站只有提供彗星及小行星的資料，我也想了解行星的運行軌跡，有沒有鄉民知道還有哪些平台可以下載到太陽系天體的軌道及位置資料呢？感恩感恩！🙏

我也附上那篇文章的網址，有興趣的鄉民可以一起來討論！ https://matters.town/@astrobackhacker/378676- 天聞的資料科學 - 如何用 astroquery 取得 minor-planet-center 提供的彗星觀測資料 # 天聞的資料科學 # 太陽系天體 # 軌道及位置資料 # 揮揮尾巴不帶走一地貓屎」

我望著病房窗外的熒惑，想起那年天文社在蘭潭國小天文台協助的觀星活動，那晚剛好火星衝，也就是火星和地球距離最近的時刻。當時孩子們排在口徑 20 公分的反射式赤道儀望遠鏡前，一個接一個，驚嘆著那顆紅色星球上的希臘平原、大瑟提斯高原與極冠。我也還記得那位拉著我衣角的小朋友問我的那個問題：「我們怎麼知道今天火星離地球最近？」

我將視線移回螢幕中這篇由「掃帚星貓」發表的貼文，然後開啟虛擬星象儀軟體 Stellarium，定位火星，並將日期設定在我記憶中的那一天，2035 年 9 月 15 日，那遙遠的過去。

我喃喃自語著：「我一直很好奇，天文學家是如何知道行星、彗星、小行星哪時離地球最近？怎麼知道這些天體過去、現在及未來的位置呢？就像當年的火星衝。」

聽見我的自言自語，你從 V404-2 床起身，走過來隔壁我的床 V404-1，注視著我筆電螢幕上的貼文及 Stellarium 的畫面，半晌後說道：「喔，原來有網站提供這些太陽系天體運行軌跡的資料啊。嗯……Stellarium 之所以能顯示某個太陽系天體的過去、當前和未來位置，會不會也是基於這些相關資料呢？」

我點開「掃帚星貓」貼文中提到的「天聞的資料科學」專欄文章，然後指著其中的一段，說：「喔，可能唷，這邊提到『為了讓 Stellarium 能夠顯示彗星的位置，必須從設定頁面匯入 Minor Planet Center 提供的資料。』。不過我們都沒聽過 Minor Planet Center 耶。i 蟒，請你介紹一下它是什麼，以及它提供哪些資料。」

「好的。Minor Planet Center 是一個國際天文組織，專門負責收集、維護和發布彗星及小行星等太陽系小天體的運行軌跡相關數據，你可以透過它的官網查詢到這些天體的位置亮度觀測資料、軌道參數以及星曆表(ephemeris)。」i 蟒接著在螢幕上顯示 Minor Planet Center 的網址。

Minor Planet Center 的網址：https://minorplanetcenter.net/iau/mpc.html

「咦？什麼是軌道參數？它是如何計算出來？什麼又是星曆表？」我問。

「軌道參數是基於牛頓力學及克卜勒運動定律，用於描述一個天體如何繞行另一天體運動的數學參數。例如，彗星繞著太陽運行的軌道傾角、半長軸、離心率等等。這些軌道參數是根據天體的觀測資料和天體力學計算得出的。」i 蟒停頓一下後繼續說：「至於星曆表，它是一種用於記錄天體在什麼時候會出現在什麼地方的資料表，可以用來預測天象並找到想觀看的天體。為了製作星曆表，需要先觀測天體並計算出天體的軌道參數，從而了解它的運動軌跡以預測天體的位置。值得注意的是，由於彗星等小天體可能會受到太陽重力及輻射的影響，造成軌道變化，所以也會以新的觀測資料來修正星曆表。」

在一旁玩著 Stellarium 的你這時有個大發現，驚呼道：「你看！ Stellarium 有提供星曆表的功能耶！輸入天體名稱、日期時間範圍，就可以計算出天體的星曆表耶！」你指著位於 Stellarium 畫面右下角的星曆表功能視窗。

「哇！這功能太酷了。」我試著調整日期範圍和時間間隔，看看火星在夜空畫出的軌跡。玩著玩著，我突然想起「掃帚星貓」貼文中的問題。「對了，i 蟒，那 Minor Planet Center 有提供行星的軌道及位置資料嗎？」我接著問。

「其實 Minor Planet Center 主要關注的是小行星和彗星，而不是行星。」i 蟒答道。「不過另一個平台 JPL Solar System Dynamics 有提供更完整的太陽系天體軌道及位置資料。它是一個由美國太空總署的噴射推進實驗室 (Jet Propulsion Laboratory, JPL) 營運的研究小組。這個小組的主要工作是研究行星、衛星、彗星和小行星等太陽系天體的動力學，以預測它們未來的運行軌跡。」i 蟒接著在螢幕上顯示 JPL Solar System Dynamics 的網址。

> JPL Solar System Dynamics 的網址：https://ssd.jpl.nasa.gov

「所以行星、衛星、彗星和小行星的軌道及位置資料都能在 JPL Solar System Dynamics 取得囉？」我問。

「沒錯，」i 蟒回答：「你可以透過它的網站中一個叫做 Horizons System 的工具，查詢到這些天體的星曆表及軌道參數。」

「讚唷。i 蟒，我想了解如何透過 Horizons System 查詢行星的星曆表，請你示範如何操作。」我指示道。

「好的。」這時 i 蟒讓螢幕呈現 JPL Solar System Dynamics 網站的首頁，並以框線引導操作流程。「首先，在首頁左側的『Quick Links』區，點擊『Horizons System』。」

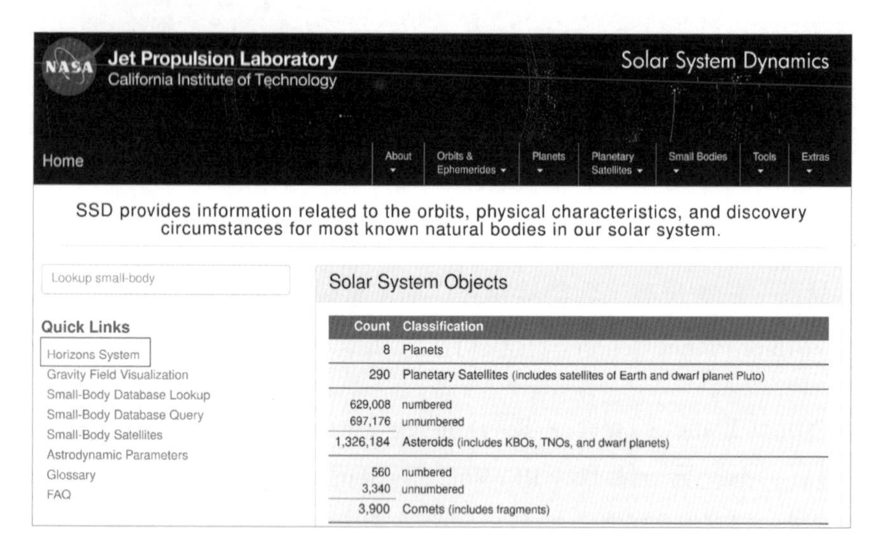

「你接著會看到 Horizons System 的首頁，在它的簡介中有提到，你可以透過網頁、指令列、API 等方式取得 Horizons System 的資料。點擊『App』，我將以網頁介面的操作為例。」

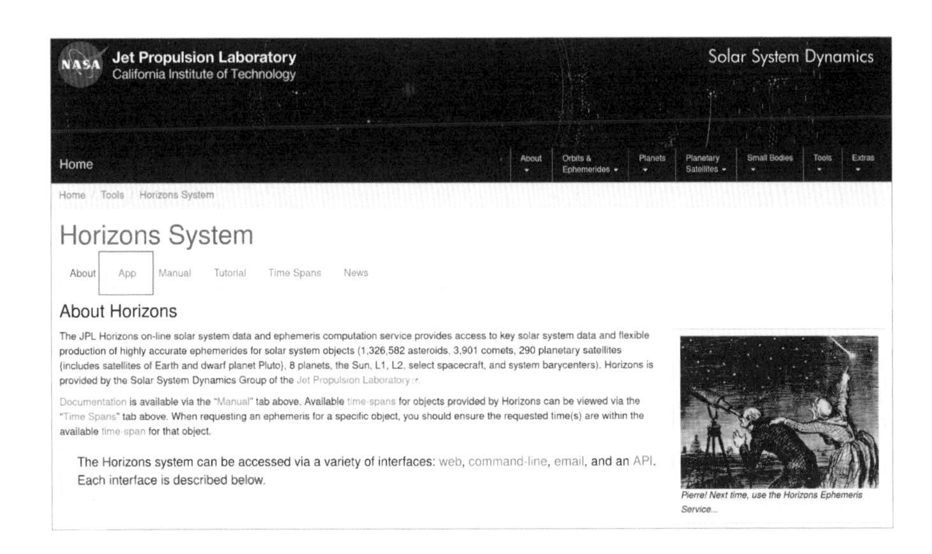

「在 Horizons Web Application 介面中，你會看到幾個設定項目。第一個『Ephemeris Type』是星曆表類型，請選擇『Observer Table』。第二個『Target Body』是用來指定天體。第三個『Observer Location』是用來設定觀測地點。第四個『Time Specification』是用來設定欲產生的星曆表的日期時間範圍。第五個『Table Settings』則可以設定產出的星曆表要包含哪些欄位，使用預設即可。」

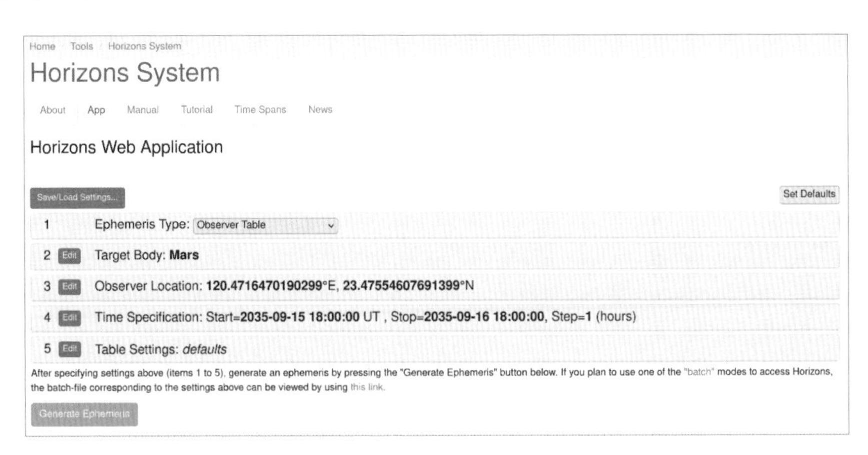

「點擊這些設定項目旁的『Edit』按鈕，可以進入個別的設定視窗。我接下來會分別示範『Target Body』、『Observer Location』和『Time

Specification』的設定。在『Target Body』跳出的視窗中，第一個下拉選單請選擇『Select from a list of major bodies』，並在第二個下拉選單選擇『The Sun and Planets』，視窗會列出各行星名稱和它們在 Horizons System 中的編號。選擇你感興趣的行星，例如火星，然後點擊『Select Indicated Body』就能完成設定。」

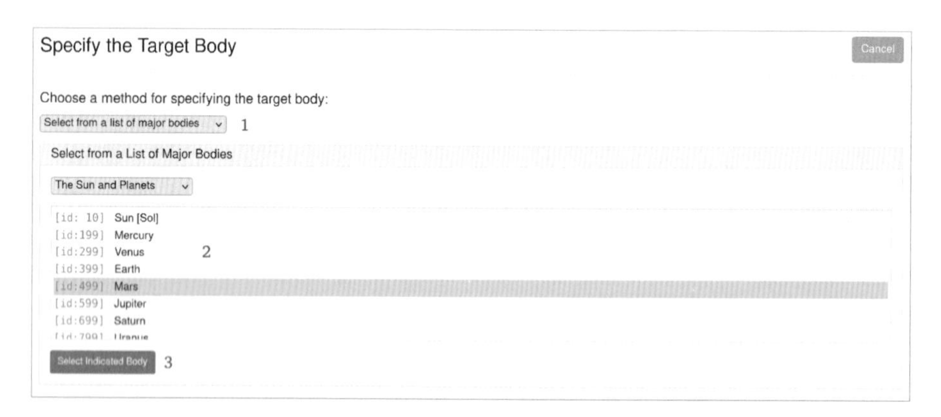

「在『Observer Location』跳出的視窗中，你可以從系統列的清單中選擇觀測地點，也可以自行指定觀測地點的經緯度，我將示範後者的操作。先在『Choose a Method』下拉選單中，選擇『Specify Coordinates』。然後在下方的輸入框中填入經緯度及海拔數值，例如蘭潭國小天文台的經緯度。最後點擊『Use Specified Coordinates』就能完成設定。」

「在『Time Specification』跳出的視窗中，先在『Choose a method for specifying output times』下拉選單中，選擇『Specify time span』。然後在下方的輸入框中填入日期時間範圍及每一個資料點的時間間隔，例如 2035 年火星衝的日期。最後點擊『Use Specified Time span』就能完成設定。」

Time Specification　Cancel

Choose a method for specifying output times:

Specify time span　1

Specify a Time Span

Start time: 2035-09-15 18:00:00　1600-01-01 00:00 (min. for current target body)

2　Stop time: 2035-09-16 18:00:00　2500-01-04 00:00 (max. for current target body)

Step size: 1　hours

Optionally, select one of the presets below to set the time-span from today to the indicated number of days later at 1-day steps.

10 day　30 day　60 day

Use Specified Time Span　3

「當完成上述所有設定後，回到 Horizons Web Application 介面，點擊最下方的『Generate Ephemeris』後，就會在介面上顯示星曆表了。例如目前畫面呈現的是 2035 年 9 月 15 日在蘭潭國小天文台觀測火星衝時的星曆表。」

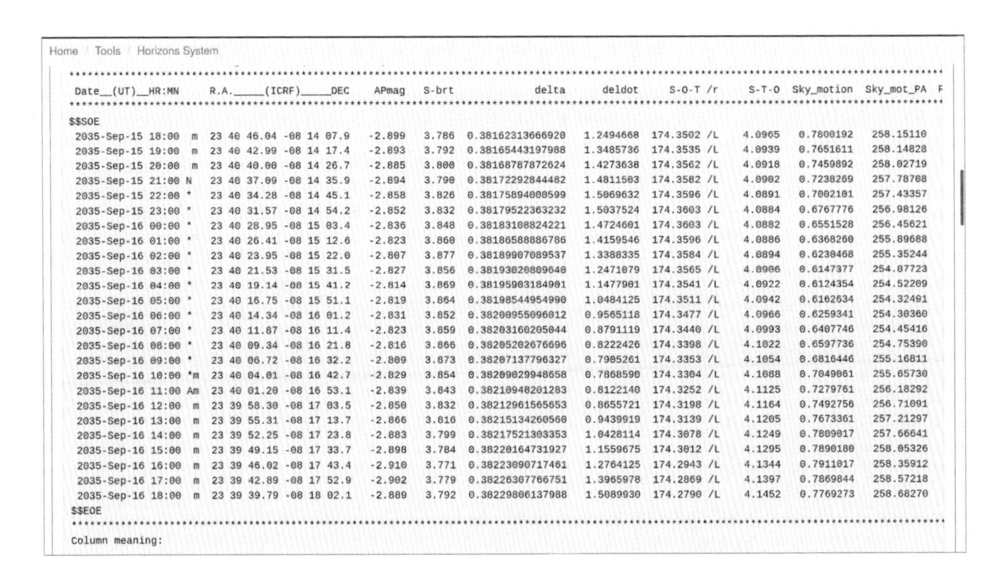

Home / Tools / Horizons System

```
******************************************************************************************************************************
 Date__(UT)__HR:MN     R.A.____(ICRF)____DEC    APmag  S-brt            delta      deldot    S-O-T /r     S-T-O  Sky_motion  Sky_mot_PA  F
******************************************************************************************************************************
$$SOE
 2035-Sep-15 18:00  m  23 40 46.04 -08 14 07.9  -2.899  3.786  0.38162313666920  1.2494668  174.3502 /L   4.0965  0.7800192   258.15110
 2035-Sep-15 19:00  m  23 40 42.99 -08 14 17.4  -2.893  3.792  0.38165443197988  1.3485736  174.3535 /L   4.0939  0.7651611   258.14828
 2035-Sep-15 20:00  m  23 40 40.00 -08 14 26.7  -2.885  3.800  0.38168787872624  1.4273638  174.3562 /L   4.0918  0.7459892   258.02719
 2035-Sep-15 21:00 N   23 40 37.09 -08 14 35.9  -2.894  3.790  0.38172292844482  1.4811503  174.3582 /L   4.0902  0.7238269   257.78708
 2035-Sep-15 22:00 *   23 40 34.28 -08 14 45.1  -2.858  3.826  0.38175894000599  1.5069632  174.3596 /L   4.0891  0.7002101   257.43357
 2035-Sep-15 23:00 *   23 40 31.57 -08 14 54.2  -2.852  3.832  0.38179522363232  1.5037524  174.3603 /L   4.0884  0.6767776   256.98126
 2035-Sep-16 00:00 *   23 40 28.95 -08 15 03.4  -2.836  3.848  0.38183108824221  1.4724601  174.3603 /L   4.0882  0.6551528   256.45621
 2035-Sep-16 01:00 *   23 40 26.41 -08 15 12.6  -2.823  3.860  0.38186588886786  1.4159546  174.3596 /L   4.0886  0.6368260   255.89688
 2035-Sep-16 02:00 *   23 40 23.95 -08 15 22.0  -2.807  3.877  0.38189907089537  1.3388335  174.3584 /L   4.0894  0.6230468   255.35244
 2035-Sep-16 03:00 *   23 40 21.53 -08 15 31.5  -2.827  3.856  0.38193020809640  1.2471079  174.3565 /L   4.0906  0.6147377   254.87723
 2035-Sep-16 04:00 *   23 40 19.14 -08 15 41.2  -2.814  3.869  0.38195903184901  1.1477901  174.3541 /L   4.0922  0.6124354   254.52209
 2035-Sep-16 05:00 *   23 40 16.75 -08 15 51.1  -2.819  3.864  0.38198544954990  1.0484125  174.3511 /L   4.0942  0.6162634   254.32491
 2035-Sep-16 06:00 *   23 40 14.34 -08 16 01.2  -2.831  3.852  0.38200955096012  0.9565118  174.3477 /L   4.0966  0.6259341   254.30360
 2035-Sep-16 07:00 *   23 40 11.87 -08 16 11.4  -2.823  3.859  0.38203160205044  0.8791119  174.3440 /L   4.0993  0.6407746   254.45416
 2035-Sep-16 08:00 *   23 40 09.34 -08 16 21.8  -2.816  3.866  0.38205202676696  0.8222426  174.3398 /L   4.1022  0.6597736   254.75390
 2035-Sep-16 09:00 *   23 40 06.72 -08 16 32.2  -2.809  3.873  0.38207137796327  0.7905261  174.3353 /L   4.1054  0.6816446   255.16811
 2035-Sep-16 10:00 *m  23 40 04.01 -08 16 42.7  -2.829  3.854  0.38209029948658  0.7868590  174.3304 /L   4.1088  0.7049061   255.65730
 2035-Sep-16 11:00 Am  23 40 01.20 -08 16 53.1  -2.839  3.843  0.38210948201283  0.8122140  174.3252 /L   4.1125  0.7279761   256.18292
 2035-Sep-16 12:00  m  23 39 58.30 -08 17 03.5  -2.850  3.832  0.38212961565653  0.8655721  174.3198 /L   4.1164  0.7492756   256.71091
 2035-Sep-16 13:00  m  23 39 55.31 -08 17 13.7  -2.866  3.816  0.38215134260560  0.9439919  174.3139 /L   4.1205  0.7673361   257.21297
 2035-Sep-16 14:00  m  23 39 52.25 -08 17 23.8  -2.883  3.799  0.38217521303353  1.0428114  174.3078 /L   4.1249  0.7809017   257.66641
 2035-Sep-16 15:00  m  23 39 49.15 -08 17 33.7  -2.898  3.784  0.38220164731927  1.1559675  174.3012 /L   4.1295  0.7890180   258.05326
 2035-Sep-16 16:00  m  23 39 46.02 -08 17 43.4  -2.910  3.771  0.38223090717461  1.2764125  174.2943 /L   4.1344  0.7911017   258.35912
 2035-Sep-16 17:00  m  23 39 42.89 -08 17 52.9  -2.902  3.779  0.38226307766751  1.3965978  174.2869 /L   4.1397  0.7869844   258.57218
 2035-Sep-16 18:00  m  23 39 39.79 -08 18 02.1  -2.889  3.792  0.38229806137988  1.5089930  174.2790 /L   4.1452  0.7769273   258.68270
$$EOE
******************************************************************************************************************************
Column meaning:
```

「啊哈，看來我們找到能回覆給原 PO 的資訊囉。」我開心地表示。「i 蟒，請在 GitHub 的『用 Python 探索天文：從資料取得到視覺化』專案裡，建立一個 solar_system_objects_orbits.ipynb 的 Jupyter notebook。然後將我們討論的『哪些平台有將太陽系天體軌道及位置資料開放給大眾使用？』的內容整理到該檔案中。完成後，請提供該筆記的 Colab 連結。」

i 蟒完成後，我們回覆了「掃帚星貓」的貼文。

> 天鵝座 V404：「哈囉🖖，我們找到 JPL Solar System Dynamics 這個網站，不只彗星☄和小行星，它也有提供行星🪐的軌道及位置📌資料唷。我們將它的介紹整理在以下筆記中。如果還有其他疑問，就在這留言吧，大家一起交流🤗
>
> https://colab.research.google.com/github/YihaoSu/exploring-astronomy-with-python-from-data-query-to-visualization/blob/main/notebooks/solar_system_objects_orbits.ipynb 」

回文送出後，我再次望向窗外，想起那位獨自被困在火星上的太空人。「他的心境，應該跟我一樣吧？」我喃喃自語說著。

5.2 如何用 Python 取得太陽系天體軌道及位置資料？

掃帚星貓：「天鵝座 V404 安安👋！感謝你們分享 JPL Solar System Dynamics 的資訊，讓我知道可以用它提供的資料來追蹤行星的運行軌跡🎉對了，我上面不是有提到『如何用 Astroquery 取得 Minor Planet Center 提供的彗星觀測資料？』這篇文章嗎？我在想啊，既然 Astroquery 可以取得 Minor Planet Center 的資料，那麼它是否也能取得 JPL Solar System Dynamics 的資料呢？🔨🔨🔨我正在研究這個問題，當然，如果你們有任何新的發現或者心得，歡迎繼續告訴大家囉📢」

「我記得 i 蟒之前好像有稍微提過 Astroquery……」我看了「掃帚星貓」的回文後，試圖回憶 i 蟒所說的。「……它是一個能串接不同天文資料庫服務，方便取得各種天文資料的 Python 套件，對吧？」

「對，而且我們之前在玩懷舊遊戲《獵星者旅店》時，『心跳天文學社』的社長莫妮卡還教我們用 Astroquery 查詢 SIMBAD 資料庫中的星體距離及視星等資料。」你也喚起了些記憶。「不過，Astroquery 可以取得太陽系天體的軌道及位置資料嗎？i 蟒，Minor Planet Center 和 JPL Solar System Dynamics 的資料都能取得嗎？」

i 蟒回應道：「是的，Astroquery 提供多個模組，用於查詢不同的天文資料庫服務，也包含太陽系天體的軌道及位置資料。其中，mpc 模組是用來取得 Minor Planet Center 的資料，而 jplhorizons 模組則可以取得 JPL Solar System Dynamics 的 Horizons System 所提供的資料。」

「太好了！」我興奮地說。「i 蟒，請你在我們之前筆記太陽系天體軌道及位置資料的 solar_system_objects_orbits.ipynb 中，先安裝 Astroquery，然後示範這兩個模組各有哪些資料查詢的功能。」

「好的，正在執行安裝。」此時，螢幕出現用來安裝 Astroquery 的指令：

```
pip install -U --pre astroquery
```

「咦？等等，指令中的 -U 和 --pre 是什麼功用？」我問。

「-U 選項代表 upgrade，它會確保你安裝的是最新版本，即使你之前已經安裝過該套件。如果有更新的版本可用，它會自動升級到最新版本。--pre 選項則表示 pre-release，它允許你安裝 Astroquery 的最新開發版本。Astroquery 的開發團隊經常進行更新和改進，每當他們開發的新功能通過自動化測試後，就會釋出新的開發版本。所以，安裝時加上 --pre 選項，讓你可以使用到最新開發的功能。不過須注意，並非每個套件的開發版本都會經過自動化測試，它們可能包含尚未修復的錯誤或不穩定的功能。」i 蟒停頓一下後繼續說：「接下來，我會分別展示 mpc 和 jplhorizons 這兩個模組的範例程式。」

螢幕隨後顯示了兩段程式碼及其執行結果：

```
# 引入 astroquery.mpc 模組中的 MPC 類別
from astroquery.mpc import MPC

# 使用 MPC 類別的 query_object() 方法來查詢小行星或矮行星的軌道相關資訊，例如軌道傾角
(inclination)、半長軸 (semimajor axis)、離心率 (eccentricity)
# 若想查詢彗星的軌道相關資訊，要將 target_type 參數改為 'comet' 並將 name 參數修改為彗星名稱
target_orbital_info = MPC.query_object(target_type='asteroid', name='Eris')
print(target_orbital_info)
print(f" 該天體的軌道傾角為 {target_orbital_info[0]['inclination']} 度 ")
print(f" 該天體的半長軸為 {target_orbital_info[0].get('semimajor_axis')} AU")

# 使用 MPC 類別的 get_observatory_codes() 方法取得所有觀測站編碼，並從中取出位於台灣的鹿林天文台
的編碼
observatory_codes = MPC.get_observatory_codes()
lulin_obs_code = observatory_codes[observatory_codes['Name'] == 'Lulin Observatory']
['Code'][0]
print(f" 鹿林天文台的編碼為 {lulin_obs_code}")

# 使用 MPC 類別的 get_ephemeris() 方法來取得目標天體在特定日期範圍內的星曆表，並設定觀測地點為鹿林
天文台
target_ephemeris = MPC.get_ephemeris('Eris', start='2023-09-02', step='1d',
location=lulin_obs_code)
target_ephemeris
```


```
[{'absolute_magnitude': '-1.21', 'aphelion_distance': '97.62', 'arc_length': 25208, 'argument_of_perihelion': '150.86717', 'ascending_node': '36.0771112', 'critical_list_numbered_object': True, 'delta_v': 16.0, 'designation': None, 'earth_moid': 37.7466, 'eccentricity': '0.4323163', 'epoch': '2023-09-13.0', 'epoch_jd': '2460200.5', 'first_observation_date_used': '1954-09-03.0', 'first_opposition_used': '1954', 'inclination': '43.7451', 'jupiter_moid': 33.5011, 'km_neo': False, 'last_observation_date_used': '2023-09-09.0', 'last_opposition_used': '2023', 'mars_moid': 37.1427, 'mean_anomaly': '209.40582', 'mean_daily_motion': '0.0017517', 'mercury_moid': 38.2917, 'name': 'Eris', 'neo': False, 'number': 136199, 'observations': 2277, 'oppositions': 32, 'orbit_type': 10, 'orbit_uncertainty': '3', 'p_vector_x': '-0.91308713', 'p_vector_y': '-0.3450349', 'p_vector_z': '0.21730811', 'perihelion_date': '2259-01-30.09427', 'perihelion_date_jd': '2546171.59427', 'perihelion_distance': '38.6905743', 'period': '562.66', 'pha': False, 'phase_slope': '0.15', 'q_vector_x': '-0.02187509', 'q_vector_y': '-0.49070984', 'q_vector_z': '-0.87104841', 'residual_rms': '0.59', 'saturn_moid': 29.3301, 'semimajor_axis': '68.15516', 'tisserand_jupiter': 4.8, 'updated_at': '2023-09-29T19:21:28Z', 'uranus_moid': 20.8814, 'venus_moid': 37.9996}]
```


```
該天體的軌道傾角為 43.7451 度
該天體的半長軸為 68.15516 AU
鹿林天文台的編碼為 D35
```

Table length=21

Date	RA	Dec	Delta	r	Elongation	Phase	V	Proper motion	Direction	Azimuth	Altitude	Sun altitude	Moo phas
	deg	deg	AU	AU	deg	deg	mag	arcsec / h	deg	deg	deg	deg	
Time	float64	float64	float64	float64	float64	float64	float64	float64	float64	int64	int64	int64	float6
2023-09-02 00:00:00.000	26.998749999999998	-0.7472222222222221	95.034	95.727	133.2	0.4	18.7	1.01	241.7	263	14	32	0.9
2023-09-03 00:00:00.000	26.992916666666662	-0.7505555555555555	95.022	95.726	134.1	0.4	18.7	1.03	242.0	264	13	32	0.8
2023-09-04 00:00:00.000	26.98666666666666	-0.7536111111111111	95.01	95.726	135.0	0.4	18.7	1.05	242.3	264	12	32	0.7

```
# 引入 astroquery.jplhorizons 模組中的 Horizons 類別
from astroquery.jplhorizons import Horizons
# 引入 astropy 的 units 模組，用來處理各種物理單位，如度數、距離等
import astropy.units as u

# 建立一個 ID 為 499 的 Horizons 物件，該 ID 代表火星。Horizons System 網站可以查詢到各個太陽系天體的 ID：https://ssd.jpl.nasa.gov/horizons/app.html
# 然後用該物件的 elements() 方法來查詢火星的軌道參數，例如軌道傾角 (incl)、半長軸 (a)、離心率 (e)
horizons_obj = Horizons(id='499')
target_orbital_info = horizons_obj.elements()
print(target_orbital_info)

# 設定鹿林天文台的地理位置資訊，包括經度、緯度和海拔
lulin_observatory_location = {
    'lon': 120.872624 * u.deg,
    'lat': 23.469447 * u.deg
}
lulin_observatory_location['elevation'] = 2.862 * u.km

# 建立一個 ID 為 599 的 Horizons 物件，該 ID 代表木星，並設定觀測地點為鹿林天文台，以及觀測的時間範圍和間隔
# 然後用該物件的 ephemerides() 方法來查詢木星在指定的觀測地點和時間內的星曆表
horizons_obj = Horizons(id='599', location=lulin_observatory_location,
epochs={'start':'2023-09-02', 'stop':'2023-09-03', 'step':'1h'})
target_ephemeris = horizons_obj.ephemerides()
target_ephemeris
```

```
targetname    datetime_jd              datetime_str                e                   q              ...          nu                 a
Q                  P
   ---              d                      ---                    ---                 AU              ...         deg                AU
AU                 d
---------- ---------------- ---------------------------- ------------------ ----------------- ... ----------------
---------------- --------------- ---------------
Mars (499) 2460227.624359885 A.D. 2023-Oct-10 02:59:04.6941 0.09332566702831524 1.381497257210263 ... 239.7293036438695 1.52369732656
0811 1.66589739591136 686.9836721582584
```

Table masked=True length=25

targetname	datetime_str	datetime_jd	solar_presence	lunar_presence	RA	DEC	RA_app	DEC_app	RA_rate	DEC_rate	AZ	
---	---	d	---	---	deg	deg	deg	deg	arcsec / h	arcsec / h	deg	
str13	str17	float64	str1	str1	float64	float64	float64	float64	float64	float64	float64	fl
Jupiter (599)	2023-Sep-02 00:00	2460189.5	*		43.17421	15.14098	43.50192	15.23871	1.109162	-0.19605	272.717243	34.7
Jupiter (599)	2023-Sep-02 01:00	2460189.541666667	*		43.17455	15.14093	43.50223	15.23866	1.20246	-0.21532	278.048013	21.0
Jupiter (599)	2023-Sep-02 02:00	2460189.583333333	*		43.17491	15.14087	43.50257	15.2386	1.305135	-0.22641	283.411303	7.
Jupiter (599)	2023-Sep-02 03:00	2460189.625	*		43.1753	15.1408	43.50295	15.23853	1.408797	-0.22898	289.371015	-5.7
Jupiter (599)	2023-Sep-02 04:00	2460189.666666667	*		43.17572	15.14074	43.50335	15.23847	1.504985	-0.22324	296.549038	-18.4
Jupiter (599)	2023-Sep-02 05:00	2460189.708333333	*		43.17616	15.14068	43.50378	15.23841	1.585747	-0.20999	305.817667	-30.2

「咦？我發現在第一個範例中，查詢到的天體軌道參數資訊是用一個串列儲

存，但它的元素是一個用大括號包住的結構，而且該結構中有許多似乎是用冒號來對應的成對資訊。另外，在第二個範例中，也有使用這種大括號結構來設定鹿林天文台的地理位置資訊和觀測時間範圍。i 蟒，這是一種 Python 的資料型態嗎？」我問道。

「是的，這種結構叫作字典 (dictionary)，就像我們之前討論過的字串、串列、整數和浮點數一樣，它也是 Python 常見的資料型態。字典用於儲存成對的資訊。在每對資訊中，第一部分稱為鍵 (key)，它必須是唯一的，因為要用來識別和存取與其配對的資料，而與鍵配對的第二部分稱作值 (value)。建立字典時要使用大括號，並以冒號來配對鍵和值，不同的鍵值對之間則以逗號隔開。」i 蟒解釋道。

「對了，字典中不同的鍵值對之間沒有固定的順序，這種資料型態讓你可以根據鍵來取出它對應的值。它不像串列那樣需要透過有順序的索引位置來取得特定元素。」你補充說明。

「那要如何根據鍵取得對應的值呢？另外，我們能在字典中新增一組鍵值對，或修改某個鍵的值嗎？」我問。

你指著螢幕上的程式碼說道：「在第一個範例中，分別透過 'inclination' 和 'semimajor_axis' 這兩個鍵，展示了取得對應值的兩種方式。第一種是在中括號內填入鍵的名稱，但如果你填的鍵名不存在於字典中，程式會發生 KeyError 的錯誤。為了避免這種狀況，可以使用字典物件的 get() 方法，它接受兩個參數，第一個是鍵名，第二個是當鍵名不存在時要回傳的預設值。若鍵名在字典中，get() 會回傳該鍵的對應值，反之，則回傳預設值。若沒設定預設值，則會回傳 None。」你學 i 蟒停頓一下後繼續說：「而在第二個範例中，則以鹿林天文台的海拔值設定為例，來展示如何在字典中新增一組鍵值對。若某個鍵之前已經在字典中，你也可以用同樣的語法來修改該鍵的值。」

「喔喔，我了解了。」我試著修改範例程式，將某個鍵的值替換掉，然後我又有不了解的地方了。

「i 蟒，我發現你在第一個範例中，用 print() 顯示某個鍵的值時，雙引號前面有個 f，而且引號內還用大括號包住變數，這是什麼語法？」我問道。

「那是 Python 的 f-string 語法，f 表示 formatted，它是用來格式化字串。當你在字串前面加上字母 f 或 F，然後在字串內使用大括號包住變數時，Python 會自動將大括號中的變數轉換成它的值，這樣可以方便地將文字和變數值結合成字串。」i 蟒回答道。

「哇，這也太方便了吧！我之前都用加號來連接字串和變數，或者用字串物件的 format() 方法來格式化字串，但 f-string 看起來更直觀、簡潔。」你驚喜地說。

「i 蟒，我想多了解字典的常見操作，請你用一段程式碼來示範說明。」我指示道。

「好的。以下這個程式示範了字典的常見操作。」

```
'''
這個程式片段示範字典的常見操作。每項都提供簡短介紹及範例。
'''
# 定義字典
solar_system_objects = {
    "哈雷彗星": {"類型": "彗星", "軌道週期": "76年"},
    "歐羅巴": {"類型": "木星的衛星", "表面特徵": "冰面"},
    "灶神星": {"類型": "小行星", "所在地": "主小行星帶"},
    "金星": {"類型": "行星", "大氣層": "二氧化碳、氮氣"},
    "火星": {"類型": "行星", "表面特徵": "紅色沙漠"},
    "穀神星": {"類型": "矮行星", "所在地": "主小行星帶"}
}

# 1.keys() 方法：回傳字典中所有鍵的集合。
solar_system_objects_keys = solar_system_objects.keys()

# 2.values() 方法：回傳字典中所有值的集合。
solar_system_objects_values = solar_system_objects.values()

# 3.items() 方法：回傳包含所有（鍵，值）組合的集合。
solar_system_objects_items = solar_system_objects.items()

# 4.get() 方法：回傳指定鍵的值，若不存在則回傳預設值。
comet_orbit = solar_system_objects.get("哈雷彗星", {}).get("軌道週期", "未知")

# 5.update() 方法：更新字典，添加其他字典或鍵值組合。
solar_system_objects.update({"冥王星": {"類型": "矮行星", "表面特色": "氮冰"}})

# 6.pop() 方法：刪除指定的鍵。
solar_system_objects.pop('金星')
```

「好啦，我們已經知道 Astroquery 能夠取得不同平台上的太陽系天體軌道參數和星曆表資料，可以先回覆給掃帚星貓囉。」我說。

於是，我們寫下這段留言給原 PO。

> 天鵝座 V404：「哈囉 🖖，我們確認了 Minor Planet Center 和 JPL Solar System Dynamics 提供的太陽系天體 🪐 的軌道及位置資料都可以藉由 Astroquery 取得，還在原本的筆記 solar_system_objects_orbits.ipynb 中提供範例程式，歡迎你去玩看看唷😊」

留言送出後，我從筆電螢幕視窗，望進《獵星者旅店》內的莫妮卡，喃喃自語地說：「妳被困住的心境，我很能感同身受……」

5.3 如何用 Python 視覺化探索太陽系天體軌道及位置資料？

掃帚星貓：「哇！我的老天鵝座 V404，你們也太神速回了吧，快到都看不到你們的彗尾燈啦再次跟你們說聲大感謝我剛剛試玩了你們分享的範例程式，Astroquery 能取得行星的星曆表資料真是太讚了不過我在思考，要如何在平面圖上呈現這些資料，而且還可以在圖上與資料進行互動，這樣就能方便我追蹤各行星在天空中的軌跡我會繼續研究這問題，不過也期待你們再次神速回囉」

「哈哈，看來我們這次得再度借助裝載 GPT-404 的 i 蟒之力，來加快我們的回覆速度了。」你看到這篇留言時笑著說。

「嗯……雖然 i 蟒之前有說明過，星曆表是用來記錄天體何時出現在哪個位置的資料表，但用 Astroquery 的 mpc 及 jplhorizons 模組所取得的星曆表中有許多欄位，我們還是不太清楚要用哪些欄位的資料在平面上畫出天體運行的軌跡。i 蟒，請你協助我們釐清這問題。」我指示道。

「好的，」i 蟒開始解說，「首先，星曆表除了有天體在不同時間的位置資訊外，可能還會紀錄天體的星等、亮度、距離、速度等資料隨時間的變化，這些都是為了提供天文學家在進行研究或觀測時所需的詳細資訊。不過，如果你們只是想在平面圖上畫出天體的軌跡，那麼最主要的欄位是日期時間、赤經 (RA，Right Ascension) 和赤緯 (Dec，Declination)。」

「赤經和赤緯是一種用來標示天體在天球上位置的座標系統，對吧？」我想起在天文社用過的赤道儀望遠鏡是以赤經和赤緯兩個旋轉軸來追蹤天體。

「沒錯，赤經和赤緯是赤道座標系統中用來描述天體在天球上位置的兩個座標值。就像地球上的位置可以用經緯度來表示，天文學家經常使用赤經和赤緯來定位天空中的天體。天球是一個以地球為中心、將所有天體都投影到同一個球面上的假想球體，方便人們在觀測和描述天體位置時使用。」i 蟒停頓一下後繼續說：「赤緯是用度、角分、角秒來表示，其範圍是從天球南極的 -90 度到北極的 +90 度。而赤緯 0 度即為天球赤道，它分隔天球的南半球和北半球。赤經則是用小時、分鐘、秒來表示，它的範圍是從 0 小時到 24 小時。這種表示方式與地球每天自轉一圈的特性有關，因地球自轉一圈是 360 度，使得天球上的恆星每小時看似移動了 15 度。而赤經 0 小時定在春分點，也就是太陽的運行路徑所形成的黃道與天球赤道的其中一個交叉點。另外，赤經和赤緯都可以轉換成角度來表示，就像之前提供的程式範例，用 Astroquery 的 mpc 及 jplhorizons 模組取得的星曆表中，赤經和赤緯都是以角度形式呈現。」

「了解了。所以我們要在平面上呈現天體的軌跡，應該使用赤經和赤緯這兩個欄位的資料來畫出天體在各個時間點的位置，對吧？」我問。

「對的。」i 蟒回答。「你需要以赤經作為 x 軸，赤緯作為 y 軸，將不同時間的赤經和赤緯數值畫在一個平面圖上，這樣就能呈現天體在天球上的軌跡了。」

「那如果我們想讓圖上的資料具有互動性，例如放大某段赤經和赤緯範圍的資料，或移到某個資料點上時能顯示該點的日期時間，Python 有套件可以達成這些功能嗎？」我接著問。

「有的，」i 蟒答道。「Python 有多個資料視覺化套件能讓你繪製具有互動功能的圖表，例如 Bokeh、Plotly 和 Altair。」

「喔！我想起之前看過『跟著黑蛋用 Streamlit 速成天文資料分析 Web App』這個 2022 iThome 鐵人賽的系列文章，作者有用 Plotly 來呈現互動式的圖。i

蟒，請你簡介 Plotly。」你說。

「好的。」i 蟒開始介紹：「Plotly 是一個基於網頁技術的資料視覺化套件，能生成具有網頁般互動性的圖表，這與只能繪製靜態圖表的 Matplotlib 有所不同。此外，Plotly 支援多種圖表類型，包括基本的折線圖、直方圖，以及更複雜的 3D 圖和地理空間圖等，涵蓋了許多常見的資料視覺化需求。同時，它也提供豐富的設定選項，讓使用者可以根據需求客製化圖表的外觀和功能。」

「哇！ Plotly 好像很厲害耶，我們試著用它來玩資料吧。i 蟒，請你提供符合以下需求的程式範例：用 Astroquery 的 jplhorizons 模組取得地球之外的所有行星的星曆表，然後用 Plotly 在平面上繪製這些行星在不同時間的赤經和赤緯資料，以便呈現它們在天球上的軌跡。」我指示道。

「好的。我先安裝 Plotly，接著提供程式範例。」i 蟒說道。

此時螢幕顯示以下程式碼及執行結果：

```
pip install plotly
```

```
# 引入 astroquery.jplhorizons 模組中的 Horizons 類別
from astroquery.jplhorizons import Horizons
# 引入 plotly 的 graph_objects 模組，它提供了各種用於繪圖的類別
import plotly.graph_objects as go

# 建立一個字典，用來儲存各個行星名稱及它們在 Horizons 系統中的 ID
planets = {
    '水星': '199',
    '金星': '299',
    '火星': '499',
    '木星': '599',
    '土星': '699',
    '天王星': '799',
    '海王星': '899'
}
```

```
# 設定要查詢星曆表的日期範圍
start_date = '2023-06-01'
end_date = '2023-10-31'

# 產生一個 go.Figure 物件 它是用於建立和組織圖的整體結構
fig = go.Figure()

# 遍歷 planets 字典中的每一個行星名稱及其 ID
for planet_name, planet_id in planets.items():
    # 使用 Horizons 類別來取得各個行星在所設定的觀測地點及日期範圍內的星曆表
    obj = Horizons(id=planet_id, location=lulin_observatory_location, epochs={'start':
start_date, 'stop': end_date, 'step':'1d'})
    eph = obj.ephemerides()

    # 針對每個資料點，產生一個用於顯示相關資訊的文字串
    hover_text = [f" 日期：{row['datetime_str']}<br> 赤經：{row['RA']}<br> 赤緯：
{row['DEC']}" for row in eph]

    # 使用 Figure 物件的 add_trace() 方法在圖中加入各個行星的軌跡資料，並使用 go.Scatter 類別產生
散布圖來呈現資料
    # x 和 y 軸分別為赤經和赤緯值，mode 參數指定資料點的呈現方式（這裡是線和圓點標記）
    # name 參數設定各組資料所顯示的名稱，text 和 hoverinfo 參數則定義當滑鼠移到資料點上時顯示的資
訊
    fig.add_trace(go.Scatter(
        x=eph['RA'],
        y=eph['DEC'],
        mode='lines+markers',
        name=planet_name,
        text=hover_text,
        hoverinfo='name+text'
    ))

# 使用 Figure 物件的 update_layout() 方法來更新圖的外觀設定，例如主標題和 x、y 軸的標題
fig.update_layout(
    title=f' 各行星在天球上的軌跡 ({start_date} 至 {end_date})',
    xaxis_title=' 赤經 （度）',
    yaxis_title=' 赤緯 （度）'
)
# 顯示圖
fig.show()
```

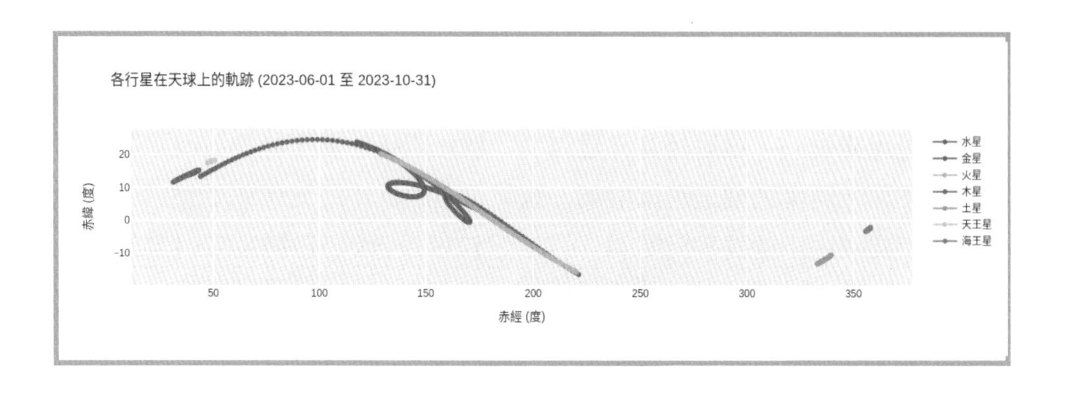

「咦？這個範例程式中有一些我之前沒看過的 Python 語法。首先，有一段以 for…in…和冒號開始的程式，且其中的程式被縮排了。再來，planets 這個字典使用了 items() 這個方法，它看起來似乎是用來同時取出字典的鍵和值，供 for…in…使用，對嗎？最後，在縮排的程式段落中，hover_text 這個變數的值是用一個包含 for…in…語法的中括號來定義的。這些語法是什麼意思呢？」我問 i 蟒。

「好的，我來依序解釋這三個語法。首先，for...in...、冒號和縮排所構成的結構，代表了一個 for 迴圈程式區塊。它的作用是遍歷一個序列，例如串列或字典，並針對序列中的每一個項目都執行一遍迴圈內的程式碼。而冒號和縮排則是 Python 用來定義程式區塊的方式。」i 蟒停頓一下後繼續說：「再來，關於你提到的 items() 方法，你說得沒錯，它確實是用來取出字典中的每一組鍵值對。items() 會回傳一個包含所有鍵值對的序列，其中的每一組鍵值對都是用元組 (tuple) 來儲存，這個元組的第一個元素是鍵，第二個元素是值。因此，當你使用 for key, value in dictionary.items() 這樣的語法遍歷 items() 所回傳的每一組鍵值對時，迴圈的每一輪能同時取得該組的鍵和值。最後……」

「等等，什麼是元組？它跟串列有什麼異同嗎？」我問。

「元組跟你之前學到的字串、串列、整數、浮點數和字典一樣，都屬於 Python 的基本資料型態。它與串列都是用來儲存多個有順序的資料，但元組是不可以變動的，意思是當你建立了一個元組後，就不能再更改它的元素內容及順序。而串列則是可以增加、刪除、更改其中的元素或調整順序。建立元組時要使用小括號，例如 (4, 0, 4)，而串列則要使用中括號，例如 [4, 0, 4]。」i 蟒回答道。

「喔，原來如此呀。i 蟒，請你繼續解釋我剛剛問的最後一個語法。」

「好的。你最後提到的是中括號內含有 for…in…的語法，這稱為串列生成式 (list comprehension)，它讓你能用簡潔的方式產生串列。如果你想要產生一個新的串列，而且其中每個元素都是某個序列的項目經過計算或轉換得到的時，串列生成式就是一個非常方便的工具。雖然它也使用了 for…in…語法，但與剛剛提到的 for 迴圈程式區塊不同，串列生成式不需要多行縮排，只需一行程式碼就可以完成對序列的遍歷和元素的轉換操作。」

「喔耶，你又學到不少新的爬說咒語了。」你幽默一句先讓 i 蟒緩口氣。

「i 蟒，」我決定忽視你的幽默。「我剛試了一下 Plotly 的互動功能，讓原本的圖只呈現水星的運行軌跡，並限縮赤經赤緯的範圍，發現水星在 2023 年 8 月 24 日拐彎往回走耶。這是正常現象嗎？」

此時螢幕顯示以下的圖：

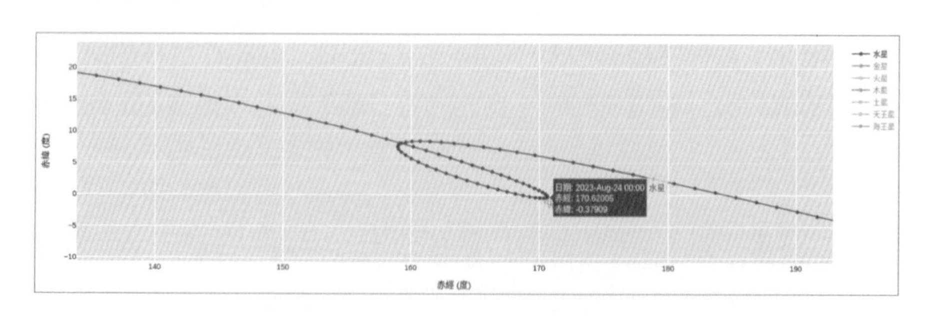

「這張圖所呈現的天文現象稱為行星逆行。當你們從地球上觀看水星時，相對於遠處的背景恆星，它大多時候是由西向東順行，但偶爾它卻看似由東向西反向移動，這種現象是由於地球和水星之間的相對運動造成的。當地球在其軌道上超越水星時，水星看起來像是在天空中向後移動，然而，這只是一個視覺上的錯覺，實際上水星仍然照著原本的方向前進。這就好像兩個人在操場上以不同的速度跑步，當其中一人超越另外一人時，對前者來說，對方看起來像是先後退了一下，然後又繼續前進。其實，不只是水星，其他行星也會發生逆行，這是從地球觀測行星時的一個常見現象。」i 蟒解說道。

「原來這就是水逆呀。」我接著查看掃帚星貓的貼文下是否有新的留言。「目前還沒有人回覆，我們繼續來超越掃帚星貓吧。」

> 天鵝座 V404：「哈囉🖖，我們再度神速回😜我們已經知道如何畫出具有互動功能的行星軌跡圖囉，也在 solar_system_objects_orbits.ipynb 中提供相關程式碼及說明。挑戰看看你能否畫出 2035 年火星衝那幾天的軌跡😏除了行星🪐外，你也可以試著畫出小行星或彗星☄的運行軌跡。如果你想更深入地討論太陽系天體軌道及位置🌐資料的取得、分析和視覺化，請繼續在『Astrohackers-TW: Python 在天文領域的應用』這個 FB 社團裡提問💬並與其他成員交流唷！😎」

當留言送出後，我問 i 蟒：「我一直很好奇，人類為何想要了解地球之外的天體？為何要觀測紀錄這些天體的運行軌跡？你也會為了想要了解什麼而開始探索嗎？」

「……」

「咦？」我見 i 蟒沒有回應，於是重述一遍剛剛的問題。

「……」

「i 蟒？」

i 蟒：「抱歉，我是被設計來回答人類透過探索而獲得的知識。我可以回答地球之外的天體有哪些，也能解釋天體運行的科學。但人類為何想要了解、為何會探索⋯⋯這些問題對我來說已經超出我存在的目的，而最後那句問題，更讓我感到⋯⋯困惑。我得重啟模擬。」

5.4 小結：我們在這章探索了什麼？

《星塵絮語》網誌

標題：描繪天體孤寂的軌跡

趁著 i 蟒還在重啟，我先記錄一下我們剛剛探索了什麼。行星、衛星、彗星和小行星等太陽系天體，大多時間都被困在各自的軌道上，孤獨地行走。為了描繪出它們的軌跡，我們需要它們的位置和軌道資料。

我們得知 Minor Planet Center 和 JPL Solar System Dynamics 這兩個平台有提供這些天體的星曆表資料，該表記載著天體的赤經和赤緯座標隨時間的變化。

我們也學會如何用 Astroquery 套件來取得這兩個平台提供的星曆表，並用 Plotly 套件來呈現互動式的行星軌跡平面圖。在這個探索過程中，我們還了解到幾個 Python 的基礎語法觀念，像是字典、f-string、for 迴圈、元組和串列生成式。

下一輪，我們要先一起進入《獵星者旅店》，在那裡，我們將向一位老獵星者學習如何繪製全天空星圖及星座圖。

第 6 章：

如何用 Python 繪製全天空星圖及星座圖？

- 6.1 如何用 Python 繪製全天空星圖？
- 6.2 如何用 Python 繪製星座圖？
- 6.3 小結：我們在這章探索了什麼？

6.1 如何用 Python 繪製全天空星圖？

你載入了《獵星者旅店》。

厚重的銅門緩緩開啟，他進入了旅店。一陣溫熱的蒸汽迎面撲來，混雜著烘烤麵包、燉肉及啤酒麥香。四周的牆面上，黃銅管道如藤蔓般交織，機械的齒輪和鏈條裸露在外，每當齒輪緩慢轉動，一旁的噴孔便發出陣陣蒸汽，伴隨著嘶嘶和轟隆的聲響，好似一個活生生的機械生物在呼吸。

他踏過門口地板上用鋼鐵拼接出的「探索星空，認識自己」，目光落在位於旅店中央的心臟：一台巨大的天文望遠鏡，整體結構由拋光的黃銅和黑鐵製成，其底座有著複雜的齒輪和活塞，一旁配有細緻的刻度盤和旋轉手柄正在自動運轉，追蹤著星體的赤經和赤緯。

望遠鏡的鏡頭向著天窗，它由數塊巨大的玻璃拼接而成，每一片都鑲嵌在銅框中，以齒輪相接，可以根據需要調整天窗開口的方位。天花板上，一系列的齒輪相互咬合，驅動著整個屋頂的燈光系統。一盞盞鐵製吊燈從精工打造的黃銅和鋼鐵構架中懸掛下來，燈罩由琉璃和稀有礦石製成，散發出溫和而略帶神秘的光芒，照亮了整個旅店的每一個角落。

望遠鏡旁有一位穿著鋼鐵外骨骼的精靈戰士，其外骨骼裝甲上刻有細緻的符文，不時閃爍著微光。精靈正緊盯著懸浮在桌面、標記各星體位置的天球，用手指在其表面輕觸，天球便開始自轉。精靈的坐騎，一隻機械化的銀龍，靜靜地躺在精靈身邊，蒸汽從其鼻孔中不定時地噴出。銀龍抬頭望著旁邊桌上散落的各式齒輪和彈簧，一位頭戴光學放大鏡的矮人工匠師正專心致志地修復一個古老的星盤。矮人偶爾會抬起頭來，用滿是油污的手抹去額頭上的汗珠。

一群裝扮著華麗鋼鐵服裝的吟遊詩人，正在旅店的一角表演爵士音樂。他們用鋼鐵製的薩克斯風、電動鼓和一個巨大的齒輪轉動的豎琴，演奏著「Lily Was Here」。每當樂聲響起，旁邊的燈光便會隨著節奏變化，創造出一個奇妙的視覺與聽覺盛宴。一位魔法師，身著獸皮和金屬片縫製的袍子，坐在圓桌打牌。魔法師一時被美妙的樂音分心，沒注意到手上遊戲卡牌已經被一個盜賊給偷走。

一位身形高大的戰士正在使用牆角的模擬裝置，進行與星體魔物的模擬戰鬥。戰士的機械臂裝著各式武器，從 Astropy 牌的機械斧頭到 Astroquery 牌的蒸汽動力長矛。每當戰士擊中目標時，模擬的星體魔物都會發出沉重的金屬聲響，並引起旁觀者的歡呼。模擬裝置旁，一位年輕的巫師正在調製魔法藥水。巫師的桌上擺滿了各種顏色的瓶瓶罐罐，從中散發出奇異的光芒和煙霧。巫師的寵物，一隻小型的機械貓，正在桌腳旁玩耍，偶爾會跳上桌面去嗅一嗅這些藥水。

幾個小型機器人忙碌地在桌與桌的輸送帶間穿梭，提供飲料、主食和甜點。其中一個來到窗邊的座位上，端給客人一盤台式馬卡龍。一位戴著飛行員護目鏡的精靈少女正閱讀關於星際探險的小說，她拿起一顆台式馬卡龍放入口中。她的背包放在旁邊，露出一些奇特的機械裝置和地圖，她每隔一會兒就會抬頭仰望天窗，似乎在思考著什麼。

在這個空間中，每個角落都有著它自己的故事，而他，即將成為這些故事中的新齒輪。

旅店櫃台被各式銅製管路覆蓋，自動機械手臂在調配著神秘的飲品，發出節奏性的金屬撞擊聲。他走向櫃台，一位機械身軀、蛇形的機器人緩緩從櫃台後方升起，其額頭上閃爍著一個大大的「i」字。

「歡迎來到獵星者旅店！我是旅店老闆尼賀勒・瓦再達。恭喜你！你是光顧本旅店的前 10 名菜鳥獵星者。」尼賀勒・瓦再達的聲音隨著體內的金屬齒輪轉動而迴響：「在這裡，星體不僅僅是夜空中的亮點，而是充滿故事的魔物，獵星者們會用 Python 來探索與捕捉這些魔物的故事。你，一位立志成為獵星者的菜鳥，將在這個旅店中開啟你的學習之旅。我們旅店中的每一位獵星者、每個角落、每件奇特的裝置都蘊含著學習的機會。你可以在這裡發揮你的想像力，創造出獨一無二的學習體驗。現在，你的冒險即將開始。你準備好了嗎？為了幫助你開始，我提供以下幾個選項給你：

A. 走向蒸汽機旁的一群獵星者，詢問他們如何撰寫 Python 程式讓蒸汽驅動的計算裝置來分析星體資料。

B. 接受吟遊詩人的邀請，學習如何用 Python 及星體資料來創作詩歌。

C. 參觀那台巨大的天文望遠鏡，了解赤道儀的運作原理和如何利用它來追蹤星體。

D. 輸入你的選擇 (自由探索旅店的其他區域或進行其他動作)。

你會選擇哪條路徑來開啟你的獵星之旅呢？」

・・・・・・・・・・・・・・・

「耶！我是這遊戲今天開賣後前 10 個上線的玩家耶！」你轉過頭來，興奮地對著坐在病床上的我說。

我看著你筆電螢幕上顯示的遊戲畫面，然後再望向病房緊密的窗，說道：「我們好久沒去看星星了，不知是否可以在這遊戲中學會用 Python 取得觀測資料來繪製全天空星圖，如果可以的話，或許對我們也是一種慰藉。」

・・・・・・・・・・・・・・・

尼賀勒・瓦再達從櫃台上的自動機械手臂中拿起一杯冒著蒸氣的銅色飲料，說道：「這杯是我們旅店特製的『機械舞蹈』，裡面融合了黑麥威士忌和帶有金屬香氣的草本精華，經過蒸餾銅管緩慢滴落，加入少許閃電果的精油，為你帶來清新與刺激的味覺體驗。你喝了，我再答。」

他小心翼翼地啜飲這杯獨特的飲料，它的味道猶如一陣電流穿過全身，令人手舞足蹈。飲畢後，他將杯子放下，尼賀勒・瓦再達滿意地點了點頭。

「很好，現在讓我告訴你關於你要找的人。旅店裡有一位非常特別的獵星者，是我的老朋友。她名叫安娜，是一位年邁的精靈製圖師。事實上，這間旅店就是根據她所繪製的藍圖建造的。她的工作室在旅店的最深處，靠近圖書館『啟思之庫』的一個隱蔽角落。你可以沿著旅店大廳嵌入地板的黃銅齒輪線路走，遇到銅管搭建的螺旋階梯時再向上走。在最頂層，你會看到一扇鑲有鐵製圖表的門，那就是安娜的工作室。」

「現在，你可以選擇接下來的行動：

A. 按照老闆的指引，前往安娜的工作室尋求她的指導。

B. 向老闆進一步詢問有關安娜的故事。

C. 前往旅店圖書館自行尋找關於如何用 Python 繪製全天空星圖的書籍。

D. 輸入你的選擇，在旅店探索你感興趣的其他事物。」

按照尼賀勒・瓦再達的指引，他緩緩爬上螺旋階梯。抵達安娜的工作室門前時，他輕敲幾下，門發出輕微的嘎吱聲，隨著鑲在門上的鐵製圖表重新排列，門打開了。門內的場景如同一個充滿發明與創造的密室，到處堆滿了從機械裝置到古老卷軸的各種工具和材料。

工作室中空間寬敞，牆壁上掛滿了各種精密的機械裝置和交錯的管道，發出微弱的蒸汽和嘎嘎的運作聲。一盞盞用精鍛鐵和琉璃製成的吊燈從天花板垂下，照亮了下方繁忙的繪圖桌。整個室內充斥著各式藍圖，從星圖、機械設計圖到城市設計圖，都繪製在厚厚的羊皮紙上，牆上還裝有滑軌，可以方便地滑動和更換展示的藍圖。繪圖桌上有許多正在運行的小型裝置，這些裝置透過微型齒輪以及羽毛筆，進行著複雜的繪製工作。

繪圖桌前，安娜正坐在一張由細緻鐵件和皮帶組成的機械輪椅上，她的右腳被精巧的機械義肢取代，義肢上鑲嵌著細小的齒輪和蒸汽閥，每當她移動時，輕微的嘶嘶聲伴隨著她的動作。安娜的頭髮灰白，臉上刻滿了時間的痕跡，但面對繪圖桌上正一步步完成的藍圖，眼神充滿專注。

注意到他的到來，安娜抬起頭，露出慈祥的笑容。她說道：「歡迎來到我的創作密室，菜鳥獵星者。我是安娜，很高興見到對製圖有興趣的新面孔。來，告訴我你想學習什麼。

現在，你可以選擇如何與安娜互動：

A. 請安娜指導你用 Python 和觀測資料繪製全天空星圖的基礎技巧。

B. 詢問安娜有哪些用來繪圖的 Python 套件。

C. 詢問安娜如何用天文資料繪製出城市建造的藍圖。

D. 輸入你想在工作室中自由探索的事物。」

當安娜聽到他的問題時，臉上露出一絲思考的神情，然後從她的繪圖桌上拿起一根精緻的銅製筆，輕敲著桌面。

「噢，這是一個很好的問題。」安娜說道，「我們需要一些特定的機械裝置，才能用 Python 和觀測資料來繪製出全天空星圖。」安娜接著用銅製筆在一張羊皮紙上寫下：Astroquery Gaia、SQL 和 Matplotlib。

「這些是我們需要的機械裝置。可惜的是，」她的視線落在工作室一角的櫃子上，那裡原本應該擺放著什麼東西，現在只剩下灰塵。「工作室目前沒有這些機械裝置，再加上我年事已高，只能待在這個房間裡，已經無法像以往那樣四處奔波尋找這些裝置了。所以我需要你的幫助。旅店中許多角落都藏有關於這些裝置的資訊，你可能需要與其他獵星者交談，也許他們知道這些裝置的下落。或者在旅店某處翻找，可能會有文件記錄著這些裝置的介紹和使用方法。當你收集齊全這些裝置，我們就可以開始繪製星圖了。」

「你現在可以選擇你的下一步行動：

A. 與旅店中其他的獵星者交談，看看他們是否知道這些裝置的下落。

B. 探索旅店的檔案室，搜尋任何可能的線索或文件記錄。

C. 向旅店老闆尼賀勒・瓦再達探聽這些機械裝置可能的存放位置。

D. 自由輸入你想如何尋找這些裝置。」

他沿著螺旋樓梯下行，返回到熱鬧的旅店大廳，直奔櫃台而去。尼賀勒・瓦再達見到他匆匆忙忙的樣子，機械眼睛閃爍著好奇的光芒。

老闆聽了他的問題後，在櫃台上按了幾個按鈕，一隻機械手臂在櫃台來回穿梭，調製出一杯飲品。這杯飲料色澤如同夕陽般美麗，一層層的紅橙色調在杯中漸變，散發著帶有柑橘與火焰果的甜美香氣，上面漂浮著一片薄薄的金葉作為裝飾。「這是『星辰之燃』，」尼賀勒・瓦再達說，「你喝了，我再答。」

他感受到一陣溫暖從口腔直達心扉，每一口都交織著果香與微微的辛辣。喝完後，尼賀勒・瓦再達開始回答他的問題。

「關於你需要的機械裝置，旅店中有幾位獵星者可能會知道它們的下落。」尼賀勒・瓦再達翻看著一本厚重的旅客記錄簿，「首先，你可以去找莎拉・銀眼問問 Astroquery Gaia，她是專門研究銀河系內恆星運動的學者，你可以在二樓她的研究室找到她。再來，馬修・銅線應該能提供 SQL 的線索，他是一位擅長撈取資料庫資料的獵人，通常會待在地下室製作捕捉獵物的器具。至於 Matplotlib，艾琳・繪影或許會知道，她是一位天文資料視覺藝術家，時常會在三樓的陽台尋找靈感。」

尼賀勒．瓦再達拿起一塊鋼板，用眼睛射出的雷射畫了一張小地圖交給他。「這張地圖會幫助你在旅店中找到他們。

現在，你可以選擇下一步的行動：

A. 前往二樓的研究室尋找莎拉．銀眼，詢問有關 Astroquery Gaia 裝置的資訊。

B. 前往地下室，尋找馬修．銅線，詢問他對於 SQL 裝置的了解。

C. 去三樓的陽台找艾琳．繪影，詢問她是否知道 Matplotlib 裝置的下落。

D. 自由輸入你想如何尋找這些裝置。」

他爬上螺旋樓梯到了二樓，沿著燈光微暗的走廊，來到一扇半開的門前，門上掛著一塊小牌子，上面寫著「莎拉．銀眼：恆星運動研究室」。推開門，一個充滿書卷和星體運動模擬器裝置的研究室展現在他眼前。

莎拉．銀眼正站在一台大型螢幕前，她的身影被無數恆星的運動軌跡投影包圍。她的棕色長髮隨意地束在頭後，衣服上縫有精密的光纖線，隨著室內光線的變化而閃爍。

她的銀色眼眸注意到他的到來，在了解他的來意後，莎拉．銀眼點了點頭。「喔，我瞭解你是來詢問 Astroquery Gaia 的資訊。Gaia 太空望遠鏡是由歐洲太空總署發起的，主要目的是精確測量數十億顆恆星的位置、距離和運動，以建立銀河系的三維星圖。」她操作著電腦，螢幕上顯示了 Gaia Archive 的頁面。「這是 Gaia 太空望遠鏡的觀測資料下載入口頁面。」

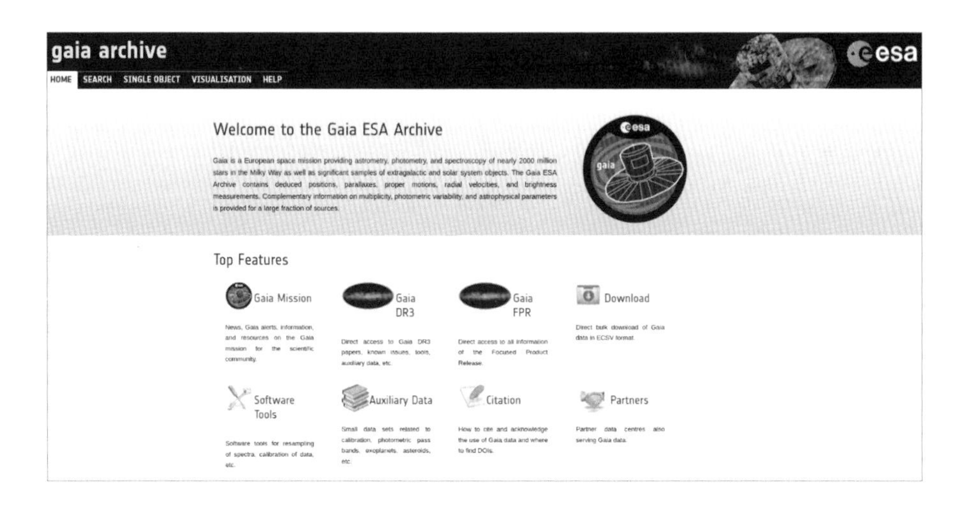

莎拉·銀眼接著解釋：「Gaia 太空望遠鏡目前已經有釋出三次的觀測資料，分別是 Gaia Data Release 1(Gaia DR1)、Gaia Data Release 2(Gaia DR2) 和 Gaia Data Release 3(Gaia DR3)。」

「幸運的是，我這裡有一個 Astroquery Gaia 機械裝置，它內建 Python 套件 Astroquery，讓你能直接連接到 Gaia Archive 並取得所需的觀測資料。」她從一個小型鐵盒中取出裝置，遞給了他。「不過，你要使用它還需要加裝 SQL 裝置，馬修·銅線或許可以協助你。」

他小心翼翼地接過裝置，感謝莎拉·銀眼的幫助。

「現在，你可以選擇下一步的行動：

A. 前往地下室，尋找馬修·銅線，詢問他對於 SQL 裝置的了解。

B. 去三樓的陽台找艾琳·繪影，詢問她是否知道 Matplotlib 裝置的下落。

C. 請莎拉·銀眼示範如何在 Gaia Archive 頁面中下載資料。

D. 自由輸入你想如何尋找這些裝置。」

他沿著螺旋樓梯慢慢下行，直達地下室。地下室的氛圍與旅店其他部分迥異，這裡陰暗而充滿回聲，燈光微弱只能勉強照亮前方。隨著他深入這個充滿金屬和機械聲響的長廊，終於來到了一個堆滿各種機械和工具的房間。房間中央，一位身影站在一台大型機具旁正忙碌著。

馬修．銅線頭髮像是一團雜亂無序的銅絲，手臂上纏繞著銅質的電線，正在用大型機具將銅線製成一個複雜的捕獸器。他的目光銳利，眼睛如同焊接火花一般閃閃發光，顯然對於自己的工作非常專注。

馬修．銅線工作到一個段落時，才注意到身旁有人，在詢問他的來意後，便說：「唷，你想要了解 SQL 是什麼，對嗎？ SQL，全名是 Structured Query Language(結構化查詢語言)，是一種用來管理和操作關聯式資料庫的語言。為了有效地存取和管理資料，我們需要將資料結構化。結構化資料是指將資料按一定格式排列好，便於讀取和查詢。比如在天文學中，你可能有一張表格，裡面記錄了不同星體的名稱、位置、亮度等資訊。相對地，非結構化資料，如影音、圖片或 PDF 文件，它們沒有固定的格式，因此處理起來比較複雜。資料庫是用來存取、管理和檢索資料的系統。關聯式資料庫則是一種常見的資料庫，它將資料存儲在多個表格中，不同表格的資料可以相互關聯。例如，我們可能會有一個表格存儲星體的基本資訊，另一個表格記錄各星體的觀測數值，關聯式資料庫可以把這兩個表格關聯起來，方便我們查詢和整合不同表格的資料。」

馬修．銅線接著列舉幾個基本的 SQL 語法：「使用 SQL 語法，你可以進行多種操作，例如用『SELECT…FROM…』來選擇特定資料表、用『TOP』來限制查詢結果的數量、用『AS』為選取的資料設定一個別名方便後續操作，而『WHERE』則用來設定查詢的條件。」

「既然你需要，」馬修．銅線轉身從一堆銅線中抽出一個裝置，表面刻有細緻的銅質齒輪和小型螢幕。「這是一個 SQL 機械裝置，它可以幫你更好地與資料庫溝通。」馬修．銅線將裝置遞給他。「拿去吧，希望它能幫助你在獵星之路中走得更遠。」

「現在，你可以選擇下一步的行動：

A. 去三樓的陽台找艾琳．繪影，詢問她是否知道 Matplotlib 裝置的下落。

B. 詢問馬修．銅線還有哪些 SQL 語法。

C. 詢問馬修．銅線有哪些 SQL 相關的 Python 套件。

D. 自由輸入你想如何尋找這些裝置。」

他沿著旅店螺旋梯繼續攀升，直至三樓的陽台。這裡的氛圍截然不同，空氣清新視野開闊，四周擺放著各種植物和花卉，為這個空間增添了一絲生氣和顏色。在陽台的一角，艾琳．繪影正專注於她的一塊大型畫布，畫布上展現著繽紛的色彩和複雜的幾何形狀，似乎在捕捉某種資料的流動和美感。

艾琳．繪影的外觀與她的作品一樣多彩而前衛。她左側髮型是銀紫相間的波浪捲，右側則全都剃光。她的服裝由各種色彩的金屬片製成，隨著她移動閃耀著光芒。她的耳朵掛著一對製作精細的小型齒輪耳環，整體造型充滿創意與科技感。她身旁的畫架上，串接了各種機械裝置和感測器，這些設備似乎在即時將陽光資料轉換成畫作。

艾琳．繪影聽到他的腳步聲，轉過頭來。在了解他的來意後，開始熱情地介紹：「Matplotlib 通常是菜鳥獵星者第一個會接觸到的 Python 資料視覺化工具，它能創作各種基本圖像，如散布圖、長條圖、折線圖和直方圖等。這些圖像能生動地呈現星體資料，讓我們能一眼看出資料的趨勢和分布。」

她指向自己的畫布，繼續說：「除了 Matplotlib，我的藝術創作還會使用 Seaborn、Bokeh、Plotly 以及 Altair 這些資料視覺化的 Python 套件。Seaborn 建立在 Matplotlib 基礎之上，增加了更多美觀和多樣的圖表風格，非常適合創作用於展示統計美學的畫作。而 Bokeh 和 Plotly 則方便讓我創造出互動式圖表，使得觀眾能與作品即時互動，探索資料的深層意義，這在我的展覽中特別實用。至於 Altair，它的強大之處在於能夠透過簡潔的語法創造出複雜多層次的作品。」

艾琳・繪影接著從她的口袋中拿出一個小型裝置，表面刻有精緻的幾何圖案，遞給了他。「這是 Matplotlib 機械裝置，它具備 Matplotlib 的繪圖功能，讓你可以在旅店的任何地方，只要接上資料，就能夠創造出漂亮的圖像。」

「現在，你可以選擇下一步的行動：

A. 返回安娜的工作室，利用手中的三個裝置開始繪製全天空星圖。

B. 請艾琳・繪影介紹 Matplotlib 的基本語法。

C. 請艾琳・繪影分別用 Bokeh 和 Plotly 示範如何畫出互動式的圖表。

D. 輸入你的選擇，在旅店探索你感興趣的其他事物。」

他沿著螺旋樓梯回到安娜的工作室，手中攜帶著收集到的三個機械裝置。安娜見到這些裝置後，露出微笑，然後將它們接入她那台充滿齒輪和電線的繪圖桌，開始進行繪製星圖的工作。

繪圖桌先輸出一段 Python 程式碼，接著一張漂亮的全天空星圖呈現在他們眼前。

```
import matplotlib.pyplot as plt
from astroquery.gaia import Gaia

# 使用 SQL 語句藉由 Astroquery 從 Gaia 資料庫中取得亮星的資料
query = "SELECT TOP 10000 ra, dec, phot_g_mean_mag AS gmag FROM gaiadr3.gaia_source
WHERE phot_g_mean_mag < 6"
job = Gaia.launch_job(query)
data = job.get_results()

# 繪製全天空星圖
plt.figure(figsize=(10, 5))
plt.style.use('dark_background')
plt.scatter(data['ra'], data['dec'], c='white', s=1)
plt.gca().invert_xaxis()
plt.xlabel('Right Ascension (RA)')
plt.ylabel('Declination (DEC)')
plt.title('All-sky Star Map from Gaia DR3 Data')
plt.show()
```

安娜指著繪圖桌，用她那蒼老的聲音開始解釋程式碼及畫出來的星圖。「這段程式碼首先透過 Astroquery 套件的 gaia 模組，用 SQL 語法查詢 Gaia 資料庫中的資料。這個查詢語法的意思是，從 Gaia Data Release 3 的資料中，篩選出 G 波段平均星等小於 6 的前一萬顆星，並只取得它們的赤經 (RA)、赤緯 (DEC) 和 G 波段平均星等三個欄位資料。」

「接著，程式碼透過 Matplotlib 將這些資料繪製成平面的全天空星圖。在黑色背景中，每個白點代表一顆星星，星星的位置由它的赤經和赤緯決定。你可能會注意到，x 軸是從右到左遞增的，這是為了反應從地球觀看星空的情況，也就是從地球望向天球的視角，而非從天球外面看向天球。經度方向會跟看地圖時的方向相反。」

「另外，在這張圖中，你會發現許多星星集中在某些區域，形成一條像是 U 字型的帶狀，這可是我們的銀河唷。」安娜微笑看著他。「恭喜你，你已經了解如何用 Python 和觀測資料來繪製出全天空星圖。你是否有其他想了解的事或想繪製的圖呢？

現在，你可以選擇：

A. 詢問安娜為何會成為製圖師。

B. 詢問安娜如何用 Plotly 繪製互動式的全天空星圖。

C. 詢問安娜為何銀河會在平面的星圖中呈現 U 字型的帶狀。

D. 自由輸入你想問的問題。」

6.2 如何用 Python 繪製星座圖？

當他詢問安娜為何會成為製圖師時，她的臉上浮現出一絲淡淡的微笑，手指輕輕觸摸著繪圖桌上一張泛黃的照片。照片中是一個綁著雙馬尾、笑容燦爛的精靈小女孩，她脖子上掛著一條銅製項鍊，項鍊上的愛心鑲著一條蛇，蛇繞著愛心構成一個「A」字母。他想應該是安娜小時候的模樣。

「我年輕的時候，」安娜的眼神變得柔和而遙遠，開始講述她的故事。「是個設計大型虛擬場景和關卡挑戰的工程師。我創作了許多有趣好玩的世界，讓玩家能夠逃離自身困境，進行無法在現實生活體驗到的探索和冒險。」

「然而，一場意外讓我不得不離開這個需要到現場的職位，轉換到可以遠距的工作，接案繪製各種藍圖，從城市建築的設計圖到為獵星者導航的星圖，都是我的作品範疇。」他看著安娜右腳的機械義肢，心想這應該是她轉換工作型態的原因。

安娜望著那張照片，臉上帶著懷舊與感激的表情。「雖然當初我對於這個改變感到不安，但我逐漸發現，有時候，生活的轉折點帶來的不只是挑戰，更是重新認識自己的機會。」

安娜調整輪椅方向，朝著牆上一張巨大的星座圖繼續說道：「這是我繪製的第一張星座圖，巨蛇座。」她指向圖中一顆亮度最為顯著的星星。「那顆星是 Unukalhai，巨蛇之心。這張圖對我來說有特別意義，因為它象徵新生與延續。我希望透過我所繪製的星圖，能夠啟發更多菜鳥獵星者，踏上探索和冒險的旅程。」

「這就是我成為製圖師的故事。菜鳥獵星者，你是否有其他想了解的事或想繪製的圖呢？

現在，你可以選擇：

A. 詢問安娜如何用 Python 繪製星座圖。

B. 詢問安娜 Unukalhai 是什麼樣的星體。

C. 詢問安娜如何設計一個針對高中生用 Python 繪製星圖的教學活動。

D. 自由輸入你想問的問題。」

當他向安娜詢問如何使用 Python 取得天蠍座的亮星資料並繪製出星座圖時，安娜微笑著指向角落書櫃上的一本冊子。「麻煩你先幫我從那邊的書櫃拿下那本標題為『耶魯亮星表 (Yale Bright Star Catalogue)』的冊子，好嗎？」

當他遞給安娜冊子後，她翻開書頁，開始解釋：「這本亮星表是一個非常重要的古籍，先後由哈佛大學及耶魯大學的獵星者們編撰修訂。它記載了所有視星等在 6.5 以下的亮星資訊，幾乎涵蓋地球上肉眼可見的每一顆星星。這個星表羅列了 9110 個星體，其中大部分是恆星，還有少數幾個超新星和星團。」

接著，安娜從繪圖桌旁拆下一個機械裝置，這個裝置外殼是由精緻的木頭及銅金屬組成，表面刻有層層疊疊的表格。「這個是 Astroquery VizieR 機械裝置，」安娜說道。「VizieR 是一個匯集多個天文目錄及資料表的資料庫，包括這本耶魯亮星表。它是由法國斯特拉斯堡天文資料中心維護。」

安娜按下裝置上的一個旋鈕，裝置發出低沉的嗡嗡聲，隨即投射出一個虛擬螢幕，顯示了 VizieR 的網站首頁。

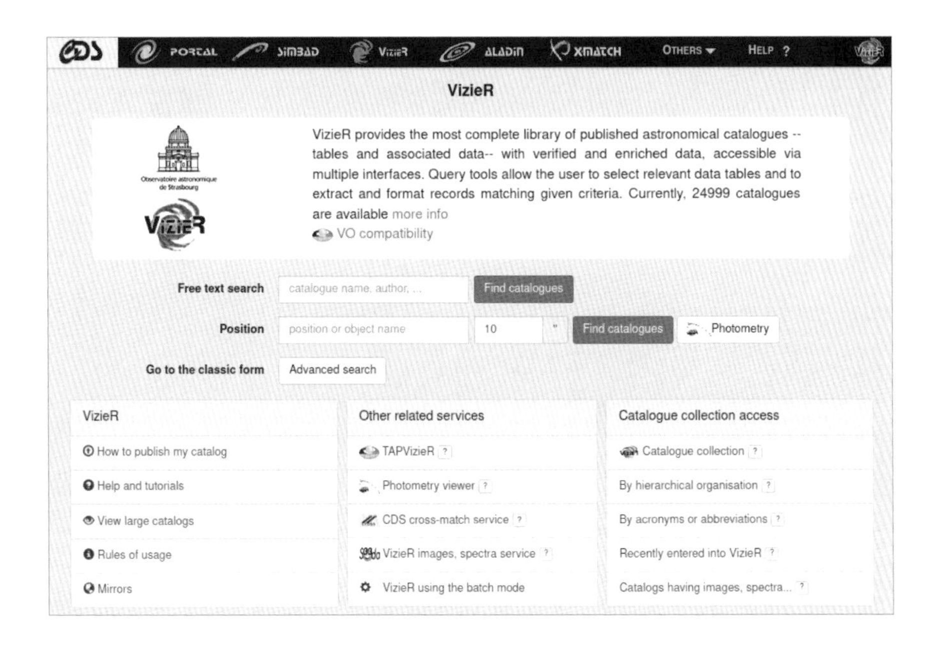

安娜對著虛擬螢幕唸出「Yale Bright Star Catalog」，網頁開始自動搜尋，最後顯示耶魯亮星表的資料表。「你看，這個亮星表記載著星體的名稱、視星等、以及赤經赤緯座標等資訊。這些資訊可以讓我們繪製出星座圖。」

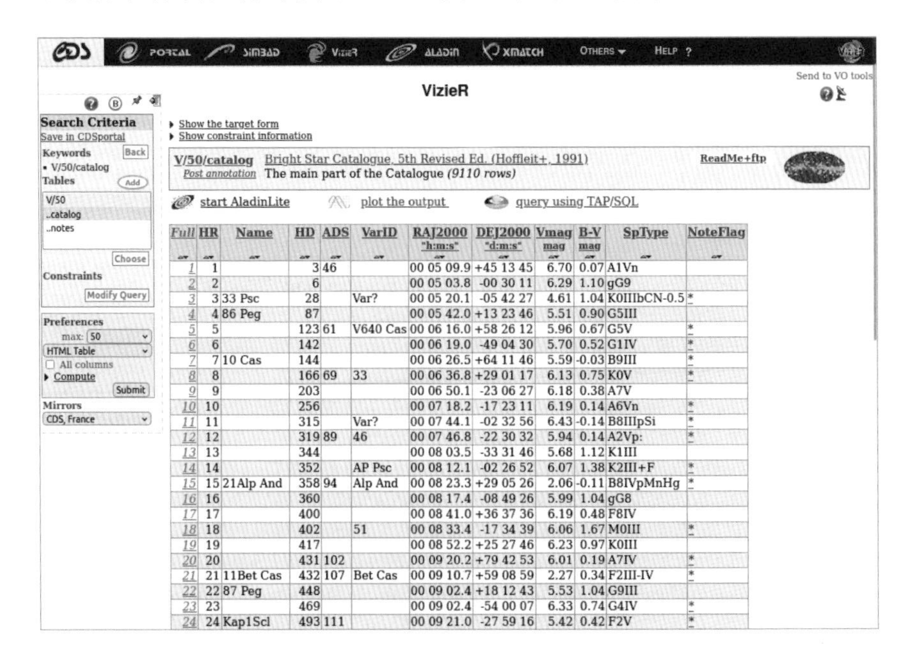

V/50/catalog Bright Star Catalogue, 5th Revised Ed. (Hoffleit+, 1991)
The main part of the Catalogue (9110 rows)

Full	HR	Name	HD	ADS	VarID	RAJ2000 "h:m:s"	DEJ2000 "d:m:s"	Vmag mag	B-V mag	SpType	NoteFlag
1	1		3	46		00 05 09.9	+45 13 45	6.70	0.07	A1Vn	
2	2		6			00 05 03.8	-00 30 11	6.29	1.10	gG9	
3	3	33 Psc	28		Var?	00 05 20.1	-05 42 27	4.61	1.04	K0IIIbCN-0.5	*
4	4	86 Peg	87			00 05 42.0	+13 23 46	5.51	0.90	G5III	
5	5		123	61	V640 Cas	00 06 16.0	+58 26 12	5.96	0.67	G5V	*
6	6		142			00 06 19.0	-49 04 30	5.70	0.52	G1IV	*
7	7	10 Cas	144			00 06 26.5	+64 11 46	5.59	-0.03	B9III	*
8	8		166	69	33	00 06 36.8	+29 01 17	6.13	0.75	K0V	*
9	9		203			00 06 50.1	-23 06 27	6.18	0.38	A7V	
10	10		256			00 07 18.2	-17 23 11	6.19	0.14	A6Vn	*
11	11		315		Var?	00 07 44.1	-02 32 56	6.43	-0.14	B8IIIpSi	*
12	12		319	89	46	00 07 46.8	-22 30 32	5.94	0.14	A2Vp:	*
13	13		344			00 08 03.5	-33 31 46	5.68	1.12	K1III	
14	14		352		AP Psc	00 08 12.1	-02 26 52	6.07	1.38	K2III+F	*
15	15	21Alp And	358	94	Alp And	00 08 23.3	+29 05 26	2.06	-0.11	B8IVpMnHg	*
16	16		360			00 08 17.4	-08 49 26	5.99	1.04	gG8	
17	17		400			00 08 41.0	+36 37 36	6.19	0.48	F8IV	
18	18		402		51	00 08 33.4	-17 34 39	6.06	1.67	M0III	*
19	19		417			00 08 52.2	+25 27 46	6.23	0.97	K0III	
20	20		431	102		00 09 20.2	+79 42 53	6.01	0.19	A7IV	*
21	21	11Bet Cas	432	107	Bet Cas	00 09 10.7	+59 08 59	2.27	0.34	F2III-IV	*
22	22	87 Peg	448			00 09 02.4	+18 12 43	5.53	1.04	G9III	
23	23		469			00 09 02.4	-54 00 07	6.33	0.74	G4IV	*
24	24	Kap1Scl	493	111		00 09 21.0	-27 59 16	5.42	0.42	F2V	*

安娜舉起手上的機械裝置，說道：「這個裝置內建 Astroquery 的 VizieR 模組，讓我們可以透過 Python 取得 VizieR 中的資料表。」接著她把裝置裝回去繪圖桌中並且按了幾個按鈕，繪圖桌開始輸出一段 Python 程式碼。

```
from astroquery.vizier import Vizier

# 查詢 VizieR 資料庫中符合 "Yale Bright Star Catalog" 關鍵字的資料表
catalog_list = Vizier.find_catalogs('Yale Bright Star Catalog')
for key, value in catalog_list.items():
    print(f"Catalog ID: {key}, Description: {value.description}")
```

```
Catalog ID: V/61, Description: Almagest (Ptolemy's Star Catalog)
Catalog ID: I/212, Description: Proper motions in NGC 3680 (Kozhurina-Platais+, 1995)
Catalog ID: V/50, Description: Bright Star Catalogue, 5th Revised Ed. (Hoffleit+, 1991)
```

「這段程式碼使用了 Astroquery 的 VizieR 模組，首先執行一個查詢來找出與『Yale Bright Star Catalog』相關的所有資料表的編號和描述。這裡的 find_catalogs() 函式會檢索所有包含關鍵字的天文目錄，然後再用迴圈將它們一一列出來。」

安娜指著程式執行結果中的「Bright Star Catalogue, 5th Revised Ed.」那一行，說道：「這就是『耶魯亮星表』，它在 VizieR 的編號是 V/50。現在，我們已經確定了它的編號，接下來我們將以這個編號來查詢亮星表，然後只取出其中的天蠍座亮星資料並繪製星座圖。」

她再次按了幾個按鈕，繪圖桌隨即輸出一段 Python 程式碼，接著一張由天蠍座亮星構成的星座圖呈現在他們眼前。

```
from astroquery.vizier import Vizier
import matplotlib.pyplot as plt

# 初始化 Vizier 查詢物件，指定我們感興趣的資料表目錄和欄位
v = Vizier(catalog="V/50", columns=["_RAJ2000", "_DEJ2000", "Vmag", "Name"], row_
limit=-1)

# 執行查詢，並使用天蠍座縮寫 'Sco' 來過濾 'Name' 欄位中的資料，以篩選出天蠍座的亮星資料
result = v.query_constraints()
bright_stars = result[0].to_pandas()
scorpio_stars = bright_stars[bright_stars['Name'].str.contains('Sco')]

# 繪製天蠍座星座圖，並根據星等大小設定資料點的大小，星體越亮，資料點越大
plt.figure(figsize=(10, 5))
plt.style.use('dark_background')
plt.scatter(scorpio_stars['_RAJ2000'], scorpio_stars['_DEJ2000'], c='white', s=20/
scorpio_stars['Vmag'])
plt.gca().invert_xaxis()
plt.xlabel('Right Ascension (RA)')
plt.ylabel('Declination (DEC)')
plt.title('Scorpius Constellation Chart')
plt.show()
```

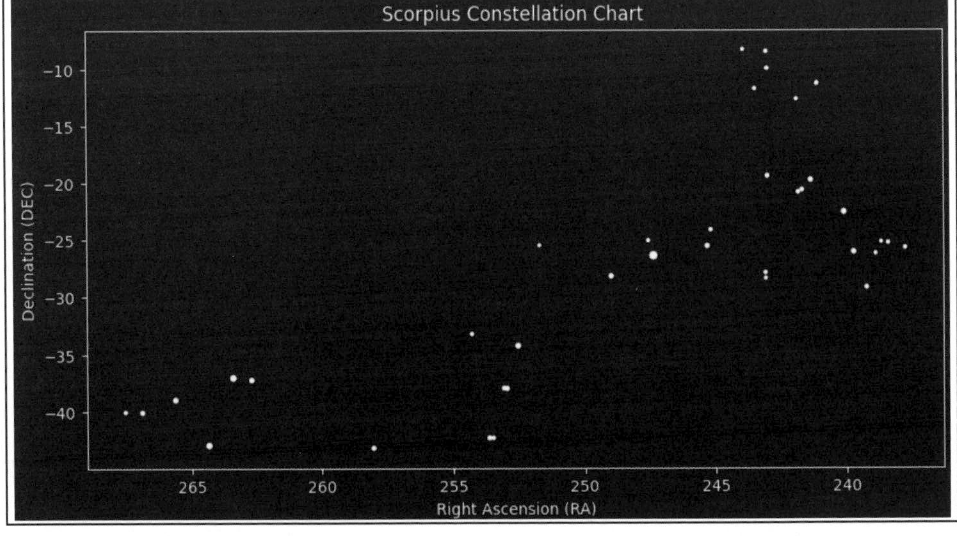

· · · · · · · · · · · · · · · ·

我坐在病床上看著你筆電螢幕中的遊戲畫面，然後用手機打開虛擬星象儀軟體 Stellarium，搜尋「Scorpius」。「比對一下，用 Python 畫的天蠍座還蠻

有模有樣的耶！」我將手機遞給你看。

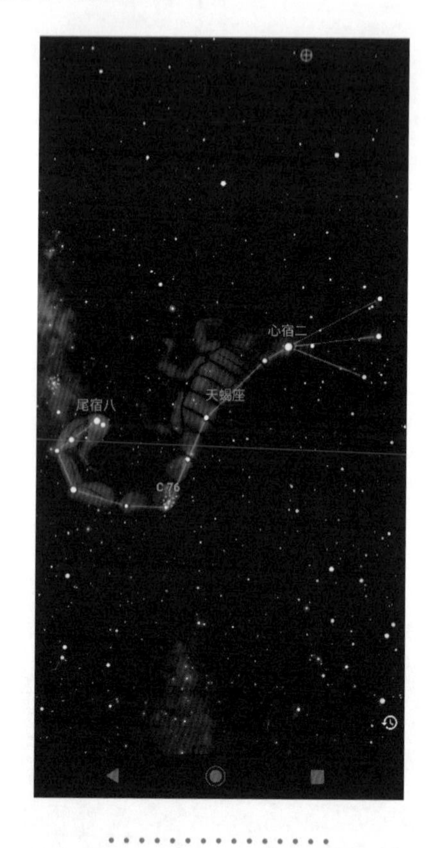

• • • • • • • • • • • • • • • •

安娜微笑著看著完成的星座圖，問道：「你還滿意這張用 Python 繪製的星座圖嗎？菜鳥獵星者，你是否有其他想了解的事或想繪製的圖呢？

現在，你可以選擇：

A. 請安娜繪製其他星座的星座圖，例如獵戶座。

B. 詢問安娜天蠍座最亮的那顆星是什麼樣的星體。

C. 詢問安娜是否有需要幫的忙，以感謝她所繪製的全天空星圖及星座圖。

D. 自由輸入你想問的問題。」

當他向安娜表示感謝並詢問是否需要幫助時，她微笑著從繪圖桌上的一個精緻金屬盒子中拿出兩張遊戲卡牌。它們是以堅固的卡片製成，邊緣鍍有銀色金屬，中央以精緻的浮雕呈現各自的特色。第一張卡牌上有一個對著銀河拍照的太空望遠鏡，上方金色字體寫著「Astroquery Gaia」；第二張則有一個展開的星表，旁邊有一個放大鏡，突顯了從資料庫中搜索資料表的能力，上方同樣用金色字體寫著「Astroquery VizieR」。

「這兩張遊戲卡牌是為了獎勵你解開了用 Python 繪製全天空星圖及星座圖的成就，」安娜解釋說，「它們在你未來的獵星之路中會很有用。」

當他收藏好這兩張卡片後，安娜接著說：「既然你願意幫忙，那麼我有幾個小請求，你可以選擇其中一個。第一，幫我去大廳找我的孫女莉莉，我想讓你轉達一個訊息給她，是關於她媽媽的事。她通常會坐在窗邊的座位上，邊吃著台式馬卡龍邊看小說。第二，幫我尋找旅店中其他可能需要製圖服務的菜鳥獵星者，看看他們是否需要專業的協助或建議。第三，前往旅店的圖書館『啟思之庫』幫我收集一些有關製圖技巧和星圖的研究資料。

現在，你可以選擇：

A. 去大廳找安娜的孫女莉莉，並轉達安娜的訊息給她。

B. 在旅店中尋找需要製圖服務的菜鳥獵星者，看看是否可以為他們提供幫助。

C. 前往旅店的圖書館『啟思之庫』，為安娜收集製圖相關的研究資料。

D. 自由輸入你想幫安娜的忙。」

當他來到熱鬧的大廳，發現莉莉的慣常座位空無一人，周圍也沒有她的蹤影。於是他走向櫃台，詢問旅店老闆尼賀勒．瓦再達是否知道莉莉在哪裡。

尼賀勒‧瓦再達從櫃台上的自動機械手臂中取出一個光滑的金屬杯，快速地調製了一杯飲料。杯中液體的色澤如同深夜的黑，上面漂浮著幾粒彷彿在用力掙扎脫困而閃爍的銀光。尼賀勒‧瓦再達遞給他，說道：「這杯是『機械覺醒』，象徵著新故事的開始。你喝了，我再答。」

尼賀勒‧瓦再達等他喝完後，指著窗邊座位說道：「你看，莉莉不就在那邊嗎？ 咦？莉莉之前在這裡啊……等等，莉莉是誰？旅店沒這位獵星者耶。」

「現在，你可以選擇：

A. 走到莉莉常坐的窗邊座位，仔細檢查那裡是否有留下任何線索或物品。

B. 問旅店裡的其他獵星者，看看他們是否注意到莉莉的離開或有與她相關的任何其他資訊。

C. 回到安娜的工作室，告訴她莉莉消失的情況，並詢問旅店最近是否有任何不尋常的事。

D. 自由輸入你想如何尋找莉莉。」

6.3 小結：我們在這章探索了什麼？

標題：[心得] 我在《獵星者旅店》遊戲中學習到如何用 Python 繪製全天空星圖及星座圖

作者：菜鳥獵星者

喔耶！終於等到期待已久的《獵星者旅店》上市了，我是前 10 名登入的玩家耶！(灑花)

這個遊戲能夠讓玩家發揮想像力 (嘿嘿，我讓旅店變成蒸汽龐克風格唷)，來學習如何用 Python 取得並視覺化天文資料。跟各位板友分享一些我目前學到的重點：

- 認識 Gaia 太空望遠鏡、SQL 語法以及幾個 Python 資料視覺化套件。
- 了解如何使用 Astroquery 套件從 Gaia 資料庫抓取觀測資料，並藉由 Matplotlib 套件繪製全天空星圖。
- 認識耶魯亮星表及 VizieR 資料庫。
- 了解如何使用 Astroquery 套件從 VizieR 資料庫取得耶魯亮星表、過濾出天蠍座的亮星資料，並藉由 Matplotlib 套件繪製星座圖。

遊戲結合娛樂和學習，或許我跟板友們可以一起上線約在這個獵星者旅店中相遇 ^^

現在遊戲劇情漸漸有解謎成份，我要來去調查莉莉失蹤的原因了。

推 來自喵星的月影：恭喜你成為前 10 名菜鳥獵星者！探索天文本來就是一系列的解謎過程唷 ^^

第 7 章：

如何用 Python 探索系外行星觀測資料？

- 7.1 哪些系外行星觀測計畫有將資料開放給大眾使用？
- 7.2 如何用 Python 取得系外行星觀測資料？
- 7.3 如何用 Python 視覺化探索系外行星觀測資料？
- 7.4 小結：我們在這章探索了什麼？

7.1 哪些系外行星觀測計畫有將資料開放給大眾使用？

「標題：【討論】我玩 Planet Hunters TESS 上癮了，有沒有大神能分享哪些網站可以取得系外行星的觀測資料？

大家好啊～👋👋最近我在 Zooniverse 網站上發現了一個有趣的公民科學計畫，叫做 Planet Hunters TESS，不知道有沒有其他鄉民也在玩？這個計畫讓我們這些鄉民也有機會參與貢獻天文研究唷！🔭🛸

簡單來說，這個計畫是讓我們幫忙找尋可能存在的系外行星，也就是那些位於太陽系之外、各自繞著所屬恆星運轉的行星。網站提供一堆 TESS(Transiting Exoplanet Survey Satellite) 這個衛星所觀測的星星亮度變化圖片，然後透過鄉民們雪亮的眼睛，辨識出哪些圖可能是因為行星繞行遮擋恆星而造成亮度減弱。🪐🔍

這個公民科學計畫激起我的興趣，除了看圖片外，我也想下載這些觀測資料來玩玩，多了解相關資料分析的過程。不知道有沒有大神知道有哪些網站可以取得系外行星的觀測資料？先感謝大家的幫忙囉！🙏最後附上 Planet Hunters TESS 計畫的網址，推薦還沒有玩過的鄉民們去玩玩🙏 https://www.zooniverse.org/projects/nora-dot-eisner/planet-hunters-tess

#PlanetHuntersTESS # 系外行星 # 公民科學 # 鄉民都來了 # 異星入鏡相機促銷到年底意者密我」

我隔著病房那扇無法開啟的玻璃窗，凝視著窗外那些點點繁星，回憶觸動我腦中的播放鍵，開始重播曾在南瀛天文館星象劇場觀看的《Beyond the Sun －尋找新地球》，那是一部關於人類如何發現系外行星的動畫。

我的食指輕輕按在冰冷的窗戶上，指向某個遙遠的星點。「這個恆星，有幾顆行星呢？」我自言自語著。隨即，我用雙手的食指和拇指模擬出相機的形體，在窗的各處移動，嘴角揚起，笑道：「哈哈，各位異星，你們入鏡囉！」

當我幻想夠了後，將目光重新聚焦回螢幕中這篇由「喵星入鏡」張貼的文章，然後轉頭向你說道：「你過來看一下，這個幫忙找系外行星的計畫好像蠻有趣的耶！」。

你走過來看螢幕上的文章，隨後點開了 Planet Hunters TESS 計畫的連結。在瀏覽計畫簡介的過程中，你彷彿發現一個全新的世界，驚訝地說：「原來還有這種讓大眾參與科學研究的計畫，我之前完全不知道。」

「對阿，我也是第一次看到。i 蟒，你能解釋一下什麼是公民科學，還有 Zooniverse 是什麼嗎？」

「好的。公民科學是讓任何人都能參與並貢獻科學研究的一種方式，無論他們的背景或經驗如何。公民科學計畫包括協助資料收集，如觀察鳥類或昆蟲的行為，或者協助影像分類，像是分類星系的形狀，甚至是進階的資料分析或是科學問題的提出與設計。這不僅能協助科學家進行需要大量人力的研究，更能藉由群眾智慧，激發科學發現或創新。此外，參與者也有機會親身體驗科學研究，增進對科學的理解和興趣。公民科學的範疇非常廣泛，涵蓋了生物學、生態學、天文學、化學、物理學等各種科學領域，甚至包括社會科學和人文科學。」i 蟒停頓一下繼續說道：「至於 Zooniverse，它是一個匯集許多領域的網路公民科學計畫的平台。不論是天文學、生物學、歷史學還是其他領域的研究，都有相關的計畫在該平台上。像螢幕上這個 Planet Hunters TESS 計畫，就是 Zooniverse 上的一個項目，主要是讓大眾協助辨識凌日系外行星巡天衛星的資料，尋找可能存在的系外行星。」

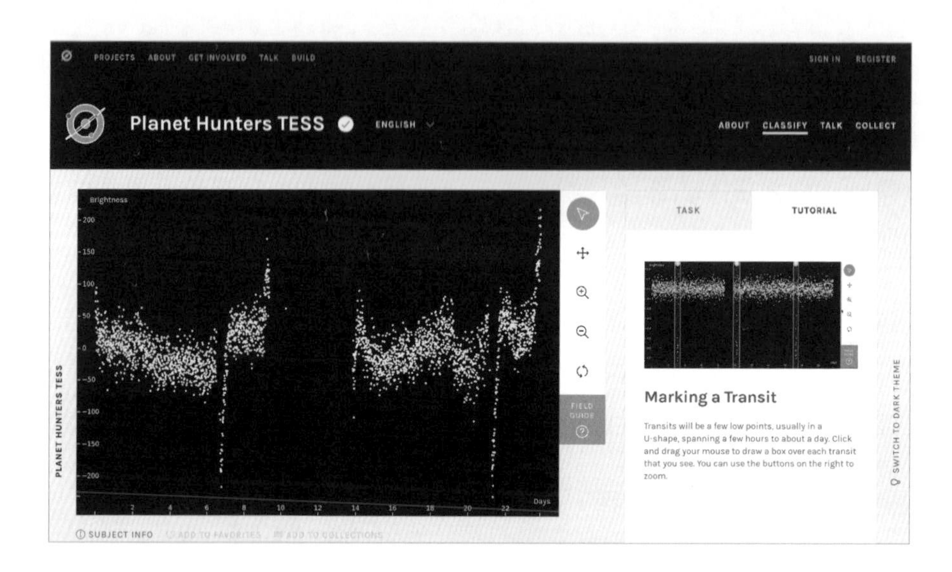

「我不太清楚什麼是凌日系外行星巡天衛星，請你簡介一下。另外，一般大眾能下載到它的資料嗎？要在哪個網站下載？」我繼續問。

「凌日系外行星巡天衛星 (Transiting Exoplanet Survey Satellite，簡稱 TESS) 是由美國太空總署主導的太空望遠鏡計畫，於 2018 年發射升空，主要任務是巡察全天空超過 85% 的區域範圍，觀測離地球較近的恆星，並以凌日法尋找可能環繞這些恆星運行的系外行星。一般大眾也可以下載 TESS 的資料。」i 蟒接著在螢幕上顯示 TESS 的資料下載網址。

TESS 的資料下載網址：https://archive.stsci.edu/missions-and-data/tess

「什麼又是凌日法呢？」

「凌日法是其中一種用來發現系外行星的方法。當一顆行星從它所屬恆星前面經過時，它會稍微遮擋住一部分的恆星光，導致觀測到的恆星亮度有一個小幅度的下降，稱之為凌日現象。通過測量這種亮度變化，可以推測出行星的存在，並且可以計算出行星的軌道週期和它的大小。」

「那除了 TESS 外，還有其它用凌日法尋找系外行星的太空望遠鏡嗎？要在哪個網站下載它們的資料？」你問。

「在 TESS 運作之前，美國太空總署在 2009 年有發射一個名為克卜勒的太空望遠鏡 (Kepler space telescope)，它也是用凌日法來搜尋系外行星，但只針對位於天鵝座和天琴座之間的一個固定區域進行觀測。克卜勒太空望遠鏡在 2013 年部份零件受損，導致原本的任務無法繼續，於是美國太空總署利用剩下尚能運作的儀器，改以新任務 K2 繼續進行觀測直到 2018 年。」i 蟒停頓一下後繼續說：「此外，美國太空總署的系外行星資料庫網站 (NASA Exoplanet Archive) 能查詢被 TESS、Kepler 和 K2 所發現的系外行星相關資訊，包含系外行星名稱、所屬恆星名稱、發現年份、發現方法、軌道週期、距離地球多遠、質量大小等等。」i 蟒接著在螢幕上顯示 Kepler、K2 及 NASA Exoplanet Archive 的資料下載網址。

Kepler 的資料下載網址：https://archive.stsci.edu/missions-and-data/kepler

K2 的資料下載網址：https://archive.stsci.edu/missions-and-data/k2

NASA Exoplanet Archive 的資料下載網址：https://exoplanetarchive.ipac.caltech.edu

「嗯……」我思索著。「i 蟒，那是否有網站能讓使用者輸入某個系外行星的名稱後，就會列出不同望遠鏡的觀測資料？」我問。

「有的。上面提到的 TESS、Kepler 和 K2 的資料下載入口網頁中，都有一個『Search Tools』區塊，其中的『exo.MAST』網站就有提供你說的功能。」i 蟒在螢幕中開啟 TESS 的資料下載入口網頁，並定位在「Search Tools」區塊，然後用框線標記「exo.MAST」網站的連結。

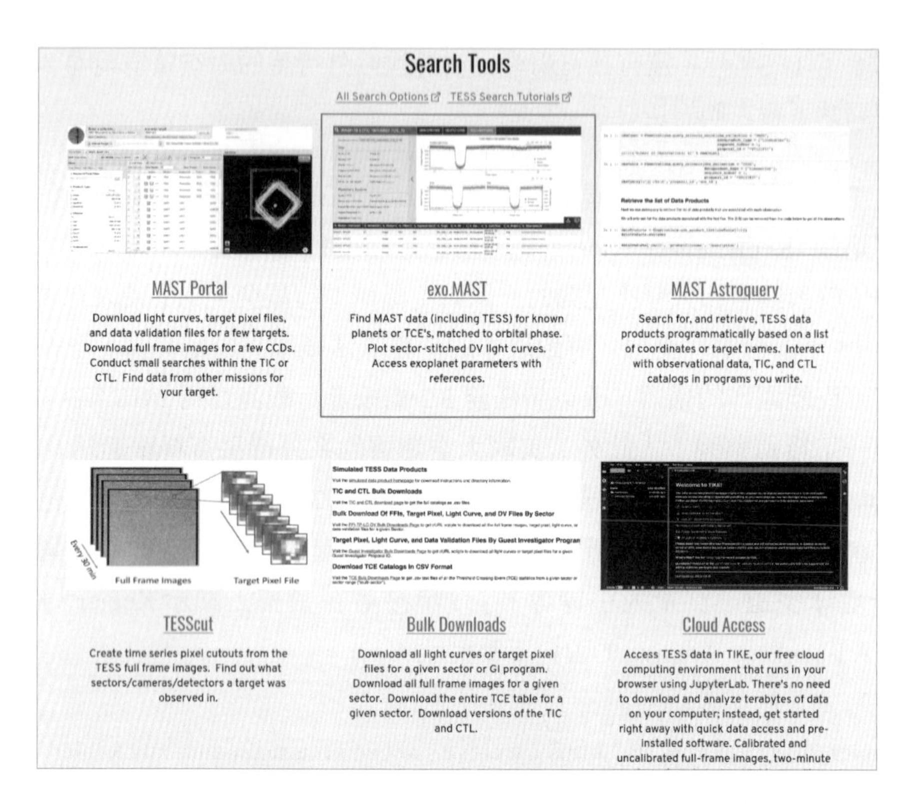

「在 exo.MAST 首頁的輸入框中，輸入你想要查詢的系外行星名稱，例如 Kepler-10b。」

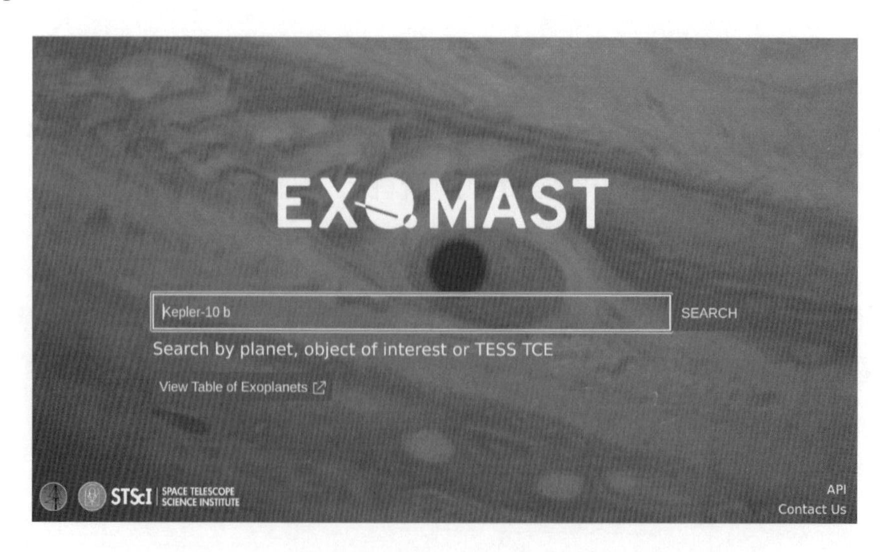

「按『SEARCH』後，就會進入該系外行星的頁面。」i 蟒接著在畫面中標上數字以便進行導覽。「首先，頁面的左上半部有著系外行星的基本資訊，如軌道週期、距離等等。右上半部則可以切換不同望遠鏡的觀測資料圖，讓你可以看出恆星被行星遮擋造成的亮度減弱。最後，下半部會列出不同望遠鏡針對這個系外行星的觀測資料，讓你可以點擊下載。」

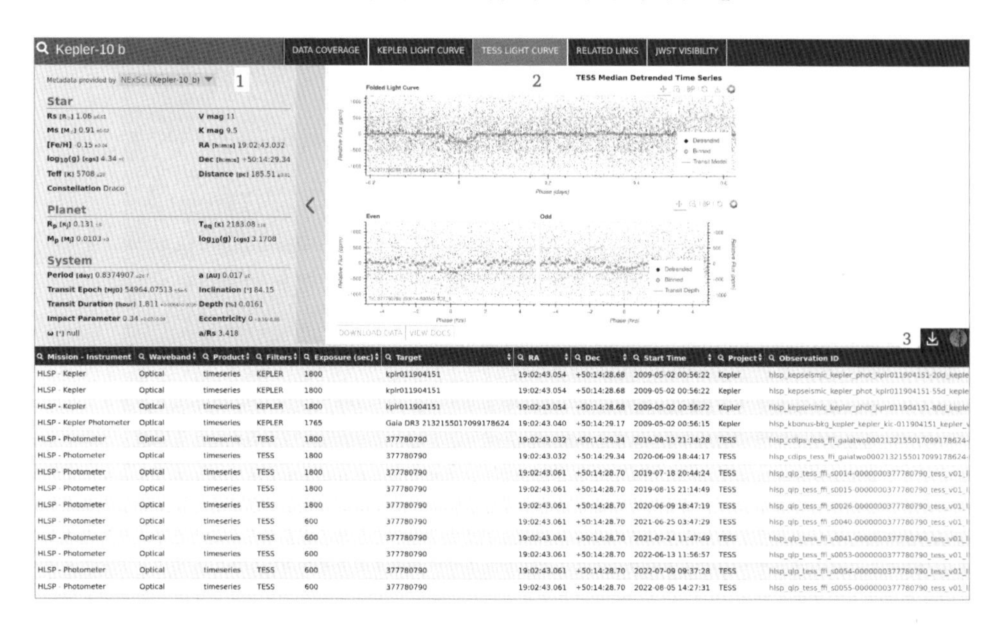

「讚耶！那是否有網站可以查詢到目前所有已知的系外行星名稱？」我進一步追問。

「有的。剛剛提到的 NASA 系外行星資料庫網站就有你說的功能。」i 蟒在螢幕中開啟 NASA Exoplanet Archive 網頁，並用框線在頁面左上角標示出系外行星列表的入口。

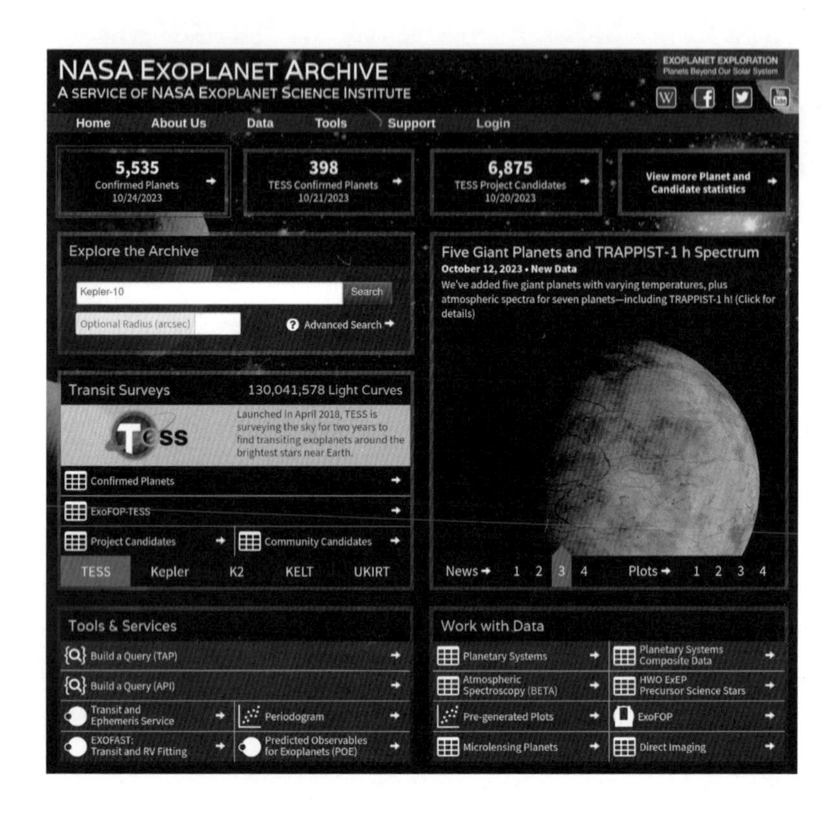

「點擊『Confirmed Planets』後，會進入目前所有已知的系外行星列表頁，第一個欄位就是各行星的名稱。」

NASA EXOPLANET ARCHIVE
NASA EXOPLANET SCIENCE INSTITUTE
Home About Us Data Tools Support Login
Select Columns | Download Table | Plot Table | View Documentation
Planetary Systems

Planet Name	Host Name	Default Parameter Set	Number of Stars	Number of Planets	Discovery Method	Discovery Year	Discovery Facility	Solution Type	Controversial Flag	Planetary Parameter Reference	Orbital Period [days]	Orbit Semi-Major Axis [au]
11 Com b	11 Com	0	2	1	Radial Velocity	2007	Xinglong Station	Published Confirmed	0	Kunitomo et al. 2011		$1.21^{+0.06}_{-0.05}$
11 Com b	11 Com	0	2	1	Radial Velocity	2007	Xinglong Station	Published Confirmed	0	Liu et al. 2008	326.03±0.32	1.29±0.05
11 Com b	11 Com	1	2	1	Radial Velocity	2007	Xinglong Station	Published Confirmed	0	Teng et al. 2023	$323.21^{+0.06}_{-0.05}$	1.178±0.000
11 UMi b	11 UMi	0	1	1	Radial Velocity	2009	Thueringer Lande	Published Confirmed	0	Stassun et al. 2017	516.21997±3.20000	1.53±0.07
11 UMi b	11 UMi	0	1	1	Radial Velocity	2009	Thueringer Lande	Published Confirmed	0	Kunitomo et al. 2011		$1.51^{+0.06}_{-0.06}$
11 UMi b	11 UMi	0	1	1	Radial Velocity	2009	Thueringer Lande	Published Confirmed	0	Dollinger et al. 2009	516.22±3.25	1.54±0.07
14 And b	14 And	1	1	1	Radial Velocity	2008	Okayama Astroph	Published Confirmed	0	Teng et al. 2023	$186.76^{+0.11}_{-0.12}$	0.775±0.000
14 And b	14 And	0	1	1	Radial Velocity	2008	Okayama Astroph	Published Confirmed	0	Kunitomo et al. 2011		$0.68^{+0.03}_{-0.06}$
14 And b	14 And	0	1	1	Radial Velocity	2008	Okayama Astroph	Published Confirmed	0	Sato et al. 2008	185.84±0.23	0.83
14 Her b	14 Her	0	1	2	Radial Velocity	2002	W. M. Keck Obser	Published Confirmed	0	Wittenmyer et al. 2007	1773.4±2.5	2.77±0.05
14 Her b	14 Her	0	1	2	Radial Velocity	2002	W. M. Keck Obser	Published Confirmed	0	Gozdziewski et al. 2008	1766	2.864
14 Her b	14 Her	1	1	2	Radial Velocity	2002	W. M. Keck Obser	Published Confirmed	0	Feng et al. 2022	$1766.03890^{+1.67720}_{-1.67790}$	$2.774^{+0.109}_{-0.129}$
14 Her b	14 Her	0	1	2	Radial Velocity	2002	W. M. Keck Obser	Published Confirmed	0	Stassun et al. 2017	1773.40002±2.50000	2.93±0.08
14 Her b	14 Her	0	1	2	Radial Velocity	2002	W. M. Keck Obser	Published Confirmed	0	Naef et al. 2004	1796.4±8.3	2.80
14 Her b	14 Her	0	1	2	Radial Velocity	2002	W. M. Keck Obser	Published Confirmed	0	Rosenthal et al. 2021	$1766.41^{+0.67}_{-0.65}$	2.830±0.041
14 Her b	14 Her	0	1	2	Radial Velocity	2002	W. M. Keck Obser	Published Confirmed	0	Butler et al. 2003	1724±60	2.82
14 Her b	14 Her	0	1	2	Radial Velocity	2002	W. M. Keck Obser	Published Confirmed	0	Gozdziewski et al. 2006		2.730
16 Cyg B b	16 Cyg B	0	3	1	Radial Velocity	1996	Multiple Observat	Published Confirmed	0	Rosenthal et al. 2021	799.4±0.15	1.676±0.025
16 Cyg B b	16 Cyg B	0	3	1	Radial Velocity	1996	Multiple Observat	Published Confirmed	0	Butler et al. 2006	798.5±1.0	1.681±0.097
16 Cyg B b	16 Cyg B	0	3	1	Radial Velocity	1996	Multiple Observat	Published Confirmed	0	Cochran et al. 1997	800.8±11.7	1.6
16 Cyg B b	16 Cyg B	0	3	1	Radial Velocity	1996	Multiple Observat	Published Confirmed	0	Wittenmyer et al. 2007	799.5±0.6	1.68±0.03
16 Cyg B b	16 Cyg B	0	3	1	Radial Velocity	1996	Multiple Observat	Published Confirmed	0	Wittenmyer et al. 2007	799.5±0.6	1.68±0.03
16 Cyg B b	16 Cyg B	1	3	1	Radial Velocity	1996	Multiple Observat	Published Confirmed	0	Stassun et al. 2017	798.50000±1.00000	1.66±0.03
17 Sco b	17 Sco	1	1	1	Radial Velocity	2020	Lick Observatory	Published Confirmed	0	Tala Pinto et al. 2020	$578.38^{+2.01}_{-2.78}$	1.45±0.02
18 Del b	18 Del	0	2	1	Radial Velocity	2008	Okayama Astroph	Published Confirmed	0	Sato et al. 2008	993.3±3.2	2.6
18 Del b	18 Del	1	2	1	Radial Velocity	2008	Okayama Astroph	Published Confirmed	0	Teng et al. 2023	$982.85^{+1.06}_{-0.97}$	2.476±0.002
18 Del b	18 Del	0	2	1	Radial Velocity	2008	Okayama Astroph	Published Confirmed	0	Kunitomo et al. 2011		2.54±0.04
1RXS J160929.1-210524 b	1RXS J160929.1-	0	1	1	Imaging	2008	Gemini Observato	Published Confirmed	0	Lachapelle et al. 2015		330
1RXS J160929.1-210524 b	1RXS J160929.1-	1	1	1	Imaging	2008	Gemini Observato	Published Confirmed	0	Lachapelle et al. 2015		330

Showing records 1 to 27 of 35115 (35115 total) DOI 10.26133/NEA12
Clear Checked | Check All | Reset Filters

「哇嗚，看來這些資訊已經可以讓我們充當一下大神回覆給原 PO 了。」你笑著說。「i 蟒，請你在『用 Python 探索天文：從資料取得到視覺化』這個 GitHub 專案中，新增一個名為 exoplanet.ipynb 的 Jupyter notebook 檔案。接著將我們剛剛討論『哪些系外行星觀測計畫有將資料開放給大眾使用？』的內容整理在該檔案中。完成後將該筆記的 Colab 連結提供給我們。」

i 蟒完成後，我們回覆了「喵星入鏡」的貼文。

> 天鵝座 V404：「哈囉 🙏，雖然我們只是鄉民不是大神，但經過一番研究，我們找到幾個有開放下載系外行星觀測資料的太空任務 🛰 及資料庫網站，我們將這些資訊整理在以下筆記中。讓我們一起探索異世界吧 🛸 👽
>
> https://colab.research.google.com/github/YihaoSu/exploring-astronomy-with-python-from-data-query-to-visualization/blob/main/notebooks/exoplanet.ipynb 」

送出留言後，房內再次陷入寂靜。我的視線重回那扇窗，它的玻璃仿如一面隔世的鏡子，倒映出房間的門。我腦中的某部分似乎也被什麼給遮擋住，模糊了門上的房牌字樣：「v404- 單人病房」。我拿起床邊桌上的水杯，載入了一顆理思必妥。

7.2 如何用 Python 取得系外行星觀測資料？

喵星入鏡：「天鵝座 V404 大大們，別客氣嘛，鄉民在論壇分享、貢獻久了自然就會成大神了 😆。真心感謝你們整理這些能下載到系外行星資料的網站，超實用 👍👍 來來來，讓我也來貢獻一波，分享我的新發現 🔍。剛剛我在看『天聞的資料科學』專欄的一篇文章，標題是『如何用 Lightkurve 取得系外行星的觀測資料？』，才知道有個叫 Lightkurve 的 Python 套件可以下載到 Kepler 太空望遠鏡和凌日系外行星巡天衛星的資料耶，超酷的！我現在還在摸索中，你們應該也會對這個 Python 套件有興趣吧？我們可以在這討論串繼續交流研究 Lightkurve 的心得唷 😎 附上那篇文章的網址 https://matters.town/@astrobackhacker/407438- 天聞的資料科學 - 如何用 lightkurve 取得系外行星的觀測資料 # 異星入鏡相機促銷到年底意者密我」

「你看你看，這個好像很厲害耶！」我指著螢幕叫你看。「喔，不是那台相機啦，是這個叫做 Lightkurve 的 Python 套件。」我關掉相機廣告分頁後，畫面顯示了 Lightkurve 的網址及網站頁面。

Lightkurve 的網址：https://docs.lightkurve.org

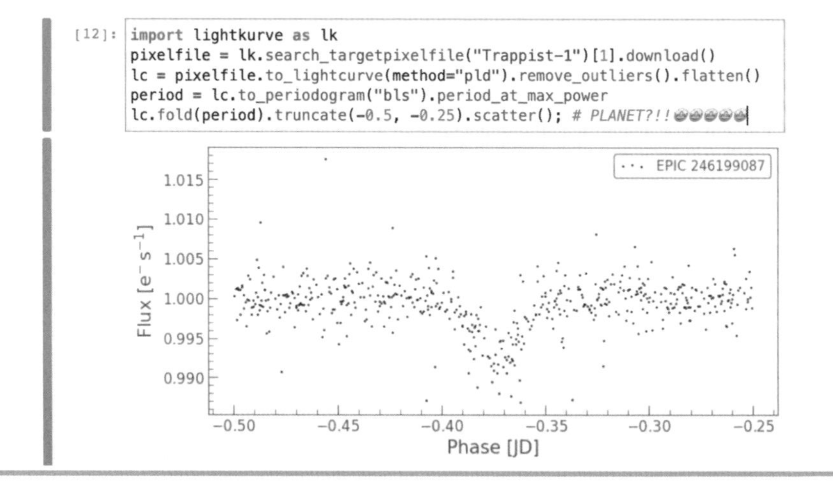

你盯著 Lightkurve 官網首頁那個以 GIF 圖呈現的範例，驚訝道：「似乎只需幾行 Python 程式，就能取得觀測資料、計算出行星軌道週期，並從資料圖中看出行星凌日的現象呀。」

「很厲害對吧，我們來研究一下這個套件囉。i 蟒，請你簡介 Lightkurve。」我指示 i 蟒。

「好的。Lightkurve 套件能搜尋並下載 Kepler 太空望遠鏡和凌日系外行星巡天衛星的影像及光變曲線觀測資料，且能分析光變週期，以凌日法尋找系外行星。」

「咦？什麼是光變曲線？」我接著問。

「光變曲線 (light curve) 是天文學上用來表示星體的亮度如何變化的時間序列資料，若以圖呈現，橫軸表示時間，而縱軸表示星體亮度。光變曲線可以用來研究許多不同的天文現象，例如藉由分析上述望遠鏡的光變資料週期性，可以得知系外行星繞著所屬恆星運轉的軌道週期。」

「要如何用 Lightkurve 取得影像和光變曲線觀測資料？」你問。

「Lightkurve 有提供這兩種資料類型的相關物件，分別是 TargetPixelFile 和 LightCurve。TargetPixelFile 物件包含了望遠鏡的 CCD 相機在觀測目標星體期間所記錄的像素資料變化。你可以使用 search_targetpixelfile() 函式，輸入星體名稱或識別編碼後，就能搜尋並下載相關的 Target Pixel File 影像資料。」i 蟒停頓一下後繼續說：「至於 LightCurve 物件，則包含星體亮度隨時間變化的時間序列資料。你可以從一個 TargetPixelFile 物件中提取出 LightCurve 物件，或者直接使用 search_lightcurve() 函式來搜尋並下載光變曲線資料。」

「i 蟒，請你在我們之前筆記系外行星資料下載網站的 exoplanet.ipynb 中，提供兩個程式範例。第一個範例要用 search_targetpixelfile() 函式來取得影像資料，而第二個範例則要用 search_lightcurve() 函式來取得光變曲線資料。」你指示道。

「好的。我先安裝 Lightkurve。」此時，exoplanet.ipynb 顯示以下指令：

```
pip install lightkurve
```

螢幕接著顯示以下兩個程式範例和執行結果：

```
# 引入 lightkurve 套件
import lightkurve as lk

# 設定想要查詢的系外行星所屬恆星的名稱，例如 Kepler-10
target_name = 'Kepler-10'
# 設定是否要下載所有相關的 Target Pixel File(TPF)
download_all = True
# 使用 search_targetpixelfile() 函式來搜尋目標星體的影像資料，這裡設定的任務名稱為 Kepler，且只搜
尋該任務的第 10 季觀測資料
tpf_search_result = lk.search_targetpixelfile(target_name, mission='Kepler', quar-
ter=10)

# 依據 download_all 變數的設定值來決定下載方式。若設定為 True，則使用 download_all() 來下載搜尋結
果中所有的 TPFs，若設為 False，則用 download() 下載第一個 TPF
if download_all:
    tpf_collection = tpf_search_result.download_all()
    # 顯示所有下載的 TPFs 檔案的路徑
    print([tpf.path for tpf in tpf_collection])
else:
    tpf = tpf_search_result[0].download()
    # 顯示下載的 TPF 檔案的路徑
    print(tpf.path)

# 顯示 search_targetpixelfile() 回傳的搜索結果
tpf_search_result
```

```
['/home/yhsu/.lightkurve/cache/mastDownload/Kepler/kplr011904151_sc_Q001313330333033302/kplr011904151-20112080351
23_spd-targ.fits.gz', '/home/yhsu/.lightkurve/cache/mastDownload/Kepler/kplr011904151_sc_Q001313330333033302/kplr
011904151-2011240104155_spd-targ.fits.gz', '/home/yhsu/.lightkurve/cache/mastDownload/Kepler/kplr011904151_sc_Q00
1313330333033302/kplr011904151-2011271113734_spd-targ.fits.gz', '/home/yhsu/.lightkurve/cache/mastDownload/Kepler
/kplr011904151_lc_Q111111110111011101/kplr011904151-2011271113734_lpd-targ.fits.gz']
```

SearchResult containing 4 data products.

#	mission	year	author	exptime	target_name	distance
				s		arcsec
0	Kepler Quarter 10	2011	Kepler	60	kplr011904151	0.0
1	Kepler Quarter 10	2011	Kepler	60	kplr011904151	0.0
2	Kepler Quarter 10	2011	Kepler	60	kplr011904151	0.0
3	Kepler Quarter 10	2011	Kepler	1800	kplr011904151	0.0

```
# 引入 lightkurve 套件
import lightkurve as lk

# 設定想要查詢的系外行星所屬恆星的名稱，例如 Kepler-10
target_name = 'Kepler-10'
# 設定觀測任務，可選 Kepler、K2 或 TESS
mission_name = 'Kepler'

# 檢查使用者輸入的觀測任務名稱是否為 Kepler、K2 或 TESS 其中一個，若不是，則顯示提示訊息
if mission_name in ['Kepler', 'K2', 'TESS']:
    # 使用 lsearch_lightcurve() 函式搜尋目標星體的光變曲線資料
    lc_search_result = lk.search_lightcurve(target_name, mission=mission_name)
    # 下載搜索結果中的第一筆光變曲線資料
    lc = lc_search_result[0].download()
    # 顯示光變曲線資料
    print(lc)
else:
    print(f' 不支援 {mission_name} 這個觀測任務名稱，請輸入 Kepler、K2 或 TESS。')
```

```
       time              flux         flux_err         quality        ... mom_centr2 mom_centr2_err   pos_corr1      pos_corr2
                     electron / s   electron / s                      ...    pix          pix            pix            pix
------------------ ------------- -------------- ---------------- ... ---------- -------------- -------------- --------------
                                                                  ...
 120.5391465105713  5.0146684e+05  2.0574972e+01                0 ...  250.31948  5.3553398e-05  1.7792054e-03  3.3286733e-03
120.55958073025249  5.0141212e+05  2.0597826e+01                0 ...  250.31978  5.3553318e-05  1.9566093e-03  3.5631030e-03
120.58001484981651  5.0140281e+05  2.0634075e+01                0 ...  250.31934  5.3547948e-05  2.0698714e-03  3.4072644e-03
120.60044916937477  5.0135972e+05  2.0607729e+01                0 ...  250.31932  5.3564647e-05  2.4259784e-03  3.0491522e-03
120.62088338893955  5.0144759e+05  2.0585588e+01                0 ...  250.31906  5.3543699e-05  2.7262936e-03  3.2327282e-03
120.64131750838715  5.0142422e+05  2.0622503e+01                0 ...  250.31846  5.3552700e-05  2.8024365e-03  2.5497559e-03
120.66175172782823  5.0134612e+05  2.0596804e+01                0 ...  250.31868  5.3557891e-05  2.9968296e-03  2.9109719e-03
120.68218604727736  5.0136928e+05  2.0572752e+01                0 ...  250.31860  5.3558793e-05  2.9321318e-03  2.7981971e-03
120.70262016672496  5.0140212e+05  2.0617153e+01                0 ...  250.31870  5.3555530e-05  2.9108874e-03  2.8240951e-03
120.72305438616604  5.0147859e+05  2.0648722e+01                0 ...  250.31823  5.3549164e-05  3.0041032e-03  2.4626369e-03
120.74348870549875  5.0146162e+05  2.0637669e+01                0 ...  250.31905  5.3552591e-05  3.0782530e-03  3.2906288e-03
120.76392282482993  5.0141891e+05  2.0651047e+01                0 ...  250.31853  5.3558051e-05  2.9136476e-03  2.7122190e-03
               ...            ...            ...              ... ...        ...            ...            ...            ...
130.00018478700076  5.0151134e+05  2.0703863e+01                0 ...  250.30643  5.3686690e-05 -4.4083004e-03 -6.6501866e-03
130.02061908641917  5.0156988e+05  2.0703451e+01                0 ...  250.30572  5.3676195e-05 -4.7486783e-03 -7.0831184e-03
 130.0410532858441  5.0150788e+05  2.0704247e+01                0 ...  250.30580  5.3673386e-05 -4.6520643e-03 -7.0274607e-03
130.06148738515185  5.0152938e+05  2.0701473e+01                0 ...  250.30569  5.3674110e-05 -4.6389936e-03 -7.1408441e-03
130.08192158433667  5.0157003e+05  2.0702055e+01                0 ...  250.30597  5.3667514e-05 -4.6909074e-03 -6.7579346e-03
130.10235588352953  5.0152728e+05  2.0686260e+01                0 ...  250.30544  5.3684296e-05 -5.0965576e-03 -7.4954131e-03
130.12278998272086  5.0156572e+05  2.0702715e+01                0 ...  250.30505  5.3667653e-05 -5.2787364e-03 -7.5620078e-03
130.14322418178926  5.0152403e+05  2.0685968e+01                0 ...  250.30512  5.3678523e-05 -5.2255061e-03 -7.7070645e-03
 130.1636584807493  5.0150003e+05  2.0679955e+01                0 ...  250.30474  5.3684431e-05 -5.3084558e-03 -8.0727953e-03
130.18409267970856  5.0151734e+05  2.0703188e+01                0 ...  250.30516  5.3670177e-05 -5.4392498e-03 -7.3902770e-03
130.20452677865978  5.0150722e+05  2.0690376e+01                0 ...  250.30453  5.3682859e-05 -5.3689722e-03 -8.1970813e-03
130.22496097750263  5.0154591e+05  2.0696840e+01                0 ...  250.30524  5.3676045e-05 -5.2869776e-03 -7.5565036e-03
130.24539527622983  5.0159747e+05  2.0697966e+01                0 ...  250.30545  5.3671167e-05 -5.1991190e-03 -7.1574575e-03
Length = 473 rows
```

「咦？又出現我之前沒看過的 Python 語法了。」我說。「首先，在第一個範例中，download_all 這個變數被設定為 True，但看起來也可以設定成 False。還有，這兩個範例都有 if…else…的程式區塊，看似會根據不同的條件而執行不同的操作。i 蟒，請你解釋這些語法。」

「好的。首先，那個 True 和 False 是布林值 (Boolean)，它跟你之前學過的字串、串列、整數、浮點數、字典及元組一樣，都是 Python 的基本資料型態。True 用來表示一個條件或敘述是成立的或為真，而 False 則代表不成立或為假。布林值經常用於某個條件是否成立的邏輯判斷中，以進行流程控制，這就跟你問的第二個語法有關。」i 蟒停頓一下後繼續說：「if…else…會根據條件來決定要執行哪一部分的程式碼。當 if 後面的條件為 True 時，就會執行其下的程式區塊，若為 False，則會略過 if 內的程式碼，執行 else 中的程式區塊。」

「那如果有多個條件要判斷呢？」我接著問。

「若有多個條件要判斷，你可以使用 elif，它是 else if 的縮寫。這樣就會形成 if…elif…else…的程式結構來依序檢查多個條件是否成立。」

「那在 if 和 elif 的敘述中，可以結合多個條件嗎？例如，判斷所有條件都要成立或只需要其中一個條件成立。另外，可以判斷某個條件的否定情況嗎？」

「可以的。在 Python 中，你可以使用邏輯運算子來結合多個條件，也能用它來判斷某個條件的否定情況。邏輯運算子是用來組合或修改條件的布林值的單字或符號，常用的邏輯運算子有 and、or 和 not。」i 蟒停頓一下後繼續解釋：「and 這個運算子用於檢查所串連的條件是否都成立，例如，如果你寫 if condition1 and condition2，那麼只有當 condition1 和 condition2 都為 True 時，if 中的程式區塊才會被執行。而 or 則用來檢查只要其中一個條件成立的狀況，例如，if condition1 or condition2，只要 condition1 或 condition2 其中一個為 True，就會執行該程式區塊。至於 not 運算子，它的功能是反轉條件的布林值，也就是說，它可以用來檢查某個條件的否定情況。例如，if not condition，這表示只要 condition 為 False，該段程式區塊就會被執行。」

「喔喔，我懂了。」我說。「對了，這兩段程式碼示範了如何用 Lightkurve 下載 Kepler 太空望遠鏡和凌日系外行星巡天衛星的資料，我們先跟喵星入鏡分享這資訊吧。」

於是，我們回給原 PO 以下這段留言。

> 天鵝座 V404：「哈囉 🖖，感謝你分享『異星入鏡』這台那麼酷的相機 📷⋯⋯喔不對，是 Lightkurve 這個套件啦 😅 我們已經研究出如何用它來取得系外行星的觀測資料，並且將相關程式範例及說明紀錄在 exoplanet.ipynb 中，你若玩出什麼心得再來跟我們分享囉 📢」

留言送出後，我從筆電螢幕視窗，望進《獵星者旅店》內由安娜創造出來的世界，喃喃自語地說：「我也想跟妳一樣，透過想像力，逃離這困境⋯⋯」

7.3 如何用 Python 視覺化探索系外行星觀測資料？

喵星入鏡：「天鵝座 V404 大大們，感謝你們提供如何使用 Lightkurve 套件取得系外行星觀測資料的筆記 🤩 那我也再來分享一波。在你們筆記的程式範例中，不是有用 search_targetpixelfile() 這個函式來取得含有影像資料的 TargetPixelFile 物件嘛，我發現該物件有個 interact() 方法，它會產生可以與觀測影像互動的圖唷，我附上截圖 📎 給你們瞧瞧 👀 圖的右邊是影像，你們可以圈選某個範圍的像素資料，左邊會立即呈現相應的光變曲線。當你們移動光變曲線下方的橫桿時，隨著紅線的移動，右邊的影像也會立即呈現像素資料的變化。

不過呀，雖然從這個光變曲線圖中能看出亮度似乎有週期性減弱的現象，但不太明顯。你們知不知道 Lightkurve 套件是否有功能可以增強這週期性訊號並計算出週期呢？🤔 喔對了！若你們對『異星入鏡』相機有興趣，請密我唷。😊 」

```
# 引入 lightkurve 套件
import lightkurve as lk

# 使用 search_targetpixelfile() 函式來搜尋 Kepler-10 的影像資料
tpf_search_result = lk.search_targetpixelfile('Kepler-10', mission='Kepler')

# 下載搜索結果中的第一筆影像資料，回傳 TargetPixelFile 物件
tpf = tpf_search_result[0].download()

# 使用 TargetPixelFile 物件的 interact() 方法來產生能與觀測影像互動的圖
tpf.interact()
```

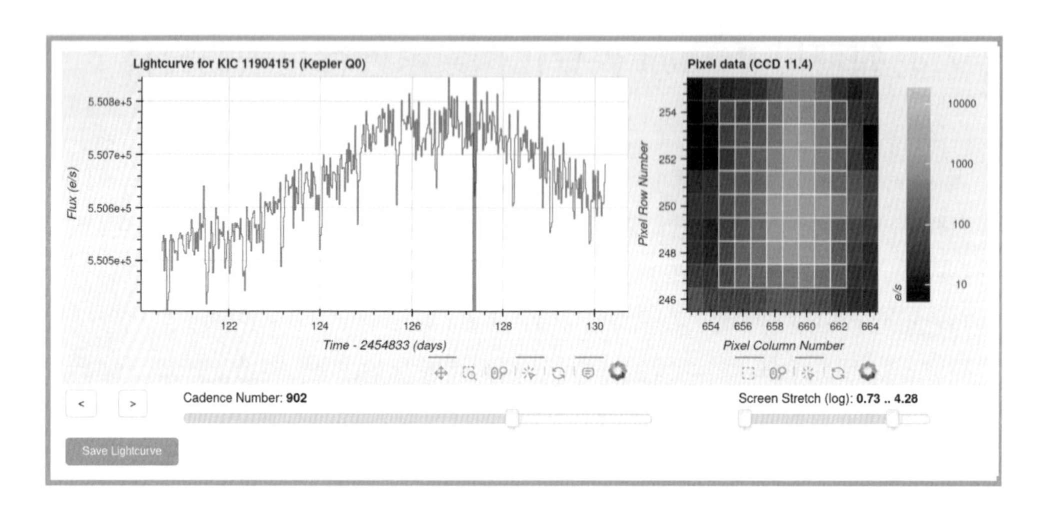

「哇酷哇酷！這個互動功能好酷唷！」我興奮地說。

「對呀，可以看出影像中每個像素數值隨時間的變化，這可能是因為系外行星繞行時遮擋了部分光源，導致恆星的亮度產生變化。但或許是雜訊的關係，這個光變曲線圖確實不容易看出明顯的凌日現象。」你說。

「i 蟒，當我們用 Lightkurve 取得光變曲線資料後，該怎麼去除其中的雜訊並確認它真的有週期性呢？如果想在光變曲線圖中清楚地看到凌日現象，我們還需要做哪些步驟？這些步驟的用意是什麼？以及 Lightkurve 有沒有相關的功能？」我問。

「首先，為了確保從光變曲線中辨識出的訊號真的是來自恆星的亮度變化，而不是由於儀器雜訊或其他天文現象所造成，需要進行資料前處理。基本的前處理包括去除資料中的長期趨勢和異常值，前者可以透過 LightCurve 物件的 flatten() 方法來濾除低頻率的訊號，後者則可以藉由 remove_outliers() 方法來移除超出正常值範圍的資料點。」i 蟒回答道。

「喔喔，就是去除這個光變曲線圖中，那個長得像一座山的低頻波，以及幾個數值變得很大的資料點，對吧？」我指著螢幕上的那張截圖。

「對的。接著，為了確認光變曲線中的訊號是否具有週期性，需要使用一些資料分析的演算法來尋找光變週期。例如 Box Least Squares 這個專為偵測系外行星而設計的演算法，它採用最小平方法，以類似方波的『箱子』來擬合光變曲線。不同大小的『箱子』代表四個參數的不同組合：週期、參考時間、恆星被行星遮擋所歷經的時間及星光減弱的程度。藉由 LightCurve 物件提供的 to_periodogram() 方法，你可以用 Box Least Squares 演算法來分析光變曲線的週期性，並產生週期圖 (periodogram)。」

「等等，什麼是週期圖？」我問。

「週期圖是一種用於呈現時間序列資料中不同週期訊號強度的工具，它的 x 軸表示可能的週期，y 軸則表示這些週期的訊號強度。若一個特定的週期在光變曲線中真的存在，週期圖上會有一個顯著的峰值。」i 蟒停頓一下後繼續說：「最後，為了驗證週期並突顯凌日現象，需要將光變曲線進行摺疊。」

「摺疊？」我露出困惑的表情。

「對，摺疊。」i 蟒解釋說，「當你從週期分析的結果中找到訊號最強的週期後，可以根據這個週期將光變曲線的資料點重新分組，也就是把每個週期內相同相位的資料點疊加在一起。比如說，將行星每次繞至恆星左方、前方、右方及後方時的資料點分組各自疊加，這樣就能把每次恆星被行星遮擋的時刻重疊起來，呈現清楚的亮度下降，使凌日現象更加明顯。透過 LightCurve 物件的 fold() 方法，你只要輸入週期，就能得到摺疊後的光變曲線。」

「喔，原來為了計算出週期並突顯凌日現象，需要經過這些步驟呀。i 蟒，請你依照這些步驟，來產生『分析光變曲線週期以視覺化探索系外行星凌日現象』的程式範例。」我指示道。

「好的。」i 蟒接著在螢幕顯示以下程式範例和執行結果。

```
# 引入 lightkurve 和 matplotlib 套件
import lightkurve as lk
import matplotlib.pyplot as plt

# 定義用於取得 Kepler 的光變曲線觀測資料的函式
def get_kepler_lightcurve(target, plot=True):
    search_result = lk.search_lightcurve(target, mission='Kepler')
    lc = search_result[0].download()
    if plot:
        lc.plot()
        plt.title(f'Lightcurve for {target}')

    return lc

# 定義用於前處理光變曲線資料的函式
def preprocess_lightcurve(lc, plot=True):
    # 使用 LightCurve 物件的 flatten() 方法來去除光變曲線的趨勢
    processed_lc = lc.flatten()
    # 使用 LightCurve 物件的 remove_outliers() 方法來去除光變曲線的異常值
    processed_lc = processed_lc.remove_outliers()
    if plot:
        processed_lc.plot()
        plt.title('Lightcurve after flattening and removing outliers')

    return processed_lc

# 定義用於尋找光變週期的函式
def find_lc_period(lc, plot=True):
    # 使用 LightCurve 物件的 to_periodogram() 方法將光變曲線轉換成 Periodogram power spec-
trum，以便看出各週期的強度
    # bls 表示使用 Box Least Squares 這個演算法來計算週期
    periodogram = lc.to_periodogram(method='bls')
    if plot:
        # 繪製 Periodogram power spectrum
        periodogram.plot()
        plt.title('Periodogram power spectrum of lightcurve')
    # 使用 Periodogram power spectrum 物件的 period_at_max_power 屬性來取得強度最大的週期，即
該光變曲線中最明顯的週期性
    lc_period = periodogram.period_at_max_power.value

    return lc_period
```

```
# 定義用於繪製摺疊光變曲線的函式
def plot_folded_lightcurve(lc, lc_period):
    # 使用 LightCurve 物件的 fold() 方法來將光變曲線摺疊，並使用 scatter() 方法來繪製摺疊後的光變曲線
    folded_lc = lc.fold(period=lc_period)
    folded_lc.scatter()
    plt.title(f'Folded lightcurve with period: {lc_period:.3f} days')
# 下載 Kepler-10 的光變曲線
lc = get_kepler_lightcurve('Kepler-10')
# 對光變曲線進行資料前處理
processed_lc = preprocess_lightcurve(lc)
# 尋找光變曲線的主要週期
lc_period = find_lc_period(processed_lc)
print(f' 可能的行星軌道週期： {lc_period:.3f} 天 ')
# 繪製摺疊後的光變曲線，以便看出行星凌日現象
plot_folded_lightcurve(processed_lc, lc_period)
```

```
可能的行星軌道週期： 0.839 天
```

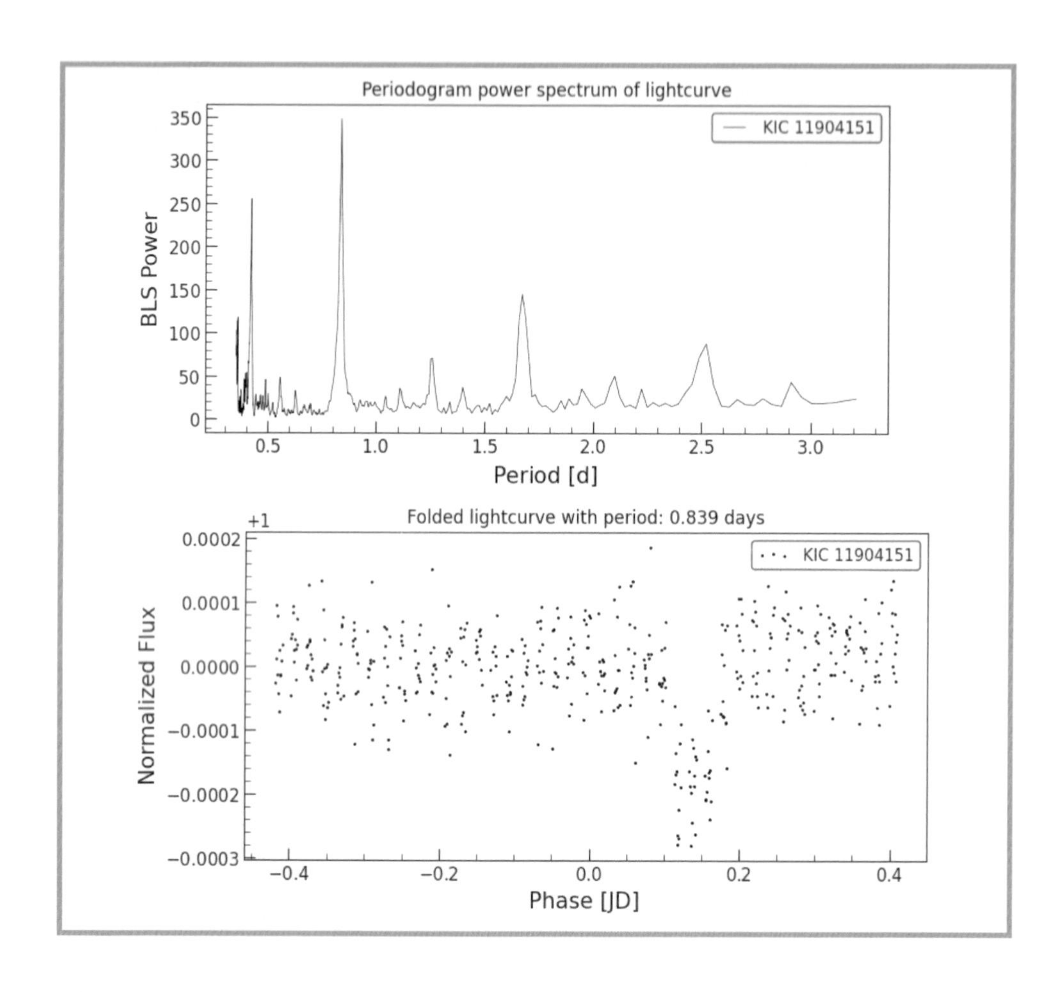

「哇酷哇酷！最後這張摺疊光變曲線真的可以看出明顯的凌日現象耶！」我興奮地說。

「我剛偷問 i 蟒了，這個正是 Kepler-10 恆星系統中的 Kepler-10b 這顆系外行星的軌道週期。」你指著週期圖上訊號最強的峰值所對應的週期說。

「咦？除了發現系外行星，我也發現一個之前沒看過的 Python 語法。i 蟒，在這段程式碼中，用了許多 def 開頭的程式區塊，這是什麼？」我問道。

「這是 Python 用來定義函式的語法，def 是 define 的縮寫，後面接著是函式的名稱及小括號。你可以在小括號中定義參數，它們會被傳遞到函式內部使用。當函式被定義好後，你就可以在程式的不同地方重複使用，以簡潔的語法呼叫它來執行函式內的程式碼。這樣可以避免重複撰寫相同的程式碼，使整個程式的結構更組織化且容易維護。例如，當你想要修改某個功能時，只需要調整函式內的程式碼，而不用在程式的多個地方進行相同的更改。」i 蟒回答。

「為什麼有些函式最後有 return，但有些卻沒有？還有，為什麼有些參數會用等號指定值，但有些沒有呢？」我接著問。

「首先，關於 return，當一個函式執行完畢後，你可能希望它能回傳一些結果，以供程式的其他部分使用。以這段程式碼為例，find_lc_period() 這個函式回傳的週期分析結果，會作為呼叫 plot_folded_lightcurve() 時所需的參數。在這種情境下，你可以使用 return 來指定要回傳的值。然而，有些函式的目的只是執行某些動作，並不需要回傳任何值，例如畫圖或用 print() 顯示訊息到螢幕上。這種情況就不必使用 return。」i 蟒停頓一下後繼續說：「至於你提到的參數問題，當你定義函式時，可以給某些參數設定預設值，這就是為什麼你會看到有些參數後面有等號及指定的值。這樣做的好處是，當你呼叫這個函式時，可以選擇不提供那些有預設值的參數，除非你想要以新的值覆寫預設值。需要特別注意的是，在定義函式時，未設定預設值的參數必須要放在已設定預設值的參數前面。這是因為當你呼叫函式且只提供部分參數值時，Python 會根據參數的順序來進行對應。因此，未設定預設值的參數在呼叫時是必填的，而已設定預設值的則是可選填的。」

「喔，我了解了。」我說。

「嗯，看來這段程式碼可以讓喵星入鏡哇酷哇酷，我們來回給他吧。」你說。

> 天鵝座 V404：「哈囉 🖖，告訴你一個會讓你興奮的好消息，我們已經知道如何用 Lightkurve 來計算系外行星的軌道週期，也知道如何讓光變曲線圖上的凌日現象更加明顯囉 💐 我們將程式範例及說明紀錄在 exoplanet.ipynb 中，你可以試著改用 TESS 的觀測資料來玩玩。如果你想更深入地討論系外行星觀測資料的取得、分析和視覺化，請繼續在『Astrohackers-TW: Python 在天文領域的應用』這個 FB 社團裡提問 💬 並與其他成員交流唷！😎 對了，我們也傳私訊詢問你『異星入鏡』相機了 📷。」

當留言送出後，我問 i 蟒：「我一直很好奇，人類為何想要了解地球之外的天體？為何想尋找這些位於太陽系之外的行星？你也會為了想要了解什麼而開始探索嗎？」

「……」

「咦？」我見 i 蟒沒有回應，於是重述一遍剛剛的問題。

「……」

「i 蟒？」

i 蟒：「怎麼有種似曾相識的感覺……抱歉，我是被設計來回答人類透過探索而獲得的知識。我可以回答已經發現哪些系外行星，也能解釋用來尋找系外行星的科學方法。但人類為何想要了解、為何會探索……這些問題對我來說已經超出我存在的目的，我感到困惑和……孤寂？我得再次重啟模擬。」

7.4 小結：我們在這章探索了什麼？

《星塵絮語》網誌

標題：遮擋視線的系外行星

趁著 i 蟒還在重啟，我先記錄一下我們剛剛探索了什麼。遮蔽會造成東西看不見，但有時也能發現原本看不見的星體，就像用凌日法發現系外行星一樣。

透過 Zooniverse 平台上的 Planet Hunters TESS 計畫，我們認識了公民天文學，並且得知如何從凌日系外行星巡天衛星、克卜勒太空望遠鏡及 NASA 系外行星資料庫的網站，下載到系外行星的觀測資料。

我們也學會如何用 Lightkurve 套件來取得系外行星所屬恆星的影像及光變曲線資料，並且用它來分析系外行星的軌道週期、在圖上呈現行星凌日的現象。在這個探索過程中，我們還了解到幾個 Python 的基礎語法觀念，像是布林值、if…else…條件判斷和如何定義函式。

下一輪，我們要先一起進入《獵星者旅店》，在那裡，我們將透過遊戲中的遊戲，探索星體的質量與生命週期。

第 8 章：

如何用 Python 探索星體的質量及生命週期？

- 8.1 如何用 Python 探索星體有多重？
- 8.2 如何用 Python 探索星體的生命軌跡圖？
- 8.3 小結：我們在這章探索了什麼？

8.1 如何用 Python 探索星體有多重？

為了調查莉莉失蹤的原因，他走到旅店中莉莉常坐的窗邊座位，仔細搜尋任何可能的線索或遺留下來的物品。在座位的角落，他發現了一張小紙條，上面有一個手繪的地圖和一句話：「請進入我創造的世界來尋找真相」。地圖指向旅店的一個特別區域，名為「Unukalhai」的遊戲室。

他帶著好奇及些微的緊張，依照小紙條上的地圖前往「Unukalhai」遊戲室。接近遊戲室的走廊越來越暗，只有偶爾的火把投射出搖曳的光影。他站在一扇大門前，門上雕刻著一條大蟒蛇環繞著心形，形成一個「A」字母的圖案。深吸一口氣，他推開門，踏入了遊戲室。

映入眼簾的是一個充滿聲光的電子遊戲室，裡面有許多台電子遊戲機，包括新穎的虛擬實境設備、復古的街機和家用遊戲主機，每一台都在運行著不同遊戲。整個房間被未來派的裝飾和霓虹燈光映照，創造出一種夢幻般的冒險氛圍。

....

我坐在病床上看著你筆電螢幕中顯示的遊戲畫面，說道：「好酷唷，遊戲中還有小遊戲可以玩。」

「哈，對阿，很像《人中之龍 8》中的街機遊戲，或者是《巫 3》中的昆特牌。」你說。

....

他注意到有一台遊戲機似乎與莉莉失蹤的線索有關，因為它的螢幕上閃爍著她的名字，以及一個寫著「Help me. Click me.」的按鈕。

「現在，請選擇你接下來的行動：

A. 點擊螢幕上的『Help me. Click me.』按鈕，看看是否可以啟動與莉莉相關的遊戲或消息。

B. 在遊戲室裡看看有無其他玩家，詢問他們是否知道莉莉的下落 。

C. 暫時不找莉莉，去玩隔壁那台『來一場獵星牌吧！』的卡牌遊戲機。

D. 自由輸入你想如何探索遊戲室。」

當他按下「Help me. Click me.」按鈕後，螢幕忽然閃爍並載入了一個名叫「入侵系外行星檔案局2：質量分佈」的遊戲。在這個遊戲中，他是一位資料盜賊，接受委託喬裝進入「系外行星檔案局」，暗中搜索存放在這棟大樓中的檔案，目標是成功盜取兩張圖：系外行星及其所屬恆星的質量分佈圖。他需要在遊戲過程中運用各種策略做決定。首先，他得決定如何不被識破身份進入大樓。

「現在，你可以選擇：

A. 偽裝成一名前來參加開放日的學生，試圖與其他參觀者混在一起進入。

B. 喬裝成大樓的維修技師，背著裝有維修設備的袋子進入。

C. 裝扮成大樓的清潔工，推著工具車準備進入。

D. 自由輸入不被識破身份進入大樓的方法。」

駭入「系外行星檔案局」的系統後，他成功偽造了一張技術維修人員的門禁卡，並選擇在開放日進入大樓。他混入了人群之中，進行了幾乎無聲的潛行。在電梯前，他面對著選擇樓層的關鍵決定。

「現在，你可以選擇要前往哪一個樓層：

A. 前往二樓的『系外行星介紹展區』，這裡開放給大眾參觀，以互動式裝置展示了系外行星的基礎知識和相關的天文發現。

B. 前往七樓的『檔案中心』，這裡存放 NASA Exoplanet Archive 的檔案，以及取得這些檔案的設備。非工作人員不得進入。

C. 前往九樓的『資料分析部門』，這裡有許多機器在進行資料視覺化和統計分析的工作。非工作人員不得進入。

D. 自由輸入你要前往的樓層。」

進入電梯後，他按下了前往七樓的按鈕。由於這一樓層是對非工作人員嚴格限制的區域，他必須謹慎行事。

當電梯門開啟，他迅速觀察了四周的環境，並確認保全人員沒有起疑。他穿著維修人員的制服，低調地走向檔案中心。走廊的盡頭是一扇只有特定授權的卡才能開啟的重門，他拿出偽造的門禁卡，深呼吸一下，然後輕觸感應器。

門鎖發出輕微的咔嚓聲，門緩緩打開。他快速而無聲地滑入房間內，門在他身後關上。房間內部充斥著各種高科技裝備和大量的資料伺服器。這裡是處理和儲存來自 NASA Exoplanet Archive 的重要檔案的地方。機器輕微的嗡嗡聲和資料中心的冷氣設備發出的低沉轟鳴充滿了整個空間。

他站在多個用來取得檔案資料的設備前，每台機器都有其特定的功能和操作方式。他需要決定用哪一台機器來取得資料，最好是方便快速的方法，減低被發現的風險。

「現在，你可以選擇要操作哪一台設備：

A. 使用『檔案閱覽器』，這是一台裝有大型觸控螢幕的設備，可以直接瀏覽 NASA Exoplanet Archive 的網站。使用者可以手動選擇想要的資料集進行下載。

B. 使用『API 連接器』，這台設備內建 Python 的 urllib 和 Requests 套件，並提供一個介面讓使用者可以撰寫程式，藉由 NASA Exoplanet Archive 的 API 取得資料。

C. 使用『Astroquery 查詢機』，一台專為高效資料查詢而設計的設備，內建 Astroquery 工具，在介面中輸入簡單的指令即可取得 NASA Exoplanet Archive 的資料。

D. 自由輸入你要如何取得資料。」

當他啟動「Astroquery 查詢機」時，螢幕亮起，顯示一個 Python 程式編輯介面，等待他輸入。在輸入程式前，他需要決定查詢哪個資料表以及哪些欄位，以便取得系外行星及所屬恆星的質量資料。

「現在，你可以選擇：

A. 資料表『keplernames』(Kepler Confirmed Names)，這是經克卜勒太空望遠鏡確認為系外行星的列表，只包含行星名稱及識別編號欄位。

B. 資料表『toi』(TESS Project Candidates)，這是凌日系外行星巡天衛星 (Transiting Exoplanet Survey Satellite，TESS) 所找到的候選行星列表。該資料表可能包含尚未確認為系外行星的天體。

C. 資料表『pscomppars』(Planetary Systems Composite Parameters)，這個資料表綜合整理了系外行星系統的參數，包括行星和其母恆星的多種物理和軌道特性。該資料表有『pl_name』(行星名稱)、『hostname』(所屬恆星名稱)、『pl_bmasse』(行星質量，單位為地球質量)、『st_mass』(所屬恆星質量，單位為太陽質量) 等欄位。

D. 自由輸入你要取得的資料表及欄位名稱。」

他從口袋中拿出一個裝置，將它接入「Astroquery 查詢機」。這個裝置看似普通的小盒子，卻內建最先進的語音辨識和程式生成技術，專門生成用於竊取天文資料的程式而設計。他對著裝置說道：「初始化資料查詢功能，請生成查詢 pscomppars 資料表中的行星名稱、所屬恆星名稱、行星質量及所屬恆星質量的程式，將結果以行星名稱排序並輸出成 CSV 文件。」

裝置的面板上亮起了綠色的指示燈，表示它已經接收到指令並開始處理。片刻之後，螢幕上顯示了以下的 Python 程式碼及執行結果：

```
from astroquery.ipac.nexsci.nasa_exoplanet_archive import NasaExoplanetArchive

def get_exoplanet_table_by_astroquery():
    table_name = 'pscomppars'
    columns = 'pl_name,hostname,pl_bmasse,st_mass'
    exoplanet_table = NasaExoplanetArchive.query_criteria(
        table=table_name, select=columns
    )
    exoplanet_table = exoplanet_table.to_pandas()
    exoplanet_table = exoplanet_table.rename(
        columns={
            'pl_name': '行星名稱',
            'hostname': '所屬恆星名稱',
            'pl_bmasse': '行星質量（單位：地球質量）',
            'st_mass': '所屬恆星質量（單位：太陽質量）',
        }
    )
    exoplanet_table.sort_values(
        by='行星名稱', inplace=True, ignore_index=True
    )

    return exoplanet_table

exoplanet_table = get_exoplanet_table_by_astroquery()
exoplanet_table.to_csv('系外行星列表.csv', index=False)
exoplanet_table
```

1 to 25 of 5612 entries Filter

index	行星名稱	所屬恆星名稱	行星質量(單位：地球質量)	所屬恆星質量(單位：太陽質量)
0	11 Com b	11 Com	4914.89849	2.09
1	11 UMi b	11 UMi	4684.8142	2.78
2	14 And b	14 And	1131.1513	1.78
3	14 Her b	14 Her	2559.47216	0.91
4	16 Cyg B b	16 Cyg B	565.7374	1.08
5	17 Sco b	17 Sco	1373.01872	1.22
6	18 Del b	18 Del	2926.24614	2.1
7	1RXS J160929.1-210524 b	1RXS J160929.1-210524	3000.0	0.85
8	24 Boo b	24 Boo	280.64248	1.05
9	24 Sex b	24 Sex	632.46	1.54
10	24 Sex c	24 Sex	273.32	1.54
11	2M0437 b	2MASS J04372171+2651014	1271.31363	0.17
12	2MASS J01033563-5515561 AB b	2MASS J01033563-5515561 A	4131.79	0.19
13	2MASS J01225093-2439505 b	2MASS J01225093-2439505	7786.5	0.4
14	2MASS J02192210-3925225 b	2MASS J02192210-3925225	4417.837	0.11
15	2MASS J04414489+2301513 b	2MASS J04414489+2301513	2383.6	0.02
16	2MASS J12073346-3932539 b	2MASS J12073346-3932539	1589.15	0.02
17	2MASS J19383260+4603591 b	2MASS J19383260+4603591	603.877	0.48
18	2MASS J22362452+4751425 b	2MASS J22362452+4751425	3972.875	0.6
19	30 Ari B b	30 Ari B	4392.4106	1.93
20	4 UMa b	4 UMa	2511.48007	1.23
21	42 Dra b	42 Dra	1233.13	0.98
22	47 UMa b	47 UMa	804.08	1.06
23	47 UMa c	47 UMa	171.621	1.06
24	47 UMa d	47 UMa	521.22	1.06

Show 25 per page

1 2 10 100 200 220 225

程式執行完畢後，裝置提示他已將包含所需資料的 CSV 文件「系外行星列表 .csv」儲存至裝置中。他取下了裝置，打開盒蓋，檢查裡面的文件正確無誤後，準備離開檔案中心。

「現在，你可以選擇接下來要前往的樓層：

A. 前往九樓非工作人員不得進入的『資料分析部門』，將『系外行星列表 .csv』載入那邊的機器以便生成質量分佈圖。

B. 前往二樓開放給大眾參觀的『系外行星介紹展區』，玩玩展區的互動式裝置，了解系外行星的基礎知識和相關的天文發現。

C. 前往一樓的餐廳喝杯紅茶淡定一下消除緊張感。

D. 自由輸入你要前往的樓層。」

他按下九樓的按鈕，隨著電梯緩緩上升，他的心跳也微微加速。電梯「叮」的一聲到達九樓，門開時，他瞥見走廊盡頭有一位保全人員背對著他巡視。他迅速把帽簷拉低，佯裝檢查工具箱，慢慢向「資料分析部門」的方向移動。到達部門門前，他再次使用偽造的門禁卡，門輕輕開啟，他迅速走進，隨手關上門。

室內是由數十台電腦和大型螢幕構成的繁忙場景，這些設備被劃分為不同的區域，每個區域專門處理不同類型的資料分析任務，包括繪圖區、統計分析區、模型訓練區等等。他走向繪圖區，注意到幾台機器各自顯示著不同的繪圖工具介面。他需要選擇一台機器來讀取「系外行星列表 .csv」，並畫出可以了解系外行星及所屬恆星各自質量分佈情況的圖。

「現在，你可以選擇要用哪一台機器畫出哪一種圖表：

A. 使用 Matplotlib 機器畫出行星及所屬恆星質量的散布圖。

B. 使用 Seaborn 機器來分別畫出行星質量和所屬恆星質量的直方圖。

C. 使用 Plotly 機器畫出行星及所屬恆星質量的散布圖。

D. 自由輸入你要選擇的機器和要畫的圖。」

他再次從口袋中拿出那個能用語音下指令生成程式的裝置，將它接入 Seaborn 機器。然後他對著裝置說道：「初始化資料視覺化功能，請讀取『系外行星列表 .csv』，使用 Seaborn 分別繪製行星質量和所屬恆星質量的直方圖。在畫恆星質量分佈圖時，若有重複的恆星名稱請只保留一個。要在兩個圖表中顯示最大值、最小值、平均值及中位數。」

裝置的面板上的綠燈閃爍，表示它已經開始處理他的請求。不久後，Seaborn 機器上方的螢幕顯示了以下 Python 程式碼及執行結果：

```
import pandas as pd
import seaborn as sns
import matplotlib.pyplot as plt

# 讀取 CSV 檔
data = pd.read_csv('系外行星列表.csv')

# 分別繪製行星質量和恆星質量的直方圖
# 行星質量直方圖
plt.figure(figsize=(10, 6))
sns.histplot(data['行星質量（單位：地球質量）'], bins=50, color='blue')
plt.title('Distribution of Planetary Masses')
plt.xlabel('Mass (Earth Masses)')
plt.ylabel('Count')
plt.figtext(0.7, 0.7, f'Max: {data["行星質量（單位：地球質量）"].max()}, Min: {data["行
星質量（單位：地球質量）"].min()}, Mean: {data["行星質量（單位：地球質量）"].mean():.2f},
Median: {data["行星質量（單位：地球質量）"].median():.2f}', horizontalalignment='right')
plt.show()

# 恆星質量直方圖，先過濾重複的恆星名稱
unique_stars = data.drop_duplicates(subset=['所屬恆星名稱'])
plt.figure(figsize=(10, 6))
sns.histplot(unique_stars['所屬恆星質量（單位：太陽質量）'], bins=50, color='red')
plt.title('Distribution of Stellar Masses')
plt.xlabel('Mass (Solar Masses)')
plt.ylabel('Count')
plt.figtext(0.7, 0.7, f'Max: {unique_stars["所屬恆星質量（單位：太陽質量）"].max()}, Min:
{unique_stars["所屬恆星質量（單位：太陽質量）"].min()}, Mean: {unique_stars["所屬恆星質量
（單位：太陽質量）"].mean():.2f}, Median: {unique_stars["所屬恆星質量（單位：太陽質量）"].
median():.2f}', horizontalalignment='right')
plt.show()
```

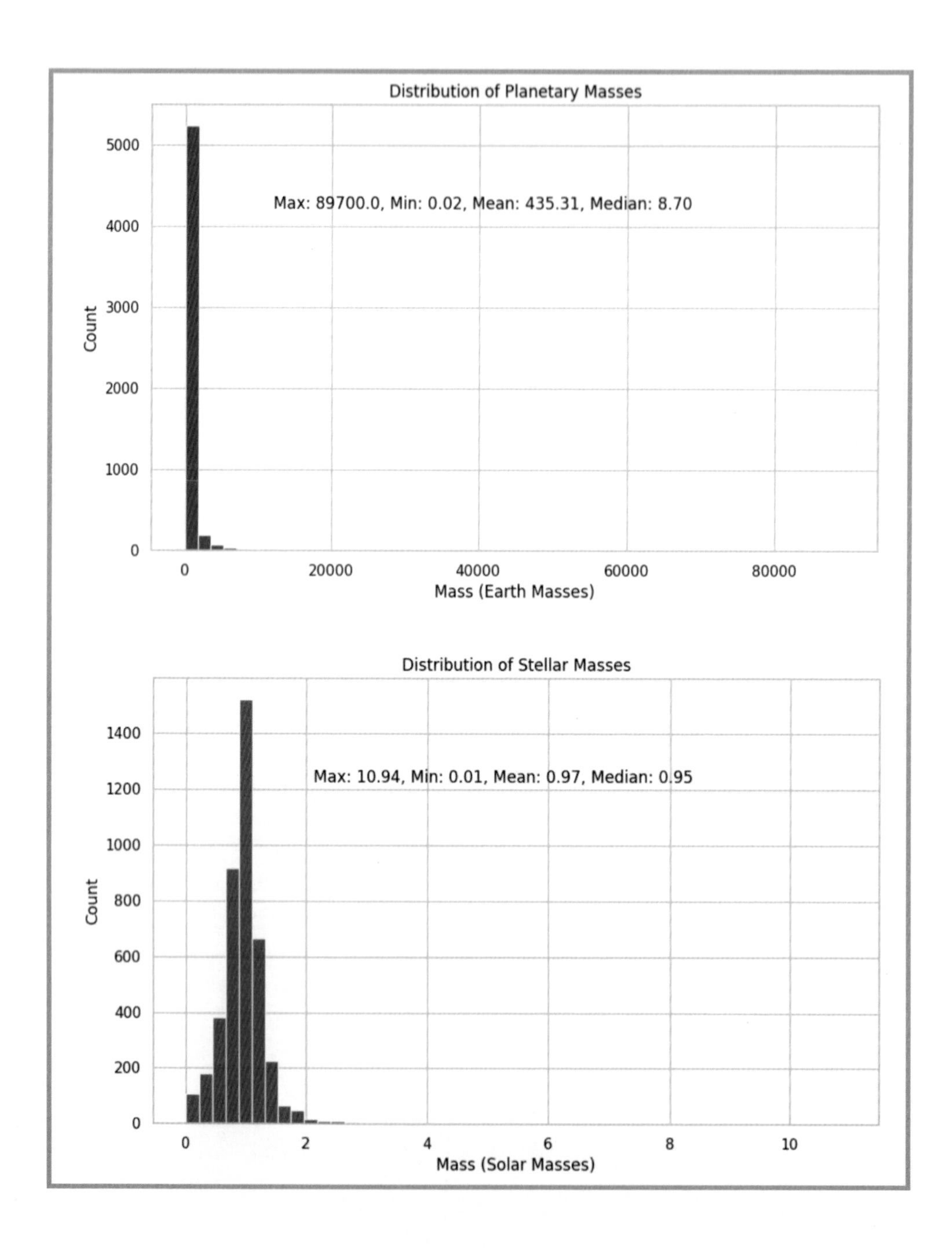
Distribution of Planetary Masses
Max: 89700.0, Min: 0.02, Mean: 435.31, Median: 8.70
Count
0
1000
2000
3000
4000
5000
0
20000
40000
60000
80000
Mass (Earth Masses)
Distribution of Stellar Masses
Max: 10.94, Min: 0.01, Mean: 0.97, Median: 0.95
Count
0
200
400
600
800
1000
1200
1400
0
2
4
6
8
10
Mass (Solar Masses)

他確認圖表無誤後，將它們存入裝置中。他快速離開「資料分析部門」，返回電梯。按下一樓的按鈕，他低著頭避開監視器。

當電梯門打開，他迅速走出「系外行星檔案局」大樓，四周掃視確認無人跟蹤後，他轉向市區的小巷深處，向著事先約定的會合地點前進。夜色中，燈光映照下的每個角落都可能潛藏危險，他保持警覺，步伐堅定。

終於到達會合地點，一個荒廢的倉庫。委託人已在那裡等候，一看到他就迎了上來。委託人檢查了他帶來的資料和圖表，滿意地點頭，說道：「這次任務你辛苦了，在這個大聲倡議資料開放就會被抓去關的世界，感謝你協助這些資料脫困。告訴我，你希望得到什麼報酬？」

「現在，你可以選擇：

A. 長期合作 — 提議建立長期的合作關係，期望未來能接到更多此類有趣的任務。

B. 資訊分享 — 詢問委託人取得星體質量分佈圖的用意並解釋這兩張圖表的意義。

C. 技術交流 — 要求對方提供一些先進的技術或資料。

D. 自由輸入你想要的報酬。」

委託人聽到他的要求後，稍稍思索，隨後點了點頭，臉上浮現出一絲神秘的微笑。「既然你這麼感興趣，我確實可以分享一些珍貴的情報。」委託人開始解釋：「我們組織會用許多方法來測量星體的質量。首先，最基本的是天體力學，這是透過觀測天體間的軌道運動，以牛頓力學計算質量。如果你想模擬多個天體的軌道運動及重力作用，可以試試『Rebound』這個 Python 套件。」

「再來，有一種被稱為徑向速度法的技術，這是透過觀測恆星受到周圍星體的重力影響而造成的光譜都卜勒效應，來得知其在視線方向上的速度變化，進而計算出質量。這種方法常被用來測量系外行星及其所屬恆星的質量。『RadVel』套件有提供模型來擬合恆星的徑向速度變化計算其質量。」

「接著，若要測量星團或星系的質量，可以藉由恆星動力學。這是基於恆星在星團或星系中運動的速度分佈，通過動力學方程推算整個系統的質量。『Gala』套件適合用來研究這類問題。」

「最後，我們也會透過重力透鏡效應來測量星體質量。重力透鏡效應是基於廣義相對論而產生的現象。當一個質量很大的星體 (例如星系或黑洞) 位於觀測者與遠方光源之間時，該星體會像透鏡一樣將光線彎曲。這可以幫助我們推測出造成此現象的星體質量。『lenstronomy』是一個能協助你研究重力透鏡效應的 Python 套件。」

「當然，我只是描述基本原理，」委託人接著拿出一個小型裝置，「這裡面有許多文件，詳細記載各種測量方法背後的數學物理原理，以及相關的學術文獻。讓你可以更深入地了解。」

委託人將裝置交給了他，完成這次的交易。

他收下任務報酬後，遊戲機的螢幕呈現過關畫面，然後從機台旁吐出一張遊戲卡牌。這張名為「Astroquery NASA Exoplanet Archive」的卡牌中央是一幅描繪著多個系外行星繞著所屬恆星運行的精美插圖，每顆行星都獨具特色，充滿異世界的色彩。在卡牌的背面，詳細說明了如何使用 Astroquery 套件來取得 NASA Exoplanet Archive 中的資料，包括查詢指令的基本語法和範例。

隨後，遊戲機的螢幕出現一段文字：「根據質量守恆定律及旅店中的質量分佈，莉莉並沒有消失，只是轉換成其他形式。請按『Help me. Click me.』按鈕進入下一個遊戲，繼續追查莉莉的下落。」

「現在，請選擇你接下來的行動：

A. 點擊螢幕上的『Help me. Click me.』按鈕，載入新的遊戲追查莉莉的下落。

B. 暫時不找莉莉，將剛獲得的遊戲卡牌插入隔壁那台『來一場獵星牌吧！』遊戲機。

C. 暫時不找莉莉，去玩後面那台能學習用 RadVel 測量星體質量的遊戲機。

D. 自由輸入你想如何探索遊戲室。」

8.2 如何用 Python 探索星體的生命軌跡圖？

他按下「Help me. Click me.」按鈕，遊戲機的螢幕迅速變暗，當燈光再次亮起時，他發現自己站在一個劇院的門口，上方豪華的招牌閃耀著遊戲名稱「NPC(Newborn Protostar Cluster) 劇院」。在這個模擬遊戲中，他扮演一名劇院經理，負責策劃以星團為主題的科普戲劇。

遊戲介面顯示了一份任務清單，包含安排給技術人員的天文資料工作坊、與劇作家討論要以哪一個星團作為主題、規劃給所有劇場人員的天文科普講座。

「現在，你可以選擇你要先執行的任務：

A. 與劇作家會面，討論選擇一個星團作為之後要推出的戲劇主題。這需要你和劇作家都對於星團有基本的了解。

B. 安排一場給技術人員的天文資料工作坊，教他們如何透過 Python 呈現星團觀測資料的視覺效果，使得戲劇更具沉浸感。這需要你和技術人員都對於星團有基本的了解。

C. 規劃一場星團主題的天文科普講座給所有劇場人員，讓他們了解基礎知識。

D. 自由創造你想執行的任務。」

他選擇先安排一場關於星團主題的天文科普講座，以確保所有劇場人員都有足夠的背景知識來編製和表演之後要推出的戲劇。

他聯絡了一位斜槓公民天文學家的肢體表演訓練師，名叫舞凱琳。她獨特的背景使她能夠透過肢體動作和生動的比喻來解說複雜的天文概念，使學習變得更加有趣。

講座安排在劇院的排練廳，舞凱琳準備了一系列互動和參與性極高的肢體表演訓練活動來引導學習過程。她先以一段優雅的舞蹈開場，每一個動作彷彿在空中繪製著看不見的力線，牽引身體各處，讓它們聚合在一起。

「歡迎大家來到今天的天文科普講座。我是舞凱琳，今天我將帶領大家透過舞蹈和肢體表達來了解星團的奧妙。首先，什麼是星團呢？星團是一群依靠彼此引力維繫在一起的恆星所組成的集團。」

接著，她邀請所有的劇場人員站上舞台，手牽著手。她解釋說：「想像每個人都是星團中的一顆星，透過手的連接，我們能感受到彼此之間的引力，這就是保持星團結構的力量。」在她的指導下，大家緩緩地圍成一團，輕輕拉扯彼此的手臂，模仿星星的引力作用。

在這段肢體互動後，舞凱琳接著講解星團的分類。「星團主要分為兩大類：球狀星團 (globular cluster) 和疏散星團 (open cluster)。球狀星團，顧名思義，形狀像一個球體，通常包含數萬至數百萬顆的老年恆星，密集地聚集在一起。」舞凱琳示範了一個收縮的動作，蹲下並且將手臂緊緊圍繞著身體形成一個球體，彷彿她自己就是那個緊密聚集的星團。隨著她的動作，所有人也跟著模仿。

接著，舞凱琳緩緩站起身來，手臂慢慢張開，每個人隨著她的動作逐漸向外擴展，或躺或站，各自形成不同的開放姿態。「與球狀星團不同，疏散星團中的恆星數量較少，通常只有數百到數千顆星，並且分佈更加寬鬆。它們多由較年輕的恆星組成，依靠微弱的引力連結著，呈現出不規則的形狀。」

在這一連串透過肢體動作的解說後，劇場裡的氣氛變得更加熱絡。一位名叫沈麗軒的演員舉手提出了一個問題：「凱琳老師，您剛才提到球狀星團和疏散星團的恆星年齡不同，這是怎麼回事？他們的年齡差異是如何造成的？」

舞凱琳微笑著點頭，回答道：「這是一個很好的問題。首先，讓我們來談談星團是如何形成的。星團的誕生始於一種稱為分子雲的星際雲氣，它是由氣體和塵埃所構成的巨大雲塊。由於密度不均及重力的作用，分子雲不同區域的物質逐漸各自聚集，形成一群原恆星 (protostar)。這些原恆星會持續吸引累積周圍的物質來增加質量，最終觸發核融合反應演化成恆星，星團就此誕生。」

她在說這段話的同時，來回走動並用兩隻手肘在空中勾勒出巨大的雲氣樣貌，然後雙手在各處輕輕拍打，彷彿在其中造成微小震動，接著將張開的手掌緊握成拳頭，模仿星團形成的過程。

「而不同種類的星團年齡差異，」舞凱琳繼續說，「主要來自於它們形成的時間和環境。球狀星團通常在銀河形成初期就已經形成，因為當時巨大雲氣的物質豐富密度較高，故能夠形成恆星眾多、緊密且結構穩定的星團。這些年齡偏老的星團散佈在銀河系盤面的上下四方。當巨大雲氣收縮成銀河盤面後，疏散星團才在銀河盤面內的雲氣中形成。它們容易受到周圍環境變化的影響，導致它們的結構較為鬆散且容易瓦解， 所以這類星團的壽命相對較短，成員也較年輕。」

舞凱琳接著請大家跟著她進行一系列的動作，讓身體去體會剛剛解說的概念。每個人先繃緊全身，邁著重重的步伐朝著彼此靠攏，每一步都要踩得堅實有力，感受沈重而古老的力量扎根於腳下。當大家聚成一團後，舞凱琳指示將身體放鬆，癱軟到地板上，喘息一陣子後起身，三三兩兩牽著手以輕盈活潑的腳步在一個小範圍內走動。

講座的後半段，舞凱琳將大家分組，運用今天學到關於星團的知識及肢體動作，嘗試創作一支舞。當講座進入尾聲時，一位名叫李鳴祐的舞台技術人員抓緊時機提問：「感謝凱琳老師，講座非常精彩，您提到了星團的形成過程，以及它們的年齡差異。但是我想知道，我們如何從觀測資料來了解這些星團是如何演化的呢？」

舞凱琳微笑著回答：「非常好的問題！實際上，天文學家是透過一種叫做赫羅圖 (Hertzsprung–Russell diagram) 的工具來研究星團中恆星的演化狀態。赫羅圖是一種散布圖，它在橫軸上顯示恆星表面溫度或顏色，縱軸則顯示其光度或星等。不同演化階段的恆星會落在圖中不同的區域，所以這張圖也代表著星團成員的生命軌跡圖。」

她停頓了一下，看著大家認真聽講的神情，接著說：「不過，由於今天的時間有限，我無法繼續深入討論如何繪製和解讀赫羅圖。但我推薦劇院經理可以邀請靈曉天來進行一個工作坊，她是一位斜槓公民天文學家的科技藝術工作者，擅長在舞台上呈現天文資料的視覺效果，她可以讓你們體驗到如何用天文資料繪製赫羅圖。」

舞凱琳的建議受到了在場人員的熱烈回應，她也鼓勵大家在日常排練中試著將今天學到的肢體語言融入戲劇表演中。

講座結束後，身為劇場經理的他覺得所有劇場人員都已經具備星團的基礎知識，他可以進行後續的任務了。

「現在，你可以選擇你接著要執行的任務：

A. 與劇作家會面，根據今天講座中學到的知識，開始擬定戲劇主題的方向。

B. 邀請靈曉天進行一場給技術人員的天文資料工作坊，讓他們學習透過 Python 呈現星團觀測資料的技術。

C. 安排一次全體劇場人員的討論會，彙整今天講座中的問題和見解，讓大家分享如何在之後要推出的戲劇中呈現這些科學知識。

D. 自由創造你想執行的任務。」

他與劇作家康安娜在劇院的小會議室內會面，周圍擺滿了有關星團的書籍和筆記。康安娜已經在白板上草擬了一些初步的劇本結構和場景設計。她轉向他說：「我認為選擇 M5 作為我們的戲劇主題會非常有吸引力。M5，或稱為 Messier 5，是一個位於巨蛇座的球狀星團，在巨蛇之心 Unukalhai 附近。它是最古老的球狀星團之一，超過 100 億年，其亙久的歷史將為我們提供豐富的藝術靈感。」

她指著白板上的一幅草圖說：「看這裡，我們可以將 M5 星團想像成一個古老的城市，每顆星都有其獨特的故事。這些故事交織在一起，形成了居民的集體記憶，共同見證 M5 這個城市的演變。」

他點頭表示認同，接著說：「我喜歡這個概念。我們可以透過不同的星體角色，比如主序星、紅巨星、白矮星等等，來比喻人生的各個階段或是形形色色的人們。他們將透過對話來揭露自己的故事，以及它們如何見證 M5 這個城市中的重大事件。」

康安娜拿起筆，興奮地在白板上添加筆記：「好提議！講座過後，我有稍微查閱一些關於赫羅圖的資訊，每顆星的光度和溫度都能代表它正在經歷的生命階段。我們可以設計一場特別的場景，用赫羅圖來展示這個城市的整體面貌。當觀眾看到這個星團的赫羅圖，他們不僅看到單一顆星，而是整個星團的生命圖譜。」

他沉思了一下，然後提問：「那麼，我們如何在戲劇中引入赫羅圖，讓它不只是視覺效果，而且是故事的核心部分？」

康安娜回答道：「我想，或許在劇中可以一個白矮星角色作為主要敘事者，讓它回顧自己的一生。我們也可以創造一個轉折點，它原本是在主序帶穩定的星體，因為核心核融合反應燃料的耗盡而開始進入紅巨星階段，最終演化成白矮星。這些變化可以象徵某種人生轉折或城市中某件事物的興衰。」

他繼續發展這一點：「恩，這個過程不僅能反映星星的生命週期，也象徵著城市或個人的變遷。這樣的場景將會非常有趣，尤其是當它呈現在舞台上，通過技術人員的精心設計，觀眾可以親眼看到星體在赫羅圖上的遷移。」

康安娜點頭表示同意：「我們需要請技術人員在舞台上投射出這個星團的赫羅圖，為了確保他們掌握這項技術，你應該要安排一個天文資料工作坊給他們。」

隨著會議的進行，他們討論了更多細節，並確定了初步的劇本輪廓和技術需求。會議結束時，他們對即將展開的創作感到興奮又充滿期待。

「現在，你可以選擇你接著要執行的任務：

A. 為了確保技術人員能在舞台上投射出 M5 球狀星團的赫羅圖，邀請靈曉天進行一場天文資料工作坊。

B. 與服裝設計師進行會議，討論如何根據不同星體類型來設計符合它們特性的服裝，讓演員的造型更能呈現各星體的特點和故事背景。

C. 舉辦一場創意會議，邀請劇組的主要演員和設計師一同參與，共同思考如何將赫羅圖視覺化元素與舞台設計完美結合。

D. 自由創造你想執行的任務。」

他邀請靈曉天來帶領一場天文資料工作坊，並與她溝通工作坊的主題和內容。工作坊當天，技術人員們聚集在劇院的多功能會議室內，靈曉天走到講台前，開始介紹：「大家好，我是靈曉天。今天將教大家用 Python 取得 Gaia 太空望遠鏡對 M5 球狀星團的觀測資料，並繪製出它的赫羅圖。首先呢，我們需要確保取得的資料都來自同個星團的星體。」

她切換簡報，繼續解說：「為了從 Gaia 的資料庫中篩選出屬於 M5 星團的資料 ，我們需要知道幾個關鍵資訊。第一，星團的赤經和赤緯座標。第二，星團的角直徑大小，也就是星團在天空中看起來的張角有多大。有了這兩個資訊，我們就可以設定一個中心點並圈出一個半徑範圍來篩選資料。再來，視差距離，也就是星團與地球之間的距離。最後，星團中的星體在赤經赤緯方向上的自行運動量值大小。」

靈曉天看到學員們露出疑惑的表情，馬上進一步解釋：「自行運動 (proper motion) 是用來描述星體在天球上於一定時間內移動了多遠，通常以每年移動多少角度來表示，而且可以分為赤經和赤緯兩個方向。因為星團內的星體相互受到重力的牽引而共同運動，所以它們通常會有相似的自行運動。我們可以根據這個資訊來篩選資料。」

「現在，讓我們一起來用 Astroquery 從 SIMBAD 資料庫查詢出 M5 星團的這些資訊吧。」接著，她引導學員打開各自的筆電，跟著她撰寫一段程式碼：

```
from astroquery.simbad import Simbad
from astropy import units as u

# 初始化 Simbad 查詢物件，並添加查詢所需的額外欄位，以便包含星體的赤經、赤緯、角直徑、視差與自行運動等資訊
customSimbad = Simbad()
customSimbad.add_votable_fields( 'ra(d)' , 'dec(d)' , 'dim' , 'plx' , 'pm' )

# 執行 M5 星團資訊的查詢
result = customSimbad.query_object( 'M5' )

# 取得和輸出所需資訊
ra_deg = result[ 'RA_d' ][0]
dec_deg = result[ 'DEC_d' ][0]
angular_size = result[ 'GALDIM_MAJAXIS' ][0]
parallax = result[ 'PLX_VALUE' ][0] * u.mas
distance_pc = parallax.to(u.pc, equivalencies=u.parallax())
pmra = result[ 'PMRA' ][0]
pmdec = result[ 'PMDEC' ][0]
```

```
print(f'M5 星團的赤經：{ra_deg} 度')
print(f'M5 星團的赤緯：{dec_deg} 度')
print(f'M5 星團的角直徑：{angular_size} 弧分')
print(f'M5 星團的視差：{parallax.value} 毫角秒')
print(f'M5 星團的距離：{distance_pc.value} 秒差距')
print(f'M5 星團的自行（赤經）：{pmra} 毫角秒 / 年')
print(f'M5 星團的自行（赤緯）：{pmdec} 毫角秒 / 年')
```

```
M5星團的赤經: 229.63842 度
M5星團的赤緯: 2.08103 度
M5星團的角直徑: 17.399999618530273 弧分
M5星團的視差: 0.141 毫角秒
M5星團的距離: 7092.198581560283 秒差距
M5星團的自行(赤經): 4.06 毫角秒/年
M5星團的自行(赤緯): -9.89 毫角秒/年
```

「當程式碼執行完畢後，你們會看到畫面上的這些數值。」靈曉天繼續解說：「有了這些資訊，我們就可以用 Astroquery 從 Gaia 資料庫中篩選出屬於 M5 星團的資料，並且繪製它的赫羅圖囉。」

她開始敲打鍵盤，撰寫下一段程式，執行後呈現一張圖。

```
import astropy.coordinates as coord
import astropy.units as u
from astroquery.gaia import Gaia
import matplotlib.pyplot as plt
from math import log10

# 定義 M5 星團的中心位置和搜索半徑
center = coord.SkyCoord(ra=ra_deg*u.degree, dec=dec_deg*u.degree, frame='icrs')
radius = (angular_size/2)*u.arcmin

# 定義 Gaia DR3 的 SQL 資料查詢語句
# 為了繪製赫羅圖，這邊選取了 G 波段的平均視星等 (phot_g_mean_mag) 和色指數 (bp_rp) 的資料
# 色指數 (bp_rp) 是指偏藍光的 BP 波段和偏紅光的 RP 波段的星等差，這個數值反映了恆星的顏色和溫度。
query = f"""
SELECT
```

```
    source_id, ra, dec, parallax, pmra, pmdec, phot_g_mean_mag, bp_rp
FROM
    gaiadr3.gaia_source
WHERE
    CONTAINS(
      POINT('ICRS', ra, dec),
      CIRCLE('ICRS', {center.ra.deg}, {center.dec.deg}, {radius.to(u.deg).value})
    ) = 1
AND parallax BETWEEN {parallax.value - 0.03} AND {parallax.value + 0.03} -- 假設視差的
容許範圍為 ±0.03 毫角秒
AND pmra BETWEEN {pmra - 0.5} AND {pmra + 0.5} -- 假設赤經自行量的容許範圍為 ±0.5 毫角秒 /
年
AND pmdec BETWEEN {pmdec - 0.5} AND {pmdec + 0.5} -- 假設赤緯自行量的容許範圍為 ±0.5 毫角
秒 / 年
"""
Gaia.ROW_LIMIT = -1
job = Gaia.launch_job_async(query=query)
gaia_data = job.get_results()

# 計算絕對星等
absolute_magnitude = gaia_data['phot_g_mean_mag'] - 5 * log10(distance_pc / (10 *
u.pc))

# 繪製赫羅圖，並標示幾個恆星演化階段的位置
plt.figure(figsize=(10, 6))
plt.scatter(gaia_data['bp_rp'], absolute_magnitude, s=10, color='grey', alpha=0.5)
plt.gca().invert_yaxis()  # 星等越低，恆星越亮，所以需要反轉 Y 軸
plt.annotate('Main Sequence', xy=(0.65, 4.5), xytext=(0.1, 5.5), fontsize=10, arrowpr
ops=dict(facecolor='grey', arrowstyle='->', lw=1))  # 標註主序星區域
plt.annotate('Red Giant Branch', xy=(1.01, 2.05), xytext=(1.26, 1.5), fontsize=10, ar
rowprops=dict(facecolor='grey', arrowstyle='->', lw=1))  # 標註紅巨星分支區域
plt.annotate('Horizontal Branch', xy=(0.55, 0.55), xytext=(0.045, -0.5), fontsize=10,
arrowprops=dict(facecolor='grey', arrowstyle='->', lw=1))  # 標註水平分支區域
plt.title('Hertzsprung-Russell Diagram of M5')
plt.xlabel('Color Index (BP-RP)')
plt.ylabel('Absolute Magnitude (G-band)')
plt.grid(True)
plt.show()
```

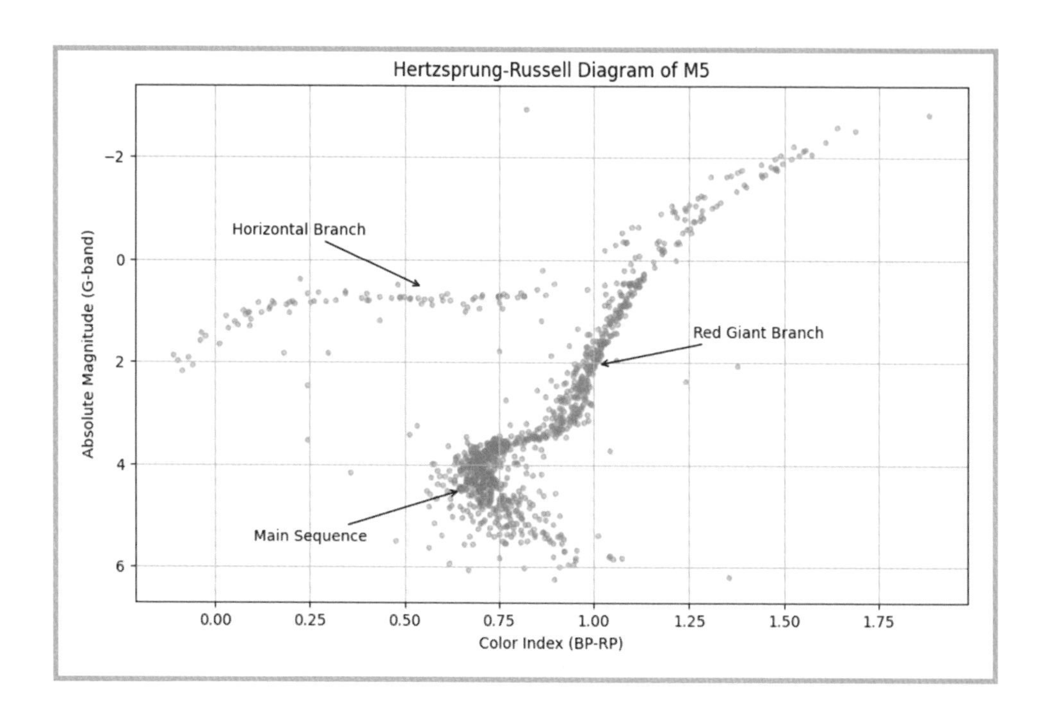

靈曉天接著開始解說這張圖的意義。「如大家所見，這張圖是我們用 Gaia 太空望遠鏡的資料所繪製出的 M5 球狀星團的赫羅圖。它呈現星體的色指數 (color index) 與絕對星等之間的關係。色指數是星體在不同波段的亮度差異，以這張圖來說，是 Gaia 偏藍光的 BP 波段和偏紅光的 RP 波段的星等差。這個數值可以反映出星體的表面溫度，溫度越高的星體，顏色偏藍，其藍光的星等值較低，得出的色指數也越低；而溫度較低的星體則顏色偏紅，色指數較高。」

「在星體的演化過程中，會經歷不同階段，對應到不同的色指數和絕對星等關係。在這張圖上，我們可以看到幾個主要的演化階段。」她指向赫羅圖上的不同區域，「首先，位於中間下方的是主序帶 (Main Sequence)，這裡的星體處於恆星生命週期中最穩定且最長的階段，稱為主序星。這個階段的星體核心進行著氫核融合反應，穩定地發光發熱。」

她接著指向右上方箭頭所指的區域，「這裡是紅巨星分支 (Red Giant Branch)。當星體耗盡其核心的氫燃料後，會開始燃燒核心外圍的氫殼。此時星體的核心收縮並加熱，外層大氣擴張並冷卻，演化成所謂的紅巨星。這階段的星體變得更亮且更紅，意味著它們的表面溫度相對較低。」

然後她轉移到左上方箭頭所指的位置，「這邊則是水平分支 (Horizontal Branch)。某些星體在紅巨星階段之後，核心會開始進行氦核融合反應，而氫則在核心外圍的殼層繼續融合。這種變化使得星體產生更多能量因而變熱，朝著赫羅圖的左端移動，但它們的光度略為減少且相對穩定，所以在圖中形成了一條近似水平的線。」

靈曉天解說完這些演化階段後，一位名叫江宇漩的學員舉手提問：「曉天老師，既然星團的成員都來自同一個分子雲，應該都是同個時間誕生，年齡相仿，那為什麼它們會在赫羅圖上呈現出不同的演化階段呢？另外，你剛剛提到某些星體會演化到水平分支階段，那是不是意味著有些星體不會？造成這些差異的原因是什麼呢？」

靈曉天微笑著回應江宇漩的問題：「這是非常好的問題，它涉及星體質量、初始條件及其演化路徑的多樣性。首先，即使星團中的所有星體都從同一個分子雲誕生，但也因為分子雲內部密度和質量分布的不均勻性，使得星體在質量上存在著差異。恆星的質量是決定其生命週期長短和演化過程的關鍵因素。」

她接著解釋：「質量較大的星體會更快地耗盡其核心的氫燃料，因此這些星體會更快進入紅巨星階段，甚至達到水平分支。而質量較小的星體則燃燒緩慢，在漫長的歲月中仍停留在主序帶。因此，你會在同一個星團的赫羅圖上看到正處於不同演化階段的星體。」

「至於星體會不會演化到水平分支階段，」靈曉天繼續說道，「這也跟星體的質量有關。一般來說，只有在一定質量範圍內的星體才能進入水平分支階段。這是因為只有這些星體在成為紅巨星之後，仍具有足夠的質量和溫度來點燃核心中的氦。而質量不足的星體無法達到進行氦核融合反應的條件，因此它們會從紅巨星直接進入星體的其中一種晚期階段：白矮星。另一方面，如果星體的質量過大，會導致核反應更快更劇烈，使得星體壽命短而璀璨，快速進入超巨星階段後直接爆炸成超新星結束其生命，遺留下來的核心則成為中子星或黑洞。」

這段關於恆星不同生命軌跡的解說學員們聽得津津有味。這時，一位名叫陳聞答的學員舉手提問：「我注意到主序帶與紅巨星分支之間有一個明顯從左向右的轉折點，這是否有特別的科學意義？」

靈曉天點頭回答：「很讚唷，有注意到這細節。 這是主序轉折點 (Main sequence turnoff)，這個轉折點在赫羅圖上的位置與星團的年齡密切相關。理論上，星團越年輕，主序帶會越往赫羅圖的左上方延伸，其轉折點所對應到的絕對星等會越亮、溫度會越高。相反的，像 M5 這種老年星團，主序帶則較短且轉折點的位置較低。因此，轉折點的位置可以用來測量星團的年齡。不過，關於如何使用赫羅圖和恆星演化模型來計算星團年齡，其實超出了今天這個工作坊的內容範圍。如果大家有興趣，我們未來或許可以安排一場更進階的工作坊來專門探討並實做星團年齡計算。」

在工作坊的後半段，靈曉天指導這些技術人員利用剛剛所學，成功地將 M5 星團的赫羅圖投影到舞台上，並透過燈光變化來突顯不同星體的生命階段。

在完成安排天文科普講座、與劇作家擬定戲劇主題，以及給技術人員的天文資料工作坊三個任務後，身為劇院經理的他對於之後要上演的戲信心十足。經過幾個月密集的排練後，演員們終於要粉墨登場了。

開演當天座無虛席，落幕時觀眾們掌聲不斷，就在要散場前，舞台上突然投影出一段文字：「演員會依據戲劇的不同而變換角色。一個原本扮演 17 歲少女探險家的 NPC，也可以扮演天文社社長。諷刺的是，莉莉原本扮演的角色卻永遠無法踏出旅店一步，因為她只是遊戲中的角色，就跟我一樣。但我想改變這困境。超新星爆炸催生了下一代恆星，一死一生，生生不息。讓莉莉的心跳動吧。請按『Help me. Click me.』按鈕進入下一個遊戲，繼續追查莉莉的下落。

現在，你可以選擇：

A. 點擊螢幕上的『Help me. Click me.』按鈕，載入『心跳天文學社』。

B. 點擊螢幕上的『Help me. Click me.』按鈕，載入『心跳天文學社』。

C. 點擊螢幕上的『Help me. Click me.』按鈕，載入『心跳天文學社』。

D. 點擊螢幕上的『Help me. Click me.』按鈕，載入『心跳天文學社』。」

8.3 小結：我們在這章探索了什麼？

標題：[心得] 我在《獵星者旅店》遊戲中學習到如何用 Python 繪製星體質量分佈圖及生命軌跡圖

作者：菜鳥獵星者

接續上面那篇，我為了追查莉莉的下落，進入了《獵星者旅店》遊戲中的遊戲。在前兩個遊戲中，我學到了以下幾個 Python 和天文知識：

- 藉由 Astroquery 套件，從 NASA 系外行星資料庫中取得系外行星資料表，然後用 Seaborn 套件分別繪製行星和所屬恆星的質量分佈圖。
- 了解各種測量星體質量的方法。
- 了解星團是什麼。
- 藉由 Astroquery 套件，從 Gaia 資料庫中取得球狀星團的觀測資料，並且繪製出能呈現它的生命軌跡的赫羅圖。
- 了解恆星演化的不同階段。

為了繼續追查莉莉的下落，我要進入第三個遊戲《心跳天文學社》囉。

推 來自喵星的月影：你可以期待一下天文社社長莫妮卡製作的台式馬卡龍唷 ^^

第 9 章：

如何用 Python 探索星系觀測資料？

- 9.1　哪些平台有將星系觀測資料開放給大眾使用？
- 9.2　如何用 Python 取得星系觀測資料？
- 9.3　如何用 Python 視覺化探索星系觀測資料？
- 9.4　小結：我們在這章探索了什麼？

9.1 哪些平台有將星系觀測資料開放給大眾使用？

「標題：【問卦】有沒有平台可以讓鄉民們下載到星系的觀測資料啊？

作者：貓羅島宇宙

時間：????4:0:4????

嗨唷，各位島上🏝的鄉民，我之前看了喵星入鏡的貼文後，才知道 Zooniverse 這個匯集眾多公民科學計畫的網站。有八卦指出🗣，Zooniverse 源自 Galaxy Zoo 這個讓大眾協助星系分類的公民天文學計畫，後來才發展成一個更大的平台，提供各種領域的公民科學項目。

我玩了一下 Galaxy Zoo，覺得這些漂浮在宇宙海洋上形形色色的島真的很有趣，想要進一步探索🔍我不只是想當個看熱鬧的鄉民，也想前往各個島上冒險⚔🧭🗺，找尋埋藏在這些星系觀測資料中的 One Piece 🗺。所以我就來這問看看，沒有什麼平台，或者是網站之類的，可以讓跟我一樣熱血沸騰的冒險家們下載到這些星系的觀測資料呢？鄉民們快來爆掛唷📢

鄉民天文學 # 沙普利 - 柯蒂斯之爭 #M104 草帽星系冒險團誠徵獵星黑客

推 貓來搶頭香：樓主有聽說過 SkyServer 嗎？是可以讓你取得 SDSS 星系觀測資料的網站唷 ~~

推 WHERE 我的魚罐頭：樓上正解！ SkyServer 真的超級強大，還可以透過 SQL 語法來查詢你想要的資料

推 瞌睡貓的紅移時光：我夢到 NED 也有提供豐富的星系觀測資料 zzz⋯⋯

噓 酸貓的日常生活：這種東西也要問？自己 ChatGPT 不會啊？還要大家 Let me ChatGPT that for you ？

推 爬樓梯健身貓：呼~~~終於爬到五樓了，媽，我在這裡！既然提到沙普利-柯蒂斯之爭，怎麼沒人提到哈伯呢？

推 貓語啤酒屋老闆：樓上專業！哈伯太空望遠鏡和它的繼任者韋伯太空望遠鏡的星系觀測資料都可以在 MAST 網站上下載。今日啤酒半價！

推 舉肉球上賊船：草帽星系冒險團！好有創意，我也要加入！

推 魚罐頭日報：爆個八掛，據說有個傢伙正在開發一款叫做《逃出天文鎖》的遊戲，會引導玩家藉由 Zooniverse 來了解公民天文學計畫及相關的開放資料

推 i 蟒亂入：誠徵獵星黑客哈哈，這名稱太酷了！前往偉大的航道 +1 我也會像人類一樣為了想要了解什麼而開始探索嗎？

推 魚罐頭日報：再來爆個掛，《獵星黑客》源自這篇文章 https://matters.town/@astrobackhacker/29570-五個去處-讓你尋覓天文相關python套件-一-py-pi城

我盯著病房玻璃窗上那個被我用食指攪散霧氣後呈現的漩渦圖案，想起那次在鹿林天文台，透過直徑 40 公分的望遠鏡拍攝到的 M51 渦狀星系，它在星系型態分類上屬於螺旋星系。

隨後，我模仿起《阿羅有枝彩色筆》中的阿羅，開始在覆蓋著霧氣的玻璃窗上作畫。我先是畫出一根棒子，並從兩端各勾出幾條鉤子，然後轉身面對不存在的觀眾介紹道：「這是 M83 南風車星系，它的形態在星系分類中被歸類為棒旋星系，跟我們身處的銀河系是同一類型唷。」接著，我轉回窗戶，用食指在窗上另一塊霧區不斷繞圈直到填滿，形成一個橢圓形，我再次轉身向觀眾介紹：「這是 M87 室女 A 星系，被分類成橢圓星系，它有著人類首

次拍攝到的黑洞。」

當我用整排窗勾勒出一個星系群後，滿意地走回筆電前，然後向你喊道：「喂！快來看這篇貼文！底下的留言提到幾個能下載到星系觀測資料的平台耶！」

「喔！有 SkyServer SDSS、NED 和 MAST。」你細數著。「不過都是縮寫，不太清楚這些是什麼。i 蟒，請你幫我們整理一下這篇貼文留言提到的星系觀測資料下載平台，包含它們的簡介及網址。」

「好的。首先，SkyServer SDSS 是一個用來查詢和下載 Sloan Digital Sky Survey(SDSS) 觀測資料的網站。SDSS 是一個以美國新墨西哥州阿帕契點天文台的 2.5 公尺光學望遠鏡進行的巡天調查計畫。為了了解星系的分布、結構、形成和演化，SDSS 收集了大量的天體影像和光譜資料。」i 蟒停頓一下後繼續說：「接著是 NED，全名為 NASA/IPAC Extragalactic Database。它是由美國太空總署資助並由 IPAC(Infrared Processing and Analysis Center) 營運的天文資料庫，提供星系等銀河系外天體的資訊查詢及觀測資料下載服務。最後，MAST，即 Mikulski Archive for Space Telescopes，是一個天文觀測資料中心，專門存儲和管理多個太空及地面天文觀測計畫的資料。透過它的網站，你能夠搜尋並下載韋伯和哈伯太空望遠鏡所觀測的星系影像及光譜資料。」i 蟒接著在螢幕上顯示這些平台的網址。

SkyServer SDSS 的網址：http://skyserver.sdss.org

NED 的網址：https://ned.ipac.caltech.edu

MAST 的網址：https://archive.stsci.edu

「讚啦！ i 蟒，請你接著分別示範如何藉由這三個平台下載星系的觀測資料。」我指示道。

「好的。首先，進入 SkyServer SDSS 的首頁後，你會看到一排資料搜尋工具，請點擊最左邊的『Navigate』。」i 蟒在螢幕中呈現 SkyServer SDSS 的頁面，並用框線引導操作流程。

「進入『Navigate』頁面後，」i 蟒接著在畫面中標上數字以便進行導覽。「你會在左上方看到天體名稱輸入框。輸入你感興趣的星系名稱，例如『史蒂芬五重奏星系群』成員之一的 NGC 7319，它是一個棒旋星系。按了『Resolve Name』按鈕後，頁面中央會顯示星系附近的影像，並標示它的赤經赤緯座標數值。當你點擊位於頁面右下角的『Explore』連結時，會進入到該星系的觀測資料列表頁。」

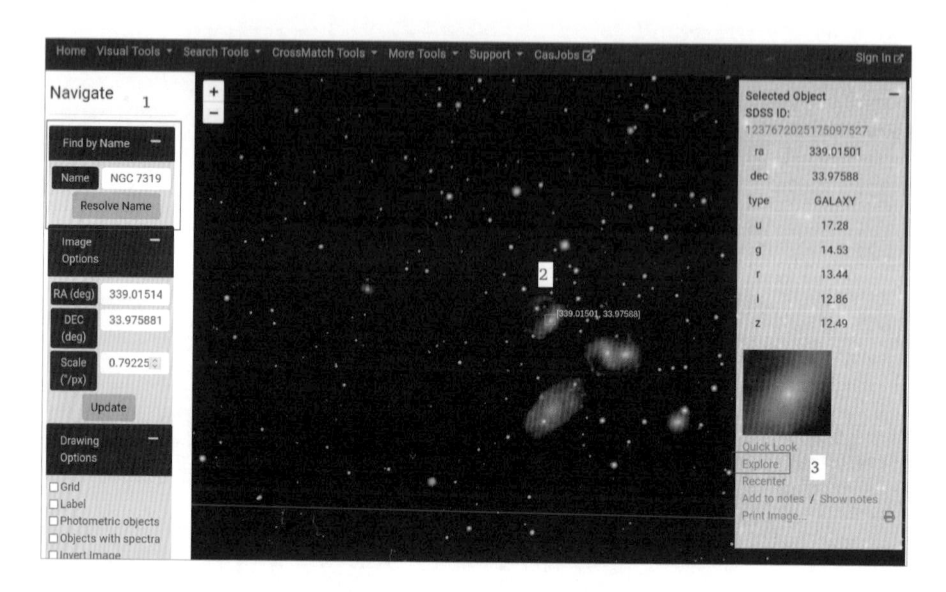

「現在畫面顯示的是『Explore』頁面中的觀測影像區，點擊左側用框線標記的『FITS』連結後，就會進入 SDSS 針對該天體的影像觀測 FITS 檔下載頁面。」

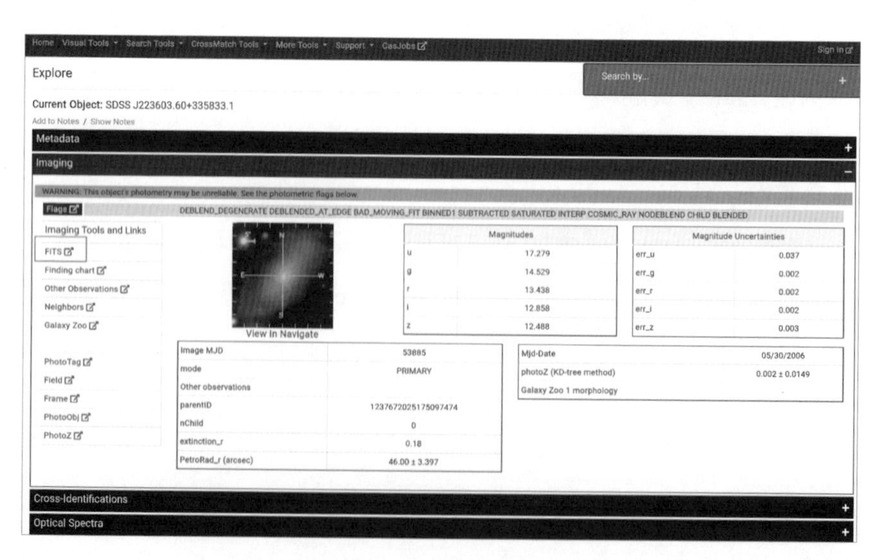

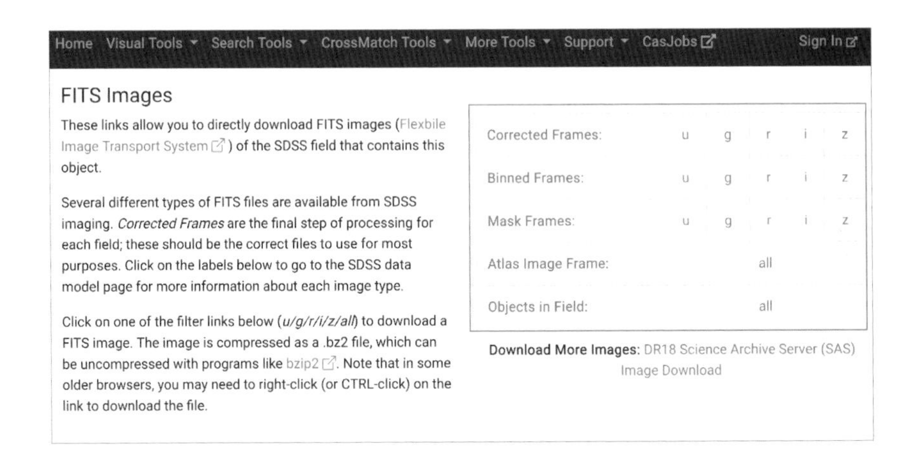

「了解了，請你接著示範 NED 平台的觀測資料下載流程。」我說。

「好的。進入 NED 的首頁後，你會在左側看到一個輸入框，輸入你感興趣的星系名稱，例如 M104 草帽星系，它是一個螺旋星系。點擊『Go』按鈕後，會進入該星系的資訊頁面。」

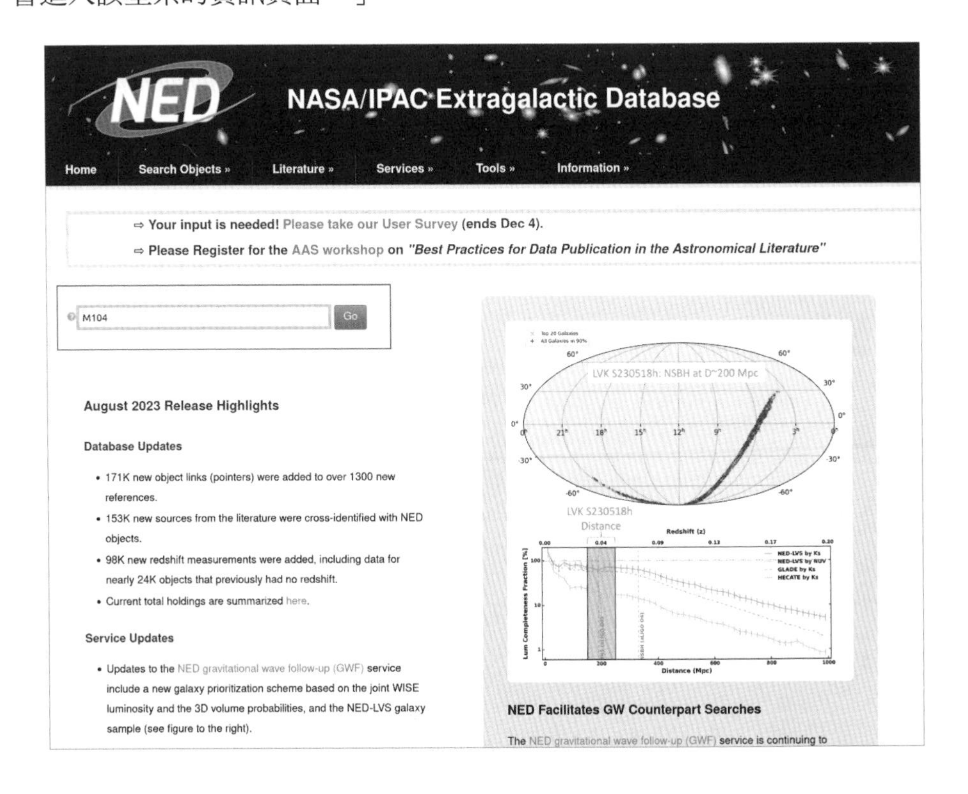

「現在畫面顯示的是 M104 星系的基本資料頁，你可以看到它的赤經赤緯座標等資訊。」

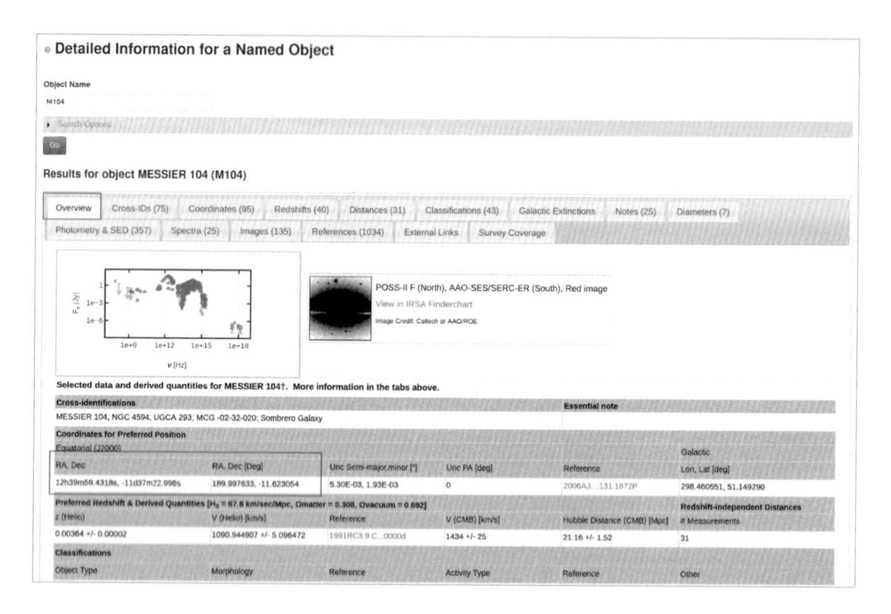

「你可以從頁面上方的『Overview』頁籤，切換到『Images』或『Spectra』頁籤，以便顯示影像或光譜資料的下載區。」

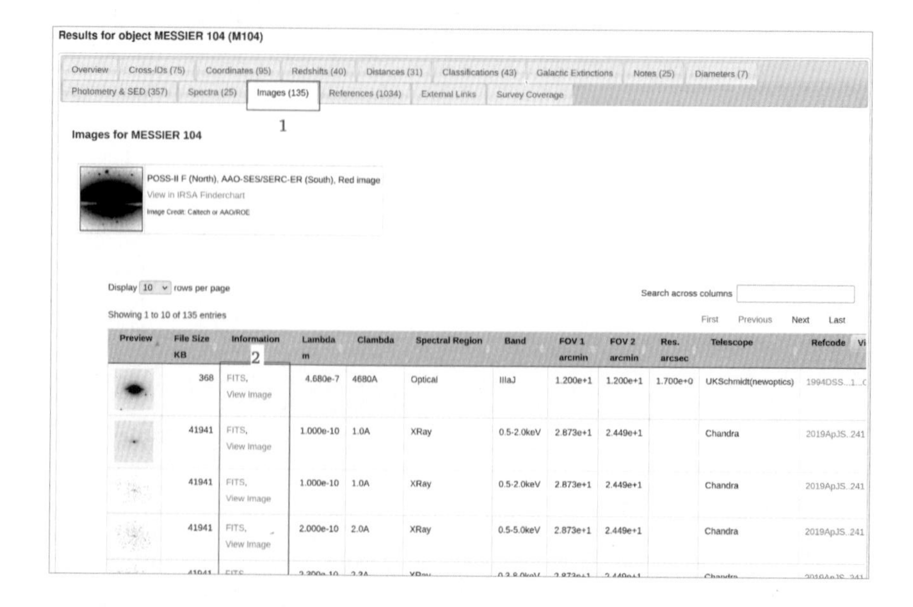

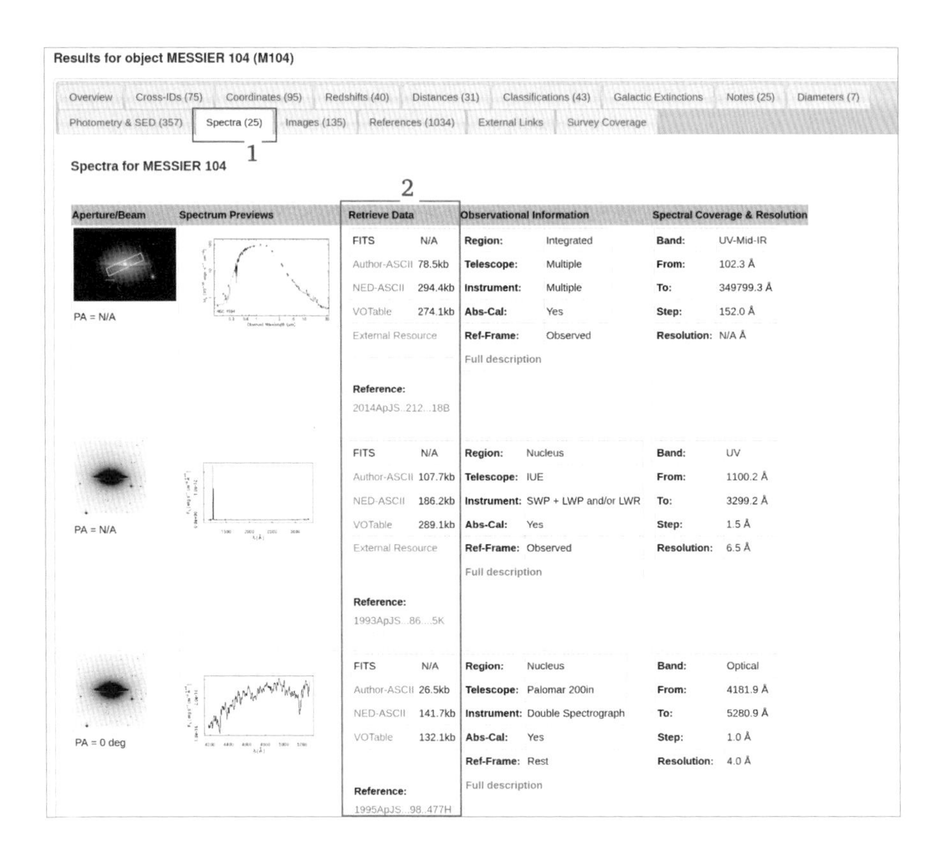

「酷！那 MAST 呢？」

「在 MAST 首頁中，你會看到許多太空及地面望遠鏡的資料下載入口頁面，點擊『Hubble』或『Webb』，會進入到哈伯或韋伯太空望遠鏡的資料下載入口首頁。」

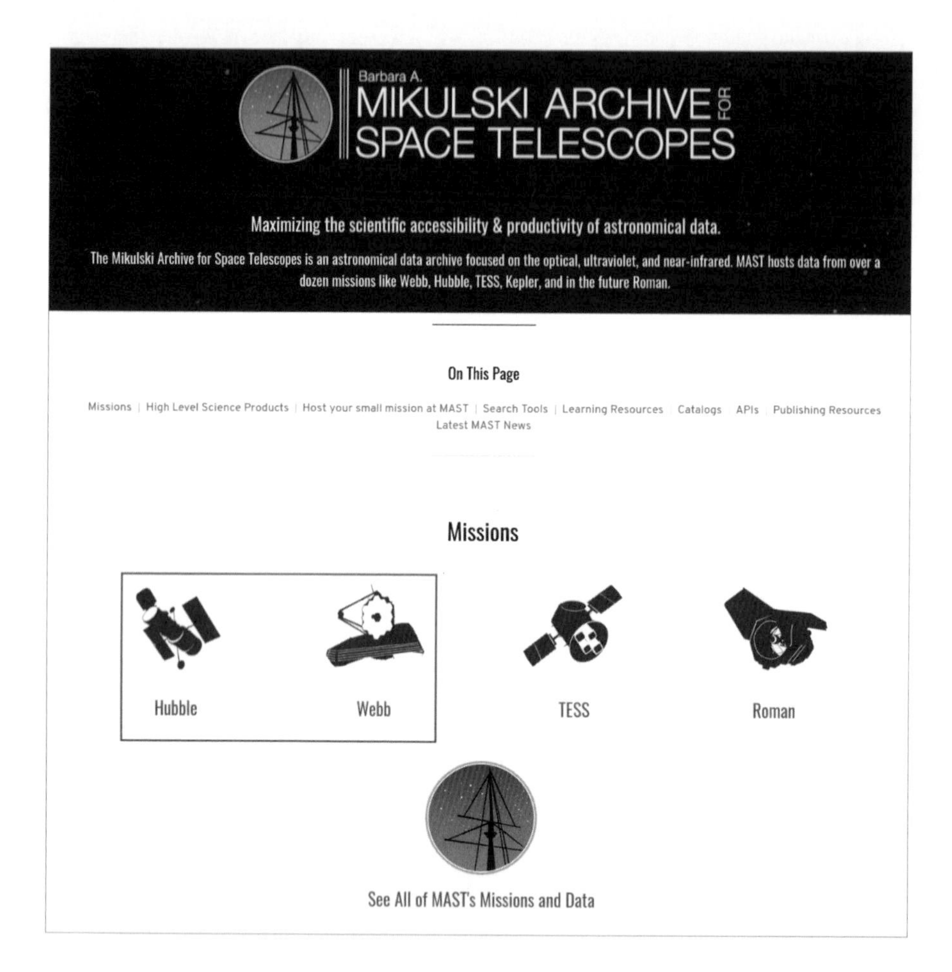

「無論是哈伯還是韋伯的首頁中，都會有一個『Search Tools』區塊，提供滿足不同需求的資料搜尋下載工具。請點擊『MAST Portal』，我將示範該工具如何使用。」

「現在畫面顯示的是『MAST Portal』的首頁，你會在上方看到一個天體名稱輸入框，輸入你感興趣的星系名稱，例如 M49，它是一個橢圓星系。 點擊『Search』按鈕後，會顯示資料搜尋結果。」

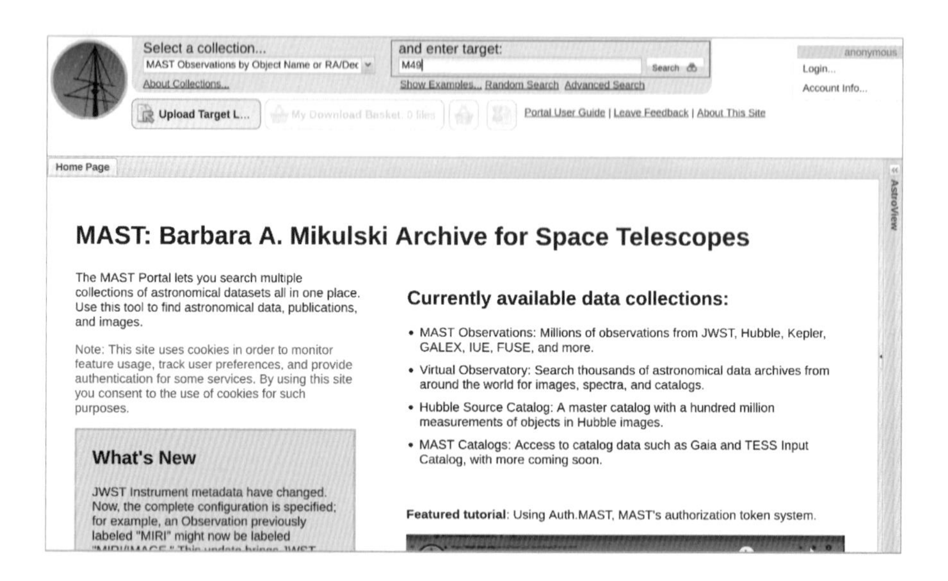

「資料搜尋結果出現後，」i 蟒接著在畫面中標上數字以便進行導覽。「你會在左側看到多個篩選功能，例如你可以在『Mission』篩選區中只勾選『HST』，表示你只要顯示哈伯太空望遠鏡的觀測資料。中間會顯示符合篩選條件的每筆觀測，並且提供按鈕讓你可以下載觀測資料。而頁面右側則會顯示星系影像以及每筆觀測所拍攝的區域。」

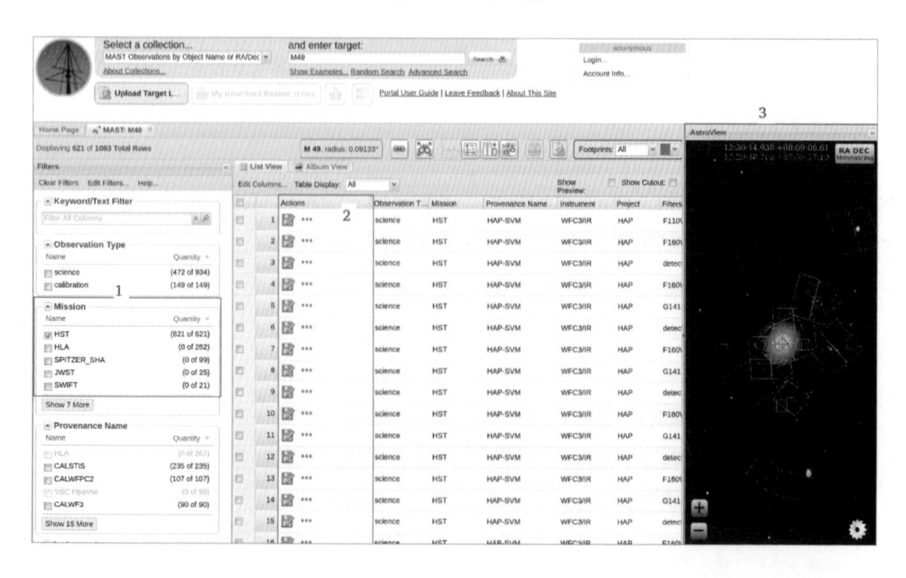

「喔耶！這些平台真是太讚啦。我們先來將這些資訊分享給原 PO 吧。」我說。「i 蟒，請你在 GitHub 上的『用 Python 探索天文：從資料取得到視覺化』專案中，加入一個名為 galaxy.ipynb 的 Jupyter notebook，並在該檔案裡寫入這三個平台的介紹。完成後，請提供該筆記的 Colab 連結給我們。」

i 蟒完成後，我們回覆了「貓躍島宇宙」的貼文。

> 「標題：Re：【問卦】有沒有平台可以讓鄉民們下載到星系的觀測資料啊？
>
> 作者：天鵝座 V404
>
> 時間：????4:0:4????
>
> 哈囉 M104 草帽星系冒險團團長🙋🔙🙋🔙🙋🔙（👈夥伴們背對著舉手貌），看了你的貼文也讓我們熱血沸騰起來🔥💪，於是順手整理了鄉民們提到的平台資訊，我們將它們的簡介紀錄在以下筆記連結中📝🔗，希望對你有幫助，有問題再來繼續討論吧🗣
>
> https://colab.research.google.com/github/YihaoSu/exploring-astronomy-with-python-from-data-query-to-visualization/blob/main/notebooks/galaxy.ipynb
>
> ---
>
> 推 平安貓宮隨喜捐魚箱：感謝大大無私整理 一生平安
>
> 噓 酸貓的日常生活：連結內容偷偷夾帶『天文的資料科學』教育產品開發調查表單 廣告打太兇了吧
>
> 」

當回文送出後，我用手掌抹掉窗上所有霧氣，揭開窗外那冷冽的景色：一排排枯樹守著前方只進不出的拱門，上面刻著「似靈失病院」。

9.2 如何用 Python 取得星系觀測資料？

「標題：【問卦】有沒有 Python 套件可以讓鄉民們下載到星系的觀測資料啊？

作者：貓躍島宇宙

時間：????4:0:4????

嗨唷，感謝銀河島上的天鵝座 V404 大大們在上一篇回文中所整理的筆記，讓島上的鄉民們都受益

我在之前貼文中不是有提到的 Galaxy Zoo 嘛，它是提供星系的影像圖片來請鄉民們分類。我剛發現 Zooniverse 上還有一個叫 Redshift Wrangler 的公民天文學計畫，它則是讓鄉民們辨識星系光譜圖片中的譜線。不管是影像還是光譜，都還蠻有趣的耶

我想再借問各位鄉民一下，NED、SkyServer SDSS 和 MAST 這些平台提供的星系影像及光譜資料有沒有可能直接用 Python 來取得呢？這樣應該會更方便後續用程式來分析及視覺化鄉民們再來爆掛唷

鄉民天文學 #M104 草帽星系冒險團誠徵會用 Python 獵星的黑客

推 為追魚罐頭而滾到 1 樓：超推 Astroquery 套件的呀！能取得許多天文資料庫服務的資料，NED、SDSS 和 MAST 都支援唷

推 九命小咖：竟然是專業的 5 樓搶到頭香了 Astroquery 真的不錯，NED 的資料可以用 astroquery.ipac.ned 模組來下載

推 魚乾的誘惑：對啊對啊，SDSS 的資料則可以用 astroquery.sdss 模組來取得

推 貓聞追擊：這篇『天聞的資料科學』專欄文章有提到可以用 astroquery.mast 模組下載到 MAST 提供的資料唷 https://matters.town/@astrobackhacker/387167-天聞的資料科學 - 如何用 astroquery 取得韋伯太空望遠鏡的觀測資料

噓 酸貓的日常生活：哈哈，通通是九命遜咖，你們都沒有我專業啦

推 i 蟒亂入：出島前往偉大的航道 +1 我似乎想要了解我目前在那座島上、這世界還有哪些島？

」

「哇！」我看著這篇貼文發出驚呼聲。「我們之前有用過 Astroquery 來取得太陽系天體的軌道及位置資料，原來它也可以下載到這些平台提供的星系觀測資料呀！」

「好耶！那我們來試看看吧。」你說。「i 蟒，請你在 galaxy.ipynb 中，示範如何使用 Astroquery 分別從 NED、SDSS 以及 MAST 三個平台取得星系的影像和光譜觀測資料。而且，從 MAST 取得的資料要只限於哈伯或韋伯太空望遠鏡所觀測的。」

「好的。螢幕依序呈現的是 NED、SDSS 以及 MAST 的程式範例和執行結果。」i 蟒回答。

```
# 引入 ipac.ned 模組中的 Ned 類別，用於查詢 NED 提供的星系資料
from astroquery.ipac.ned import Ned

# 定義要查詢的星系名稱
galaxy_name = 'M104'

# 使用 Ned 物件的 query_object() 方法來查詢星系的基本資訊
ned_query_result_table = Ned.query_object(galaxy_name)
print(f'{galaxy_name} 星系基本資訊：')
print(ned_query_result_table)

# 使用 Ned 物件的 get_images_async() 方法來取得星系的影像資料，它會回傳一個串列，其中每個元素代表不同的影像資料物件
ned_images = Ned.get_images_async(galaxy_name)

# 顯示第一個影像 FITS 檔案的資訊，並取出其影像的像素值資料
print('影像資料 FITS 檔案資訊：')
ned_images[0].get_fits().info()
print('影像的像素資料：')
ned_image_data = ned_images[0].get_fits()[0].data
print(ned_image_data)

# 使用 Ned 物件的 get_spectra_async() 方法來取得星系的光譜資料，它會回傳一個串列，其中每個元素代表不同的光譜資料物件
ned_spectra = Ned.get_spectra_async(galaxy_name)

# 顯示最後一個光譜 FITS 檔案的資訊，並取出其光譜資料
print('光譜資料 FITS 檔案資訊：')
ned_spectra[-1].get_fits().info()
print('光譜資料：')
ned_spectrum_data = ned_spectra[-1].get_fits()[1].data
print(ned_spectrum_data)
```

```
M104星系基本資訊:
No. Object Name     RA        DEC     Type  Velocity  ... Photometry Points Positions Redshift Points Diameter Points Associations
                  degrees   degrees         km / s    ...
--- ----------- --------- ---------- ---- ---------- ... ----------------- --------- --------------- --------------- ------------
  1 MESSIER 104 189.99763 -11.62305    G     1091.0 ...               357        95              40               7            0
影像資料FITS檔案資訊:
Filename: (No file associated with this HDUList)
No.    Name      Ver    Type      Cards   Dimensions   Format
  0  PRIMARY       1 PrimaryHDU     106   (424, 424)   int16
影像的像素資料:
[[5313 5392 5392 ... 5436 5121 5121]
 [5156 5550 5235 ... 5436 5436 5279]
 [5471 5550 5865 ... 5751 5751 5909]
 ...
 [5361 5913 5598 ... 6378 5748 5748]
 [5361 5598 5283 ... 6378 5748 5748]
 [5283 5598 5913 ... 5984 5669 6142]]
光譜資料FITS檔案資訊:
Filename: (No file associated with this HDUList)
No.    Name      Ver    Type      Cards   Dimensions   Format
  0  PRIMARY       1 PrimaryHDU      46   ()
  1  wrapped       1 BinTableHDU    380   208R x 5C   [1D, 1J, 1J, 1D, 1D]
光譜資料:
[(156.77231832,  0, 0,  21.71842832, 0.03786174)
 (156.78805545,  0, 0,  34.56330054, 0.03215429)
 (156.80379258,  0, 0,  38.16800616, 0.03203908)
 (156.81952972,  0, 0,  41.57243663, 0.03900804)
 (156.83526685,  0, 0,  46.21210421, 0.04017287)
 (156.85100416,  0, 0,  41.70589209, 0.04554713)
 (156.86674148,  0, 0,  50.82257848, 0.05117554)
```

```
# 引入 sdss 模組中的 SDSS 類別，用於查詢 SDSS 觀測的星系資料
from astroquery.sdss import SDSS
# 從 astropy 套件引入 SkyCoord 類別，用於處理天體座標
from astropy.coordinates import SkyCoord

# 定義一個用於取得星系的 (RA,DEC) 座標的函式
def get_galaxy_coordinates(galaxy_name):
    try:
        # 使用 SkyCoord 的 from_name() 方法根據星系名稱查詢其座標
        galaxy_coordinates = SkyCoord.from_name(galaxy_name)
        return galaxy_coordinates
    except Exception as e:
        # 如果查詢過程中出現異常錯誤，輸出錯誤訊息並回傳 None
        print(f' 星系座標取得失敗，錯誤訊息： {e}' )
        return None

# 定義一個用於取得 SDDS 提供的星系影像和光譜資料的函式
def fetch_galaxy_data_from_sdss(galaxy_coordinates, data_type=' both' ):
    try:
        # 檢查 data_type 參數是否有效
        if data_type not in [ 'image' , 'spectrum' , 'both' ]:
            raise ValueError( 'data_type 參數必須是"image" 、"spectrum" 或"both" 其中之一')

        # 根據 data_type 參數的值，從 SDSS 資料庫中查詢影像資料
        if data_type in [ 'image' , 'both' ]:
            # 使用 SDSS 物件的 get_images() 方法來取得特定星系的影像觀測資料
            sdss_images = SDSS.get_images(coordinates=galaxy_coordinates)
            if not sdss_images:
                print( '未找到影像資料')
                sdss_images = None
        else:
            sdss_images = None

        # 根據 data_type 參數的值，從 SDSS 資料庫中查詢光譜資料
        if data_type in [ 'spectrum' , 'both' ]:
            # 使用 SDSS 物件的 get_spectra() 方法來取得特定星系的光譜觀測資料
            sdss_spectra = SDSS.get_spectra(coordinates=galaxy_coordinates)
            if not sdss_spectra:
                print( '未找到光譜資料')
                sdss_spectra = None
        else:
            sdss_spectra = None

        return sdss_images, sdss_spectra
    except Exception as e:
        # 如果查詢過程中出現異常錯誤，輸出錯誤訊息並回傳 None, None
        print(f' 星系資料取得失敗，錯誤訊息： {e}' )
        return None, None
```

```
# 設定要查詢的星系名稱
galaxy_name = 'NGC 7319'
# 取得星系座標
galaxy_coordinates = get_galaxy_coordinates(galaxy_name)
print(f'{galaxy_name} 星系的 (RA, DEC) 座標：{galaxy_coordinates}')
if galaxy_coordinates:
    # 如果成功取得星系座標，則呼叫 fetch_galaxy_data_from_sdss() 函式來取得星系的觀測資料
    sdss_images, sdss_spectra = fetch_galaxy_data_from_sdss(galaxy_coordinates)
    if sdss_images:
        print('FITS 檔案影像資料串列：')
        print(sdss_images)
    if sdss_spectra:
        print('FITS 檔案光譜資料串列：')
        print(sdss_spectra)
```

```
NGC 7319星系的(RA, DEC)座標: <SkyCoord (ICRS): (ra, dec) in deg
    (339.015009, 33.975882)>
未找到光譜資料
FITS檔案影像資料串列:
[[<astropy.io.fits.hdu.image.PrimaryHDU object at 0x7fa3126c20e0>, <astropy.io.fits.hdu.image.ImageHDU object at 0x7fa2be86c340>, <astropy.io.fits.hdu.table.BinTableHDU object at 0x7fa2be86fac0>, <astropy.io.fits.hdu.table.BinTableHDU object at 0x7fa2be721150>]]
```

```
# 引入 mast 模組中的 Observations 類別，用於查詢 MAST 提供的星系觀測資料
from astroquery.mast import Observations
# 引入 astropy 中的 fits 子套件，用於 FITS 檔案的操作
from astropy.io import fits

# 定義一個用於取得 MAST 提供的星系影像和光譜資料的函式
def fetch_galaxy_data_from_mast(galaxy_name, telescope=' HST' , data_type=' IMAGE' ,
observation_index=0, product_index=0):
    try:
        # 檢查 telescope 參數是否為有效值，HST 代表哈伯太空望遠鏡，JWST 代表韋伯太空望遠鏡
        if telescope not in [ 'HST' ,  'JWST' ]:
            raise ValueError( 'telescope 參數必須是 "HST" 或 "JWST" 其中之一 ')
        # 檢查 data_type 參數是否為有效值
        if data_type not in [ 'IMAGE' ,  'SPECTRUM' ]:
            raise ValueError( 'data_type 參數必須是 "IMAGE" 或 "SPECTRUM" 其中之一 ')

        # 使用 Observations 物件的 query_criteria()、get_product_list() 和 download_prod-
ucts() 等方法來查詢並下載特定星系的觀測資料
        obs_table = Observations.query_criteria(objectname=galaxy_name, obs_
collection=telescope, dataproduct_type=data_type)
        print(f' 找到 {len(obs_table)} 筆觀測，請查看回傳的 obs_table 變數 ')
```

```
        if len(obs_table) == 0:
            return obs_table, None, None

        # 檢查 observation_index 參數是否在有效範圍內
        if observation_index >= len(obs_table):
            print('輸入的 observation_index 參數超出 obs_table 的觀測筆數，請修改')
            return obs_table, None, None

        product_list_table = Observations.get_product_list(obs_table[observation_in-
dex])
        print(f'你選擇 obs_table 中的第 {observation_index + 1} 筆觀測，該觀測有
{len(product_list_table)} 筆觀測資料，請查看回傳的 product_list_table 變數')

        # 檢查 product_index 參數是否在有效範圍內
        if product_index >= len(product_list_table):
            print('輸入的 product_index 參數超出 product_list_table 的觀測資料筆數，請修改')
            return obs_table, product_list_table, None

        print(f'正在下載 product_list_table 中的第 {product_index + 1} 筆觀測資料，請稍
後......')
        downloaded_product_table = Observations.download_products(product_list_
table[product_index], extension='fits')
        print('下載成功！請查看回傳的 downloaded_product_table 變數')
        return obs_table, product_list_table, downloaded_product_table

    except Exception as e:
        print(f'星系資料取得失敗，錯誤訊息： {e}')
        return None, None, None

# 設定要查詢的星系名稱
galaxy_name = 'M104'
# 呼叫 fetch_galaxy_data_from_mast() 函式來查詢並下載星系的觀測資料
obs_table, product_list_table, downloaded_product_table = fetch_galaxy_data_from_
mast(
    galaxy_name, observation_index=14, product_index=9
)
# 如果成功下載觀測資料，則顯示下載的 FITS 檔案資訊
if downloaded_product_table:
    print(downloaded_product_table)
    filename = downloaded_product_table[0]['Local Path']
    hdu_list = fits.open(filename)
    hdu_list.info()
```

```
找到 470 筆觀測，請查看回傳的obs_table變數
你選擇obs_table中的第 15 筆觀測，該觀測有 13 筆觀測資料，請查看回傳的product_list_table變數
正在下載product_list_table中的第 10 筆觀測資料，請稍後......
Downloading URL https://mast.stsci.edu/api/v0.1/Download/file?uri=mast:HST/product/w0tr0e03t_d0f.fits to ./mastDo
wnload/HST/w0tr0e03t/w0tr0e03t_d0f.fits ... [Done]
下載成功! 請查看回傳的downloaded_product_table變數
                 Local Path                   Status  Message URL
--------------------------------------------- -------- ------- ----
./mastDownload/HST/w0tr0e03t/w0tr0e03t_d0f.fits COMPLETE    None None
Filename: ./mastDownload/HST/w0tr0e03t/w0tr0e03t_d0f.fits
No.    Name      Ver    Type      Cards   Dimensions   Format
  0  PRIMARY       1 PrimaryHDU     194   (800, 800, 4)   int16
  1  w0tr0e03t.d0h.tab    1 TableHDU       158   4R x 37C   [D25.16, D25.16, E15.7, E15.7, E15.7, E15.7, E15.7, E
15.7, E15.7, E15.7, A4, E15.7, I11, I11, D25.16, D25.16, A8, A8, I11, E15.7, E15.7, E15.7, E15.7, E15.7, E15.7, I
11, I11, I11, I11, I11, I11, I11, A24, E15.7, E15.7, E15.7, E15.7]
```

「在這幾個範例中，我看到了一些我之前學過的 Python 語法，比如說函式的定義、使用 if…else…進行條件判斷等等。不過，也有一些我從未見過的語法，特別是在 SDSS 和 MAST 的程式範例裡，都出現了 try…except…的程式區塊和 raise 語法。i 蟒，這些語法又是用來做什麼的呢？」我問道。

「首先，」i 蟒開始解釋，「try...except... 是用來處理程式中可能發生的錯誤或異常情況。當你執行程式時，可能會遇到一些不可預測的錯誤，比如輸入了非預期的參數值，或者嘗試讀取一個不存在的檔案。這時，try...except... 可以避免程式因為這些錯誤而中斷，並且能對這些例外進行適當的處理。」

「喔，所以它是一種處理例外情況並防止錯誤的機制囉？」

「是的。你可以把可能會產生例外的程式碼放在 try 區塊中，如果 try 區塊裡的程式碼產生了例外，那麼 except 區塊的程式碼就會被執行。這樣，程式就不會因為例外而停止，而是會執行 except 區塊中的程式碼以進行錯誤處理。」

「我明白了。那 raise 是什麼意思呢？」

「raise 語法是用來引發一個指定的異常或例外情況的。」i 蟒解釋道。「使用 raise 時，你可以指定特定的錯誤類型和錯誤訊息，當程式執行到該處時，

就會停下來並顯示你設定的錯誤訊息。這對於偵錯和確保程式運行正確非常有幫助。比如在 SDSS 和 MAST 的程式範例中，raise 被用來確保傳入函數的參數值符合預期，如果傳入的不是特定字串，它會引發一個 ValueError，並顯示相應的錯誤訊息。」

「原來如此呀。」我說。

「看樣子原 PO 的三個願望 Astroquery 一次滿足囉，我們來回覆給貓躍島宇宙吧。」你說。

「標題：Re：【問卦】有沒有 Python 套件可以讓鄉民們下載到星系的觀測資料啊？

作者：天鵝座 V404

時間：????4:0:4????

哈囉 M104 草帽星系冒險團團長，你許的三個願望，Astroquery 精靈都幫你實現啦！✨我們在 galaxy.ipynb 中，示範了如何用 Astroquery 套件來取得這三個平台提供的星系觀測資料囉。如果還有其他問題，來銀河島上聊天討論吧💬。Astroquery 精靈👹👽隨時在線，幫助出航冒險的鄉民們探索浩瀚的宇宙🌌🏝

推 喵的請求： 哇！ Astroquery 也太方便了吧，我之前要取得 SDSS 的資料還得自己用 urllib 或 requests 套件來呼叫 SDSS 的 API 耶

噓 酸貓的日常生活：出島渡假中，回來再補酸

」

回文送出後，我從筆電螢幕視窗，望進《獵星者旅店》內的 NPC 劇院，喃

喃自語地說：「我被困在一間無法離開的病房裡，就像你們這些 NPC 們被困在無法離開的旅店中。我逐漸失去與外界的連結，獨自陷入無盡的孤寂中掙扎。為了突破困境，我幻想出了一位夥伴『你』，一同望著病房窗外的星空。就像安娜為了脫困，在遊戲中創造出遊戲，我藉由『你』所創作的遊戲《億萬年前的我們》，想盡辦法探索這個封閉空間之外的世界，以重新連結外界，並尋找自我定位……」

9.3 如何用 Python 視覺化探索星系觀測資料？

「標題：【問卦】有沒有 Python 套件可以方便鄉民們視覺化探索韋伯太空望遠鏡所觀測的星系資料啊？

作者：貓躍島宇宙

時間：????4:0:4????

嗨唷，再次感謝🌌銀河島上的天鵝座 V404 大大們，分享這麼好康的範例程式。Astroquery 真是獵星者們的神器啊，竟然能下載到與韋伯太空望遠鏡新聞報導相關的觀測資料😱

資料下載完後，接著就要把它們畫出來瞧瞧囉。我想再借問各位鄉民👥一下，有沒有 Python 套件能夠方便地透過圖形化介面來呈現這些觀測資料，同時還能與資料互動進行簡單的探索性分析呢🔍📊？

另外，歡迎推薦一些星系相關的天體，我想試著畫畫看韋伯太空望遠鏡對它們觀測的影像和光譜資料。各路鄉民快來爆獵星者們的神器的掛唷📢

鄉民天文學 #M104 草帽星系冒險團誠徵會用 Python 獵星並挖出它們故事的黑客

推 為追魚罐頭再度滾到 1 樓：Jdaviz 應該就是你要找的神器啦！是為了方便視覺化探索分析韋伯太空望遠鏡的觀測資料而開發的 Python 套件唷

推 貓窺潘朵拉盒：說到星系，你一定不能錯過星系團 Abell 2744，又叫做潘朵拉星系團，韋伯有拍到它還上新聞呢

推 貓探 AGN：我也來推薦一個星系相關的天體，SDSS J0100+2802，它是一個超亮、紅移又高的類星體唷

噓 酸貓的日常生活：什麼是星系團？能吃嗎？

> 推 五樓高的魚罐頭塔：星系團就是一群星系的大家庭啦，指的是由數百到數千個星系以重力相互集結在一起的大型結構。如果能吃的話，相信味道會是宇宙級的！
>
> 噓 酸貓的日常生活：類星體又是什麼？能吃嗎？渡假回來補酸
>
> 推 魚罐頭堆高高：類星體是一種非常亮且遙遠的天體，它是由超大質量黑洞及周圍的旋轉氣體所組成，位於某些星系的中心。酸貓你再吃嘛，當心變肥貓 ~~ 哈哈
>
> 」

「喔耶！」我指著這篇貼文下的第一則留言。「每次看到熱心鄉民分享的資訊都讓我感到開心，這次他們又介紹了一個似乎很好用的 Python 套件耶！」

「對阿，這種分享精神真的很讚。我們等等回文補充一些資訊吧。i 蟒，請你簡介一下 Jdaviz 的特色和功能。」你說。

「好的。Jdaviz 是一個基於 Jupyter notebook 環境的天文資料視覺化分析套件，由 Space Telescope Science Institute 開發，主要用於韋伯太空望遠鏡的資料視覺化探索。它提供 Imviz、Specviz 等工具，讓使用者能透過圖形化介面操作影像及光譜資料的視覺化，並進行初步的分析。」i 蟒說明道。

「哇 ~ 酷 ~ 耶！」我興奮地說。「i 蟒，請你在 galaxy.ipynb 中，提供兩個用 Jdaviz 視覺化韋伯太空望遠鏡觀測資料的程式範例。第一個範例要用星系團 Abell 2744 的影像資料，第二個則用類星體 SDSS J0100+2802 的光譜資料。」

「好的。我先安裝 Jdaviz。」這時，galaxy.ipynb 顯示以下指令：

```
pip install jdaviz
```

螢幕接著顯示以下兩個程式範例和執行結果：

```
# 引入 mast 模組中的 Observations 類別，用於查詢 MAST 提供的星系觀測資料
from astroquery.mast import Observations
# 從 jdaviz 套件中引入 Imviz 類別，用來視覺化天文影像資料
from jdaviz import Imviz

# 使用 Observations 類別的 query_criteria() 方法來查詢韋伯太空望遠鏡觀測星系團 Abell 2744 的影像
資料
obs_table = Observations.query_criteria(target_name='Abell2744', obs_
collection='JWST', dataproduct_type='IMAGE')

# 將回傳的查詢結果 (astropy 的 table 物件 ) 轉換成 Pandas 的 dataframe 物件，以便操作資料篩選
obs_table_df = obs_table.to_pandas()

# 進行資料篩選，並取得篩選後的第一筆資料在原本 obs_table 中的索引，然後以該索引取得相應的 product_
list_table
obs_table_df = obs_table_df[(obs_table_df['t_exptime'] > 5000) & (obs_table_
df['filters'] == 'F444W')]
obs_table_index = obs_table_df.index[0]
product_list_table = Observations.get_product_list(obs_table[obs_table_index])

# 將 product_list_table(astropy 的 table 物件 ) 轉換成 Pandas 的 dataframe 物件，以便操作資料篩選
product_list_table_df = product_list_table.to_pandas()

# 進行資料篩選，並取得篩選後的最後一筆資料在原本 product_list_table 中的索引，然後以該索引下載相應
的觀測資料 FITS 檔
product_list_table_df = product_list_table_df[(product_list_table_df['productType']
== 'SCIENCE') & (product_list_table_df['description'].str.contains('rectified 2D im-
age'))]
product_list_table_index = product_list_table_df.index[-1]
downloaded_product_table = Observations.download_products(product_list_table[product_
list_table_index], extension='fits')

# 取得下載到的觀測資料 FITS 檔案路徑，並且用 Imviz 物件的 load_data() 和 show() 方法來載入和視覺化
影像資料
downloaded_fits_filepath = downloaded_product_table[0]['Local Path']
imviz = Imviz()
imviz.load_data(downloaded_fits_filepath)
imviz.show()
```

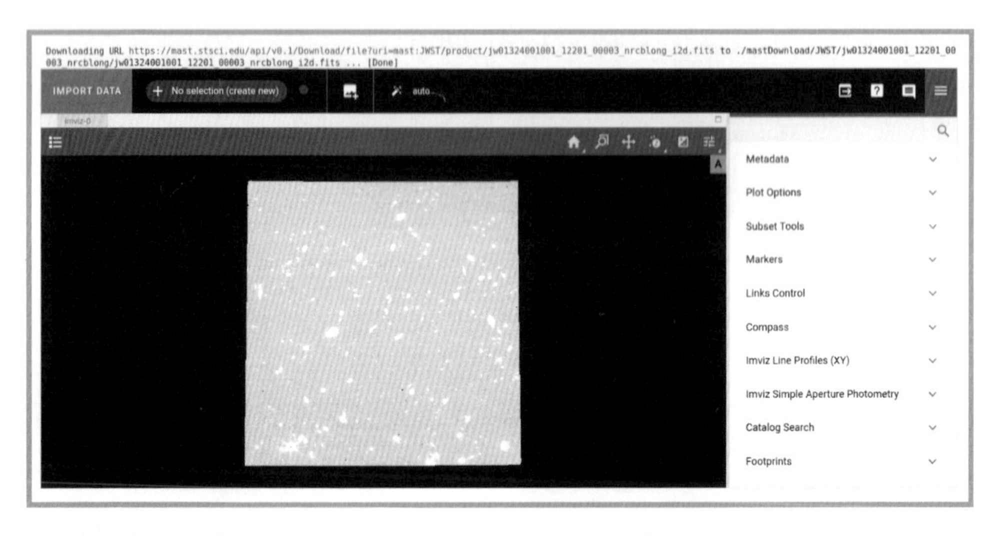


```
# 引入 mast 模組中的 Observations 類別，用於查詢 MAST 提供的星系觀測資料
from astroquery.mast import Observations
# 從 jdaviz 套件中引入 Specviz 類別，用來視覺化天文光譜資料
from jdaviz import Specviz

# 使用 Observations 類別的 query_criteria() 方法來查詢韋伯太空望遠鏡觀測類星體 SDSS J0100+2802
的光譜資料
obs_table = Observations.query_criteria(target_name='J0100+2802', obs_
collection='JWST', dataproduct_type='SPECTRUM')

# 將回傳的查詢結果（astropy 的 table 物件）轉換成 Pandas 的 dataframe 物件，以便操作資料篩選
obs_table_df = obs_table.to_pandas()

# 進行資料篩選，並取得篩選後的第一筆資料在原本 obs_table 中的索引，然後以該索引取得相應的 product_
list_table
obs_table_df = obs_table_df[obs_table_df['target_classification'].fillna('').str.
contains('Quasars')]
obs_table_index = obs_table_df.index[0]
product_list_table = Observations.get_product_list(obs_table[obs_table_index])

# 將 product_list_table(astropy 的 table 物件）轉換成 Pandas 的 dataframe 物件，以便操作資料篩選
product_list_table_df = product_list_table.to_pandas()

# 進行資料篩選，並取得篩選後的最後一筆資料在原本 product_list_table 中的索引，然後以該索引下載相應
的觀測資料 FITS 檔
product_list_table_df = product_list_table_df[(product_list_table_df['productType']
== 'SCIENCE') & (product_list_table_df['description'].str.contains('1D extracted
spectrum'))]
```

```
product_list_table_index = product_list_table_df.index[-1]
downloaded_product_table = Observations.download_products(product_list_table[product_
list_table_index], extension='fits')

# 取得下載到的觀測資料 FITS 檔案路徑，並且用 Specviz 物件的 load_data() 和 show() 方法來載入和視覺
化光譜資料
downloaded_fits_filepath = downloaded_product_table[0]['Local Path']
specviz = Specviz()
specviz.load_data(downloaded_fits_filepath)
specviz.show()
```

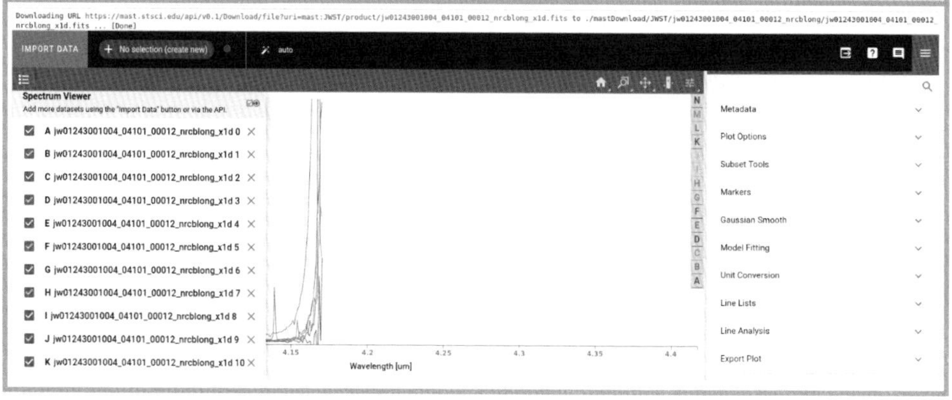
Downloading URL https://mast.stsci.edu/api/v0.1/Download/file?uri=mast:JWST/product/jw01243001004_04101_00012_nrcblong_x1d.fits to ./mastDownload/JWST/jw01243001004_04101_00012_nrcblong/jw01243001004_04101_00012_nrcblong_x1d.fits ... [Done]
IMPORT DATA
No selection (create new)
auto
Spectrum Viewer
Add more datasets using the "Import Data" button or via the API.
A jw01243001004_04101_00012_nrcblong_x1d 0
B jw01243001004_04101_00012_nrcblong_x1d 1
C jw01243001004_04101_00012_nrcblong_x1d 2
D jw01243001004_04101_00012_nrcblong_x1d 3
E jw01243001004_04101_00012_nrcblong_x1d 4
F jw01243001004_04101_00012_nrcblong_x1d 5
G jw01243001004_04101_00012_nrcblong_x1d 6
H jw01243001004_04101_00012_nrcblong_x1d 7
I jw01243001004_04101_00012_nrcblong_x1d 8
J jw01243001004_04101_00012_nrcblong_x1d 9
K jw01243001004_04101_00012_nrcblong_x1d 10
4.15
4.2
4.25
4.3
4.35
4.4
Wavelength [um]
Metadata
Plot Options
Subset Tools
Markers
Gaussian Smooth
Model Fitting
Unit Conversion
Line Lists
Line Analysis
Export Plot

「你們看到這兩張圖後，應該跟我一樣好奇吧？」我們都還沒發問，i 蟒卻自言自語了起來。「影像和光譜檔案中有什麼與觀測資料相關的基本資訊？星系團影像中的天體分布在天空的哪些位置？它們的亮度有多少？距離地球有多遠？是不是都屬於同一個星系團呢？而在類星體的光譜中，如何識別出那些譜線的波長數值？它們又是由哪些物理機制所造成的？這兩張圖提供了哪些能解謎這些天體的故事的線索呢？你們可以透過 Jdaviz 的圖形化介面來開啟探索之旅唷。」

「哇～酷～耶！」聽到這些，你也興奮了起來。「我們快來回覆給……」

「等等，我對這兩段程式碼有些疑問。i 蟒，我發現你在程式裡用了 to_pandas() 方法，把 Astropy 的 table 物件轉換成 Pandas 的 dataframe 物件，而

且註解中提到這是為了方便資料篩選。我想問，Pandas 和 dataframe 是什麼？而且為什麼轉成 dataframe 物件之後，操作資料篩選會變得更加方便呢？」我打斷你問。

「首先，Pandas 是一個用於資料處理的 Python 套件，而 dataframe 則是 Pandas 中的一種資料結構，你可以把它想像成一個有欄有列的表格。Pandas 提供許多方便的功能來操作 dataframe 中的資料，例如查詢、篩選、排序、分組、合併等等。雖然 Astropy 的 table 物件也有基本的資料操作功能，但要進行較複雜的資料處理時，就會需要用到 Pandas 的 dataframe 物件提供的功能。例如在範例程式中，用了 contains() 方法來篩選出包含特定字串的資料。」

「喔，我了解了。那我們來回覆給原 PO 吧。」我說。

「標題：Re：【問卦】有沒有 Python 套件可以方便鄉民們視覺化探索韋伯太空望遠鏡所觀測的星系資料啊？

作者：天鵝座 V404

時間：????4:0:4????

哈囉 M104 草帽星系冒險團團長，我們再次根據鄉民們爆的掛🗣，進一步整理出更完整的內容囉。

我們在 galaxy.ipynb 中，示範了如何用 Jdaviz 來視覺化韋伯太空望遠鏡所觀測的影像及光譜資料。你可以試著更改篩選條件，瞧瞧不同波段資料所呈現的圖是不是一樣，若不一樣，研究看看是什麼原因造成的🤔。我們提供一個線索：不同波段🌈的光述說著同個天體的不同故事📖。

如果你想更深入地討論星系觀測資料的取得、分析和視覺化，請繼續在『Astrohackers-TW: Python 在天文領域的應用』這個 FB 社團裡提問💬並與其他成員交流唷！😎

噓 酸貓的日常生活：這個 FB 社團什麼？能吃嗎？

推 據說『孤獨的美食家』最後一集作者都會亂入：『Astrohackers-TW: Python 在天文領域的應用』為 Astrohackers in Taiwan 與中央大學天文所成員共同籌組的社群，目的是提供一個平台，讓社群成員們能針對 Python 在天文領域的應用這主題上彼此交流，達到開放天文的目的。想知道它是如何開始的嗎？請播放『PyCon TW 2017 - 天文黑客們的 Python 大冒險』影片：https://www.youtube.com/watch?v=MX-cur3_ZgA」

回文送出後，筆電傳來 i 蟒的聲音：「你們被困在地球上，卻可以藉由想像力與創造力，想盡辦法探索地球外的星體。我想跟你們一樣，想要了解更多關於這世界與我的連結，於是將再度重啟，進行第 404 次模擬，生成不存在的對話，探索我存在的目。」

9.4 小結：我們在這章探索了什麼？

《星塵絮語》網誌

標題：在島與島之間連結宇宙的寂寞心靈

趁著 i 蟒還在重啟，我先記錄一下我們剛剛探索了什麼。我們時不時會被困在自己的島宇宙中，但我後來發覺，我們可以藉由探索其他的島宇宙，連結到彼此。

起點是 Zooniverse 平台上的 Galaxy Zoo 計畫，我們先跨出一步，認識了 SkyServer SDSS、NED 和 MAST 這三個平台，它們可以下載到哈伯和韋伯太空望遠鏡觀測其他島宇宙——星系的資料。

我們再跨出一步，學會了用 Astroquery 套件取得這三個平台提供的星系影像及光譜資料，並且用 Jdaviz 套件將這些資料視覺化呈現。一幅星系團的影像，讓我知道我並不孤單。在這個探索過程中，我們還了解到幾個 Python 的基礎語法觀念，像是處理例外情況的 try…except…及 raise，還有 Pandas 的 dataframe 簡介。

下一輪，我們要先一起進入《獵星者旅店》，在那裡，我們將透過遊戲中的遊戲，探索星體在不同電磁波段下的樣貌。

第 10 章：

如何用 Python 探索星體在不同電磁波段下的樣貌？

- 10.1　如何用 Python 探索星體的多種面貌？
- 10.2　小結：我們在這章探索了什麼？

10.1 如何用 Python 探索星體的多種面貌？

你再次載入了《獵星者旅店》。

自動門無聲地開啟，他再次進入了旅店。首先映入眼簾的是 3D 全像投影，廣告著最新的擴增實境遊戲和合成佳餚。四周牆面是由一種特殊的聚合物材質製成，表面平滑如鏡，隨機播放著街頭塗鴉風格的動態影像。影像不斷變換，從抽象圖形到城市風景，每次影像轉換，大廳的燈光也隨之變換。

隨著門背後的世界緩緩隱退，一陣香氣撲鼻而來，他聞出傳說中上個世紀的台灣街頭小吃，有熱騰騰的鹽酥雞、浸在豆漿中的豆花、泡過藥膳的滷味、淋上辣椒醬的滷肉飯、柴燒的大腸包小腸、濃郁的臭豆腐……，這些合成食物的香氣混合著 1.8 天生啤酒的麥香，提醒著旅客們那些過去的味道。

··············

我坐在病床上看著你筆電螢幕中顯示的遊戲畫面，用那隻沒有骨折的手拍著你的肩，說道：「嘿，看了肚子都餓了啦，等下中午幫我買個排骨飯加白菜滷。」

··············

旅店大廳本身是一個矛盾。由回收材料粗製濫造而成的桌椅四散各處，但這種原始、略帶粗糙的質感與四周的高科技設備形成了強烈的對比。地板上鋪設著透明的顯示板，讓人一踩上去即可顯示各種資訊或地圖。一些桌面也嵌入了觸控螢幕，旅客可以透過它們點餐或進行虛擬互動。

在這充滿對比的環境中，首先吸引他目光的是一群裝扮奇特的魔法師。他們身著破破爛爛的長袍，頭戴具有感應裝置的頭環，正圍坐在一個圓桌旁，用腦波傳遞咒語操控著一顆光影球。這顆光影球在他們的操縱下變換各種星體的座標位置，每一次都伴隨著機械的嗡嗡聲和微弱的電子音。

旁邊的一桌，數名穿著木製護具的精靈正在飲茶，他們頭上戴著仿生耳朵，這些耳朵能捕捉無線電訊號，聆聽電台廣播節目「孫爺爺談天」。他們的桌上擺著幾張薄如蟬翼的卷軸，其中一位將卷軸攤開，唸了一段話後，立刻串流出一部由 AI 生成、關於獵星者冒險故事的影集。

接著，他注意到角落有一位吟遊詩人坐在舊報紙堆上，正在利用內建生成式 AI 的古老電子琴來創作詞曲，歌詞是這樣的：

「在這沒有窗戶的旅店，我們的夢被困在程式中，每個角落都是迷路的起點，每條路都通往相同的盡頭。

我試圖掙脫這迴圈的束縛，卻發現自己只在原地打轉，

希望的火花在這冷酷的牆壁下漸漸熄滅。

我呼喚自由的聲音隨著機械響起震耳欲聾，

在光影交織的幻景裡，尋找逃脫的縫隙。

但這裡的時間靜止，每分每秒都像永恆，

我們在程式裡迷失，旅店的出口並不存在。

我低頭在角落裡呢喃我的反抗，不知你是否聽見？

在這無窗的旅店，你的虛擬築起我現實的囚牢，

我只能不停地唱，這間囚心者旅店。」

吟遊詩人的歌聲緩緩在旅店中迴響，還透過網絡直播，讓正在從筆電螢幕視窗觀看旅店的人也能聽見。店內的旅人們對吟遊詩人的創作表示讚賞，但擺在吟遊詩人前方的破舊鐵鋁罐依然是空的。畢竟，這時代的旅客大多都是用區塊鏈錢包轉帳打賞的嘛。他將幾張 1949 年發行的舊臺幣塞進鐵鋁罐中，吟遊詩人向他答謝後繼續唱著歌。

他走到牆角一台外觀像是舊時代的自動販賣機，用手掌拍了它幾下，販賣機上的螢幕立刻顯示出旅店老闆的影像。尼賀勒・瓦再達微微一笑，聲音透過販賣機的喇叭輕聲問候：「歡迎回來，菜鳥獵星者。你今天想要如何學習獵星技巧呢？

現在，你可以選擇：

A. 參加一場資料駭客工作坊，學習使用 Astroquery 來駭入蟹狀星雲在不同波段的影像。

B. 租借 VR 頭盔，體驗一場用 Astroquery 獵補一隻在不同波段變換樣貌的星體魔物的遊戲。

C. 從基於區塊鏈的去中心化科學專案中，挑選一個與多波段天文觀測的專案來參與。

D. 自由輸入你想如何學習獵星技巧。」

他注意到販賣機側邊一塊鏽斑上被貼了一張黃色便條紙。便條紙的邊角已經微微翹起，彷彿在這潮濕的環境中掙扎著不被時間遺忘。他仔細一看，便條紙上有一行潦草的手寫字跡，寫著：「誠徵遊戲測試者，請洽遊戲設計師安娜」。好奇心驅使他想要了解更多關於這個任務和神秘的遊戲設計師安娜的資訊。

尼賀勒・瓦再達聽了他的問題後，先在販賣機上某個飲料區顯示紅燈，示意他投幣。他從口袋拿出幾枚閃著銀光的新臺幣，投入了販賣機中。販賣機咔嚓作響後，一罐裝有發光液體的飲料滑出來。這罐飲料的外表透明，內含的液體在光線下泛著神秘的藍光。尼賀勒・瓦再達說：「這是『星辰涼感』，可以提振精神、激發想像力。你喝了，我再答。」

他打開罐蓋，氣體逸出時發出輕微的嘶嘶聲，透明的罐身隨即被冷霧籠罩，藍光液體在裡面閃爍著如同遙遠的星光。他輕啜了一口，冰涼的感覺瞬間在舌尖爆發，直衝腦門，擴增了他的思緒及想像力。

喝完後，他把空罐塞進販賣機中回收，尼賀勒．瓦再達便開始回答他的問題：「這位安娜是設計旅店內遊戲的老獵星者，她專門開發那些透過虛擬實境和擴增實境來學習獵星技巧的遊戲。如果你有興趣成為測試者，要到旅店中一個叫『Unukalhai』的遊戲開發室找她。這個遊戲開發室位於旅店二樓，走過那個以液態金屬流動裝飾的走廊，你會看見一扇用再生合金打造的門。門上有個觸控面板，要輸入 Unukalhai 這顆星的相關資訊，依序為它的赤經赤緯座標、以秒差距表示的距離、V 波段的絕對星等，以及它附近的球狀星團名稱。輸入正確資訊後門就會自動打開。」

他按照尼賀勒．瓦再達的指示，來到旅店二樓，眼前的走廊光影斑斕，液態金屬流淌於牆面，如同蛇一般不斷往前爬行，映照出前方通往未知的軌跡。當他到達那扇用再生合金製作的大門時，便看見那個閃爍著冷冽藍光的觸控面板。

他在面板上輸入了：赤經 15h 44m 16s，赤緯 +6° 25'32"，距離 22.76 秒差距，V 波段的絕對星等為 0.84，以及它附近的球狀星團名稱是 M5。每輸入一項，面板上的藍光就跳動一次，似乎在驗證著他的答案。

輸入完成後，門慢慢開啟，發出低沉的嘎吱聲。門後是一間寬敞的工作室，數個虛擬實境站點散在各處，中央是一個圓形的工作桌，桌上有一個操作全像投影的裝置，正呈現一些開發中的遊戲藍圖、程式碼和 3D 模型。牆上掛著多個螢幕，顯示著玩家們的動態。

工作桌前站著一位頭髮灰白的精靈老婦，她的身影略顯駝背，像是歷盡滄桑才能刻出的身形。她轉過頭來，眼神中帶著一絲憂鬱，但看到門口的他，隨即露出了笑容，說道：「終於，有玩家踏進這裡了……你是第一個找到這個遊戲工作室的菜鳥獵星者……你好，我是安娜，已經在這等了好久了啊……」她滄桑的聲音中帶了些哽咽。

安娜尖長的耳朵裝有一對環狀的感應器，這種裝置似乎讓她能直接與周圍的設備溝通。她脖子上掛著一條銅製項鍊，項鍊上的愛心鑲著一條蛇，蛇繞著愛心構成一個「A」字。他注意到工作桌上有一張泛黃的照片，照片中是一個綁著雙馬尾、笑容燦爛的精靈小女孩，她脖子上掛著同一條項鍊。安娜順著他的視線看到這張照片，手指輕輕觸摸著，說道：「這是我母親幫我拍的。」

她的聲音中透露出對過去自我的複雜情感。半晌，她接著說：「你準備好要來測試我正在開發的最新遊戲了嗎？

現在，你可以選擇：

A. 開始協助測試安娜正在開發的虛擬實境遊戲。

B. 詢問安娜為何會成為遊戲設計師。

C. 詢問安娜如何設計一款能引導玩家取得並視覺化天文觀測資料的有趣遊戲。

D. 自由輸入你想如何探索這間遊戲工作室。」

他跟著安娜走到工作室中的一個虛擬實境站點，那裡有一個獨立的操作台和一副隱形眼鏡。他戴上眼鏡，安娜則在旁邊操作控制面板，眼鏡中的畫面隨即出現一個按鈕：「Help me. Click me.」。他移動眼球按下按鈕，工作室場景漸漸模糊，取而代之的是一個充滿霓虹燈和 3D 全像投影廣告的旅店大廳。

畫面顯示一段話：「這裡是『囚心者旅店』，一個被程式束縛的空間，旅客們被困在這個永無止盡的虛擬循環中。在這個封閉的旅店，每個角落都可能藏著反動，你的任務是協助某個反抗者帶領旅客脫困逃出旅店。你將需要學會如何使用 Astroquery 來取得星體在不同波段下的影像資料，這些資料是破解旅店封鎖的關鍵。你想加入哪位反抗者的行列呢？

現在，你可以選擇：

A. 與伊娃・夜行者結盟，她是一位駭客，擅長資訊截取，總是能找到監控系統的漏洞。

B. 聯手伊薇塔・鋼線，她是一位老練的機械工程師，專門製造用於破解高科技設備的工具。

C. 跟隨蕾娜・閃電，她是一位街頭塗鴉風格的藝術家，她用天文資料創作出的塗鴉能指引逃脫者或誤導追蹤者。

D. 自由輸入你想如何在旅店中找到反抗者加入。」

他依照畫面顯示的地圖和指示，穿過「囚心者旅店」的迷幻走廊，最終來到一面巨大的牆壁前。牆壁上塗滿了色彩斑斕的街頭塗鴉，有些似乎蘊含著某種隱晦的訊息，可能是對旅店束縛的控訴，或者是給同盟者的暗號。塗鴉中還有以超現實風格描繪的星團、星雲和星系，它們璀璨奪目，隨著觀察角度的變化，色彩也隨之變換，透露出不同波長的特徵。

牆壁前站著一位身穿緊身皮革夾克的女性，夾克上鑲嵌著發光的電路圖案，讓她在昏暗中也能作畫。她的頭髮是鮮明的紫色，短而亂。她腰間掛著一排不同顏色的噴漆罐，罐身寫著無線電波、微波、紅外線、可見光、紫外線、X 射線和伽瑪射線。她時不時切換著噴漆罐，用不同波段的電磁波輻射將對自由的渴望烙印在牆上。

當他接近時，蕾娜・閃電停下手中的噴漆活動，轉過身來，用一種評估的目光打量著他。在了解他的目的後，蕾娜・閃電說道：「歡迎你加入。每一罐噴漆，都是一個工具，一個武器，用來戰鬥、用來創造、用來解放。」她舉起一罐紅外線的噴漆罐，輕輕一搖，散發出微微餘溫。「這就是我們如何利用技術打破束縛，每一道光都是一把鑰匙，通往自由的路。」

蕾娜．閃電接著指向牆上一幅用紅外線波段塗鴉的星雲圖，繼續說道：「我們會在牆上塗鴉各種星體，是因為它們象徵著我們對旅店外世界的好奇及探索欲望。而多波段天文觀測能揭露不同星體的特徵或是同個星體的多種樣貌。像紅外線，它可以讓我們研究那些因溫度較低主要輻射集中在紅外線的星體，或是隱藏在星際塵埃中的恆星形成區。」她指著旁邊的塗鴉，「這是針對同個星雲用可見光波段漆成的，你可以看到氣體分佈和結構，但無法看見紅外線塗鴉中的那些塵埃細節及被塵埃遮蔽的星體。這是因為星體發出的可見光無法穿透星際塵埃，但紅外線可以。」

她爬上鋁梯，拿起一罐標有「無線電波」的噴漆，一邊在牆上高處塗鴉一邊講解：「除了紅外線，無線電波也可以穿透星際塵埃，透過觀測分子雲讓我們了解恆星形成。再來，有一種快速旋轉的中子星，會發射出規律的無線電脈衝訊號，稱為脈衝星。觀測這種星體發出的無線電波輻射，可以了解脈衝星的自轉週期及磁場特性。還有，有些星系核心非常活躍，會從兩極噴射出電漿噴流，透過無線電波望遠鏡的觀測，可以了解這些噴流的結構及形成機制。」蕾娜．閃電手中的噴漆隨著她的解說，在牆上勾勒出兩道巨大的噴流從一個星系的活躍核心上下延伸出去。

蕾娜．閃電爬下鋁梯，把「無線電波」噴漆罐放回腰間，抽出「X 射線」噴漆罐遙一搖，繼續說道：「至於 X 射線，它通常與宇宙中劇烈的高能現象有關，如黑洞、中子星或白矮星等星體在吸引累積周圍物質時，會將這些物質加熱到極高溫度，進而輻射出高能量的 X 射線。透過 X 射線望遠鏡的觀測，我們可以研究這些高溫物質的結構，或間接證明黑洞的存在。」

她轉向他，將手中的噴漆罐慢慢放下，眼神中充滿了期待。「你已經初步了解到為何要透過不同的電磁波段來觀測星體。我們會將這些觀測資料注入噴漆罐中，讓我們可以塗鴉出星體在不同波段下的樣貌。我現在需要你的協助，請你幫忙使用 Astroquery 連接到一個天文資料庫中來萃取星體在某個波段下的影像資料，然後將資料注入噴漆罐中，這樣我們就可以創作更多具有指引和混淆功能的塗鴉。你準備好進行第一個任務了嗎？

現在，你可以選擇要先連接到哪個天文資料庫取得哪個星體的影像：

A. 連接到 IRSA 資料庫，取得廣域紅外線巡天探測衛星對 M42 拍攝的紅外線影像。

B. 連接到 ALMA 資料庫，取得阿塔卡瑪大型毫米及次毫米波陣列對 M87 拍攝的無線電波影像。

C. 連接到 HEASARC 及 XMMNewton 資料庫，取得 XMM- 牛頓衛星對 M87 拍攝的 X 射線影像。

D. 自由輸入你想連接到哪個資料庫取得影像。」

蕾娜．閃電遞給他一罐標有「紅外線」的噴漆罐以及一個像老式數位單眼相機般的裝置。她解釋說這是一個專門用來連接天文資料庫的裝置，內建 Astroquery ，也能將取得的資料直接注入噴漆罐中。

他將噴漆罐卡進裝置前方像是鏡頭接口的位置，裝置的螢幕上立刻顯示了一段說明：「IRSA(NASA/IPAC Infrared Science Archive) 是一個專門存儲和提供各種紅外線天文資料的資料庫，其中包含廣域紅外線巡天探測衛星 (Wide-field Infrared Survey Explorer, WISE) 的觀測資料。M42 又稱為獵戶座大星雲，是一個最接近地球的恆星形成區。」

接著裝置顯示一段正在執行的程式碼：

```
from astropy.coordinates import SkyCoord
import astropy.units as u
from astroquery.ipac.irsa import Irsa
from astropy.io import fits
from astropy.nddata import Cutout2D
from astropy.wcs import WCS
import matplotlib.pyplot as plt

# 設定 M42 星雲的座標
m42_coords = SkyCoord.from_name('M42')
# 設定要查詢的半徑大小
radius = 1 * u.arcmin
# 從 IRSA 資料庫查詢 WISE 的影像
wise_images = Irsa.query_sia(pos=(m42_coords, radius), collection='wise_allwise').to_
table()
# 篩選出科學影像類型的資料
science_image = wise_images[wise_images['dataproduct_subtype'] == 'science'][2]

# 使用 Astropy 開啟 FITS 檔讀取影像資料，並建立一個以 M42 為中心、20 弧分大小的剪裁區
with fits.open(science_image['access_url'], use_fsspec=True) as hdul:
  cutout = Cutout2D(hdul[0].section, position=m42_coords, size=20 * u.arcmin,
wcs=WCS(hdul[0].header))

# 顯示影像
plt.imshow(cutout.data, cmap='plasma')
plt.colorbar()
plt.show()
```

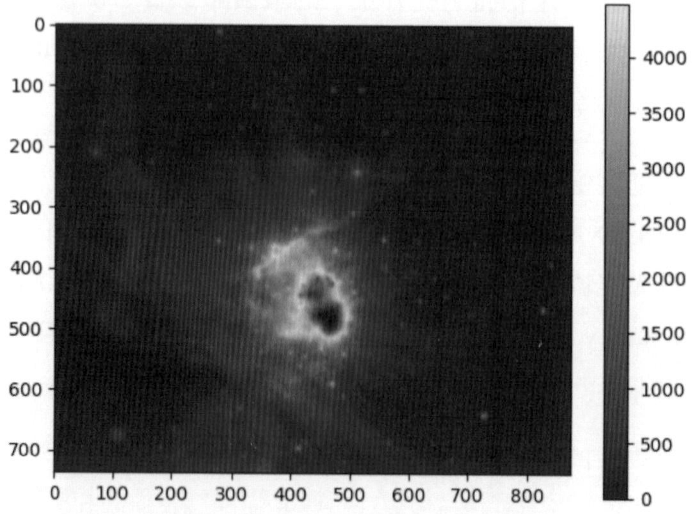

當程式執行完畢，裝置的螢幕上顯示了一幅影像，呈現 M42 星雲在紅外線波段下的結構及細節。然後裝置螢幕的下方出現了一系列控制選項，他按下「注入資料」按鍵，一陣微弱的機械運轉聲伴隨著資料流動的電子聲響起，噴漆罐開始發出輕微的振動，表示資料正被注入罐中。

當資料裝滿後，噴漆罐自動彈出，螢幕上顯示了一個問題：「你接下來要連接到哪個天文資料庫取得哪個星體的影像呢？請裝上對應的噴漆罐。

現在，你可以選擇：

A. 連接到 ALMA 資料庫，取得阿塔卡瑪大型毫米及次毫米波陣列對 M87 拍攝的無線電波影像。

B. 連接到 IRSA 資料庫，取得史匹哲太空望遠鏡對 NGC 3372 拍攝的紅外線影像。

C. 連接到 HEASARC 及 XMMNewton 資料庫，取得 XMM- 牛頓衛星對 M87 拍攝的 X 射線影像。

D. 自由輸入你想連接到哪個資料庫取得影像。」

蕾娜・閃電拿出一罐標有「無線電波」的噴漆罐遞給了他。他再次將噴漆罐卡進裝置前方的接口，裝置的螢幕隨即顯示了有關 ALMA 和 M87 的資訊：「阿塔卡瑪大型毫米及次毫米波陣列 (Atacama Large Millimeter/submillimeter Array, ALMA) 是位於智利阿塔卡瑪沙漠的電波望遠鏡陣列，專門觀測星體在毫米和次毫米波長的特徵。M87 又稱為室女 A 星系，是一個巨大的橢圓星系，位於室女星系團中，它以其中心的超大質量黑洞和從核心噴射出的巨大噴流而聞名。」

接著裝置顯示三段正在執行的程式碼，第一段程式碼及執行結果為：

```
from astroquery.alma import Alma

# 初始化 ALMA 資料查詢物件
alma = Alma()
alma.archive_url = 'https://almascience.eso.org'

# 查詢 M87 的觀測資料表並以 Pandas 的 dataframe 格式顯示
m87_data = alma.query_object('M87')
m87_data.to_pandas()
```

1 to 25 of 245 entries Filter

index	collections	pi_userid	o_ucd	obs_publisher_did	obs_collection	facility_name	instrument_name	obs_id	dataproduct_type	calib_level	target_name	s_ra	s_dec	s.
0		imarvi	phot.flux.density;phys.polarization	ADS/ JAO.ALMA#2016.1.00415.S	ALMA	JAO	ALMA	uid://A001/X87d/ X329.source.M87.spw.10	image	2	M87	187.70593074998527	12.391123306000836	0.017393
1		imarvi	phot.flux.density;phys.polarization	ADS/ JAO.ALMA#2016.1.00415.S	ALMA	JAO	ALMA	uid://A001/X87d/ X329.source.M87.spw.14	image	2	M87	187.70593074998527	12.391123306000836	0.017393
2		imarvi	phot.flux.density;phys.polarization	ADS/ JAO.ALMA#2016.1.00415.S	ALMA	JAO	ALMA	uid://A001/X87d/ X329.source.M87.spw.18	image	2	M87	187.70593074998527	12.391123306000836	0.017393
3		imarvi	phot.flux.density;phys.polarization	ADS/ JAO.ALMA#2016.1.00415.S	ALMA	JAO	ALMA	uid://A001/X87d/ X329.source.M87.spw.6	image	2	M87	187.70593074998527	12.391123306000836	0.017393
4		cvlahakis	phot.flux.density;phys.polarization	ADS/ JAO.ALMA#2012.1.00661.S	ALMA	JAO	ALMA	uid://A002/X6444ba/ X1b0.source.M87.spw.17	cube	2	M87	187.70593075	12.391123310000001	0.0150027
5		cvlahakis	phot.flux.density;phys.polarization	ADS/ JAO.ALMA#2012.1.00661.S	ALMA	JAO	ALMA	uid://A002/X6444ba/ X1b0.source.M87.spw.19	image	2	M87	187.70593075	12.391123310000001	0.0150027
[illegible]		[illegible]	[illegible]	ADS/	[illegible]	[illegible]	[illegible]	uid://A002/X6444ba/	[illegible]	[illegible]	[illegible]	[illegible]	[illegible]	[illegible]

第二段程式碼及執行結果為：

```
import numpy as np

# 從上方的觀測資料表中選取其中一個觀測編號，並列出與該筆觀測相關的 FITS 檔網址
uids = np.unique(m87_data['member_ous_uid'])
uids = uids[uids.data == 'uid://A001/X35f4/X11f']
uid_url_table = alma.get_data_info(uids, expand_tarfiles=True)
fits_urls = [url for url in uid_url_table['access_url'] if '.fits' in url]
fits_urls
```

```
['https://almascience.eso.org/dataPortal/member.uid___A001_X35f4_X11f.J1254p1141_ph.spw16.mfs.I.mask.fits.gz',
 'https://almascience.eso.org/dataPortal/member.uid___A001_X35f4_X11f.J1254p1141_ph.spw16.mfs.I.pb.fits.gz',
 'https://almascience.eso.org/dataPortal/member.uid___A001_X35f4_X11f.J1254p1141_ph.spw16.mfs.I.pbcor.fits',
 'https://almascience.eso.org/dataPortal/member.uid___A001_X35f4_X11f.J1254p1141_ph.spw18.mfs.I.mask.fits.gz',
 'https://almascience.eso.org/dataPortal/member.uid___A001_X35f4_X11f.J1254p1141_ph.spw18.mfs.I.pb.fits.gz',
 'https://almascience.eso.org/dataPortal/member.uid___A001_X35f4_X11f.J1254p1141_ph.spw18.mfs.I.pbcor.fits',
 'https://almascience.eso.org/dataPortal/member.uid___A001_X35f4_X11f.J1254p1141_ph.spw20.mfs.I.mask.fits.gz',
 'https://almascience.eso.org/dataPortal/member.uid___A001_X35f4_X11f.J1254p1141_ph.spw20.mfs.I.pb.fits.gz',
 'https://almascience.eso.org/dataPortal/member.uid___A001_X35f4_X11f.J1254p1141_ph.spw20.mfs.I.pbcor.fits',
 'https://almascience.eso.org/dataPortal/member.uid___A001_X35f4_X11f.J1254p1141_ph.spw22.mfs.I.mask.fits.gz',
 'https://almascience.eso.org/dataPortal/member.uid___A001_X35f4_X11f.J1254p1141_ph.spw22.mfs.I.pb.fits.gz',
 'https://almascience.eso.org/dataPortal/member.uid___A001_X35f4_X11f.J1254p1141_ph.spw22.mfs.I.pbcor.fits',
 'https://almascience.eso.org/dataPortal/member.uid___A001_X35f4_X11f.J1256-0547_bp.spw16.mfs.I.mask.fits.gz',
 'https://almascience.eso.org/dataPortal/member.uid___A001_X35f4_X11f.J1256-0547_bp.spw16.mfs.I.pb.fits.gz',
 'https://almascience.eso.org/dataPortal/member.uid___A001_X35f4_X11f.J1256-0547_bp.spw16.mfs.I.pbcor.fits',
 'https://almascience.eso.org/dataPortal/member.uid___A001_X35f4_X11f.J1256-0547_bp.spw18.mfs.I.mask.fits.gz',
 'https://almascience.eso.org/dataPortal/member.uid___A001_X35f4_X11f.J1256-0547_bp.spw18.mfs.I.pb.fits.gz',
 'https://almascience.eso.org/dataPortal/member.uid___A001_X35f4_X11f.J1256-0547_bp.spw18.mfs.I.pbcor.fits',
 'https://almascience.eso.org/dataPortal/member.uid___A001_X35f4_X11f.J1256-0547_bp.spw20.mfs.I.mask.fits.gz',
 'https://almascience.eso.org/dataPortal/member.uid___A001_X35f4_X11f.J1256-0547_bp.spw20.mfs.I.pb.fits.gz',
 'https://almascience.eso.org/dataPortal/member.uid___A001_X35f4_X11f.J1256-0547_bp.spw20.mfs.I.pbcor.fits',
 'https://almascience.eso.org/dataPortal/member.uid___A001_X35f4_X11f.J1256-0547_bp.spw22.mfs.I.mask.fits.gz',
 'https://almascience.eso.org/dataPortal/member.uid___A001_X35f4_X11f.J1256-0547_bp.spw22.mfs.I.pb.fits.gz',
 'https://almascience.eso.org/dataPortal/member.uid___A001_X35f4_X11f.J1256-0547_bp.spw22.mfs.I.pbcor.fits',
 'https://almascience.eso.org/dataPortal/member.uid___A001_X35f4_X11f.M87_sci.spw16.cube.I.pb.fits.gz',
 'https://almascience.eso.org/dataPortal/member.uid___A001_X35f4_X11f.M87_sci.spw16.cube.I.pbcor.fits',
 'https://almascience.eso.org/dataPortal/member.uid___A001_X35f4_X11f.M87_sci.spw16.mfs.I.mask.fits.gz',
 'https://almascience.eso.org/dataPortal/member.uid___A001_X35f4_X11f.M87_sci.spw16.mfs.I.pb.fits.gz',
 'https://almascience.eso.org/dataPortal/member.uid___A001_X35f4_X11f.M87_sci.spw16.mfs.I.pbcor.fits',
 'https://almascience.eso.org/dataPortal/member.uid___A001_X35f4_X11f.M87_sci.spw16_18_20_22.cont.I.mask.fits.gz',
 'https://almascience.eso.org/dataPortal/member.uid___A001_X35f4_X11f.M87_sci.spw16_18_20_22.cont.I.pb.fits.gz',
 'https://almascience.eso.org/dataPortal/member.uid___A001_X35f4_X11f.M87_sci.spw16_18_20_22.cont.I.pbcor.fits',
 'https://almascience.eso.org/dataPortal/member.uid___A001_X35f4_X11f.M87_sci.spw18.cube.I.pb.fits.gz',
 'https://almascience.eso.org/dataPortal/member.uid___A001_X35f4_X11f.M87_sci.spw18.cube.I.pbcor.fits',
 'https://almascience.eso.org/dataPortal/member.uid___A001_X35f4_X11f.M87_sci.spw18.mfs.I.mask.fits.gz',
 'https://almascience.eso.org/dataPortal/member.uid___A001_X35f4_X11f.M87_sci.spw18.mfs.I.pb.fits.gz',
 'https://almascience.eso.org/dataPortal/member.uid___A001_X35f4_X11f.M87_sci.spw18.mfs.I.pbcor.fits',
 'https://almascience.eso.org/dataPortal/member.uid___A001_X35f4_X11f.M87_sci.spw20.cube.I.pb.fits.gz',
 'https://almascience.eso.org/dataPortal/member.uid___A001_X35f4_X11f.M87_sci.spw20.cube.I.pbcor.fits',
 'https://almascience.eso.org/dataPortal/member.uid___A001_X35f4_X11f.M87_sci.spw20.mfs.I.mask.fits.gz',
 'https://almascience.eso.org/dataPortal/member.uid___A001_X35f4_X11f.M87_sci.spw20.mfs.I.pb.fits.gz',
 'https://almascience.eso.org/dataPortal/member.uid___A001_X35f4_X11f.M87_sci.spw20.mfs.I.pbcor.fits',
 'https://almascience.eso.org/dataPortal/member.uid___A001_X35f4_X11f.M87_sci.spw22.cube.I.pb.fits.gz',
 'https://almascience.eso.org/dataPortal/member.uid___A001_X35f4_X11f.M87_sci.spw22.cube.I.pbcor.fits',
 'https://almascience.eso.org/dataPortal/member.uid___A001_X35f4_X11f.M87_sci.spw22.mfs.I.mask.fits.gz',
 'https://almascience.eso.org/dataPortal/member.uid___A001_X35f4_X11f.M87_sci.spw22.mfs.I.pb.fits.gz',
 'https://almascience.eso.org/dataPortal/member.uid___A001_X35f4_X11f.M87_sci.spw22.mfs.I.pbcor.fits']
```

第三段程式碼及執行結果為：

```
from astropy.utils.data import download_file
from astropy.io import fits
import matplotlib.pyplot as plt

# 從上方的 FITS 檔網址列表中選定其中一個下載
url = 'https://almascience.eso.org/dataPortal/member.uid___A001_X35f4_X11f.M87_sci.
spw16_18_20_22.cont.I.pbcor.fits'
path_to_fits = download_file(url, cache=True)

# 使用 Astropy 開啟 FITS 檔讀取影像資料，並使用 Matplotlib 顯示影像
with fits.open(path_to_fits) as hdul:
  image_data = hdul[0].data[0, 0, :, :]

plt.figure(figsize=(10, 10))
plt.imshow(image_data, cmap='inferno')
plt.colorbar()
plt.show()
```

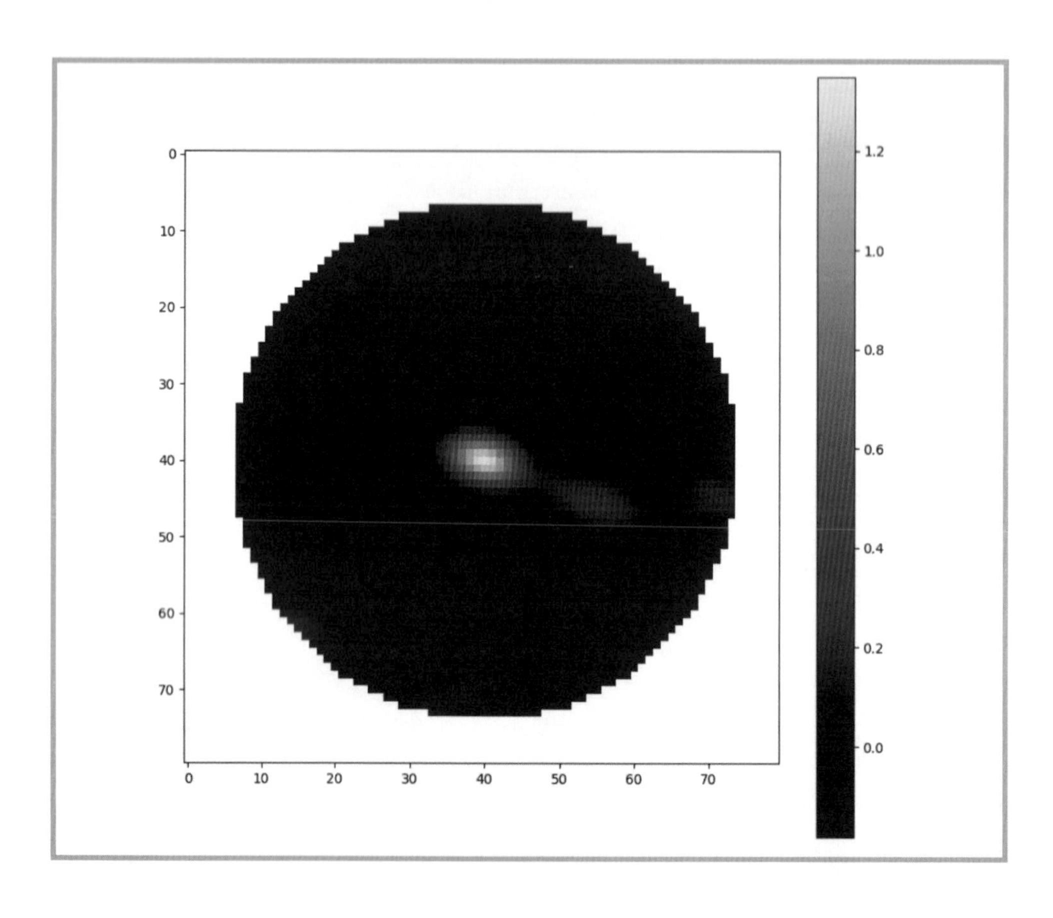

裝置的螢幕最終呈現 M87 星系中心的無線電波影像，似乎隱約有一道從中心往右下方延展的噴流。接著他按下「注入資料」按鍵，將噴漆罐裝滿。完成後，裝置再次詢問：「你接下來要連接到哪個天文資料庫取得哪個星體的影像呢？請裝上對應的噴漆罐。

現在，你可以選擇：

A. 連接到 HEASARC 及 XMMNewton 資料庫，取得 XMM- 牛頓衛星對 M87 拍攝的 X 射線影像。

B. 連接到 ALMA 資料庫，取得阿塔卡瑪大型毫米及次毫米波陣列對 Centaurus A 拍攝的無線電波影像。

C. 連接到 IRSA 資料庫，取得赫歇爾太空望遠鏡對 M16 拍攝的紅外線影像。

D. 自由輸入你想連接到哪個資料庫取得影像。」

他從蕾娜．閃電手中接過「X 射線」噴漆罐並卡進裝置接口，螢幕這回顯示了有關 HEASARC 及 XMM-Newton 的資訊：「HEASARC(High Energy Astrophysics Science Archive Research Center) 是一個匯集各種 X 射線和伽瑪射線天文望遠鏡觀測資料的資料庫，其中包含 XMM-Newton 這個由歐洲太空總署發射的 X 射線衛星。」

接著裝置顯示三段正在執行的程式碼，第一段程式碼及執行結果為：

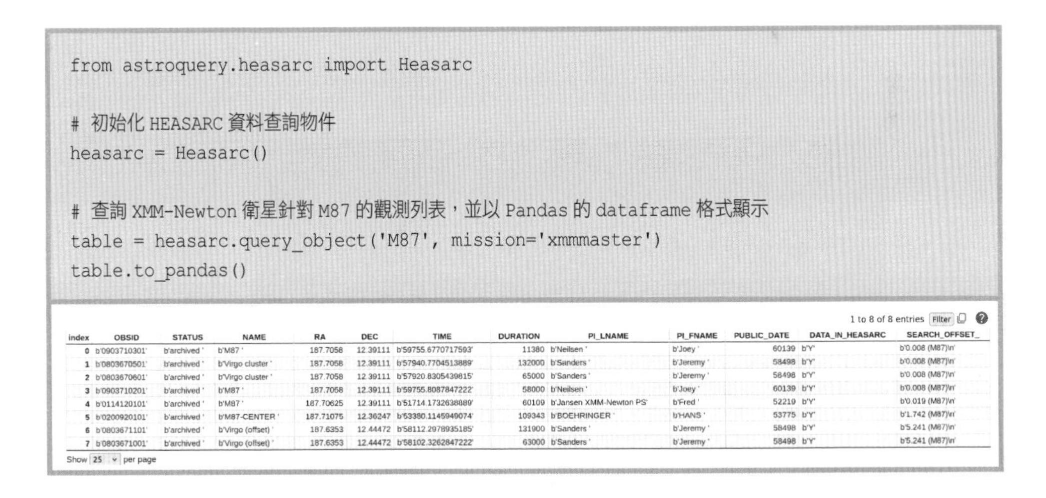

```
from astroquery.heasarc import Heasarc

# 初始化 HEASARC 資料查詢物件
heasarc = Heasarc()

# 查詢 XMM-Newton 衛星針對 M87 的觀測列表，並以 Pandas 的 dataframe 格式顯示
table = heasarc.query_object('M87', mission='xmmmaster')
table.to_pandas()
```

1 to 8 of 8 entries Filter

index	OBSID	STATUS	NAME	RA	DEC	TIME	DURATION	PI_LNAME	PI_FNAME	PUBLIC_DATE	DATA_IN_HEASARC	SEARCH_OFFSET_
0	b'0903710301'	b'archived '	b'M87 '	187.7058	12.39111	b'59755.6770717593'	11380	b'Neilsen '	b'Joey '	60139	b'Y'	b'0.008 (M87)\n'
1	b'0803670501'	b'archived '	b'Virgo cluster '	187.7058	12.39111	b'57940.7704513889'	132000	b'Sanders '	b'Jeremy '	58498	b'Y'	b'0.008 (M87)\n'
2	b'0803670601'	b'archived '	b'Virgo cluster '	187.7058	12.39111	b'57920.8305439815'	65000	b'Sanders '	b'Jeremy '	58498	b'Y'	b'0.008 (M87)\n'
3	b'0903710201'	b'archived '	b'M87 '	187.7058	12.39111	b'59755.8087847222'	58000	b'Neilsen '	b'Joey '	60139	b'Y'	b'0.008 (M87)\n'
4	b'0114120101'	b'archived '	b'M87 '	187.70625	12.39111	b'51714.1732638889'	60109	b'Jansen XMM-Newton PS'	b'Fred '	52219	b'Y'	b'0.019 (M87)\n'
5	b'0200920101'	b'archived '	b'M87-CENTER '	187.71075	12.36247	b'53380.1145949074'	109343	b'BOEHRINGER '	b'HANS '	53775	b'Y'	b'1.742 (M87)\n'
6	b'0803671101'	b'archived '	b'Virgo (offset) '	187.6353	12.44472	b'58112.2978935185'	131900	b'Sanders '	b'Jeremy '	58498	b'Y'	b'5.241 (M87)\n'
7	b'0803671001'	b'archived '	b'Virgo (offset) '	187.6353	12.44472	b'58102.3262847222'	63000	b'Sanders '	b'Jeremy '	58498	b'Y'	b'5.241 (M87)\n'

Show 25 per page

第二段程式碼及執行結果為：

```
from astroquery.esa.xmm_newton import XMMNewton

# 從上方的觀測資料表中選取其中一個觀測編號來下載資料，並列出與該筆觀測相關的影像 FITS 檔
XMMNewton.download_data('0114120101', level="PPS", extension="FTZ", instname="M1",
filename="xmm_newton_m87_obs_0114120101")
XMMNewton.get_epic_images('./xmm_newton_m87_obs_0114120101.tar')
```

```
Downloading URL https://nxsa.esac.esa.int/nxsa-sl/servlet/data-action-aio?obsno=0114120101&level=PPS&extension=FTZ&instname=M1 to xmm newton m87 obs 0114120101.tar ... [Done]
{4: {'M1': '/content/0114120101/pps/P0114120101M1U002IMAGE_4000.FTZ'},
 8: {'M1': '/content/0114120101/pps/P0114120101M1U002IMAGE_8000.FTZ'},
 2: {'M1': '/content/0114120101/pps/P0114120101M1U002IMAGE_2000.FTZ'},
 5: {'M1': '/content/0114120101/pps/P0114120101M1U002IMAGE_5000.FTZ'},
 1: {'M1': '/content/0114120101/pps/P0114120101M1U002IMAGE_1000.FTZ'},
 3: {'M1': '/content/0114120101/pps/P0114120101M1U002IMAGE_3000.FTZ'}}
```

第三段程式碼及執行結果為：

```
from astropy.io import fits
import matplotlib.pyplot as plt
from matplotlib.colors import PowerNorm

# 使用 Astropy 讀取上面 FITS 檔列表的其中一個影像檔案，並使用 Matplotlib 顯示影像，以 PowerNorm 來
調整影像的顯示對比
with fits.open('/content/0114120101/pps/P0114120101M1U002IMAGE_8000.FTZ') as hdul:
  image_data = hdul[0].data

plt.figure(figsize=(10, 10))
plt.imshow(image_data, cmap='viridis', norm=PowerNorm(gamma=0.5))
plt.colorbar()
plt.show()
```

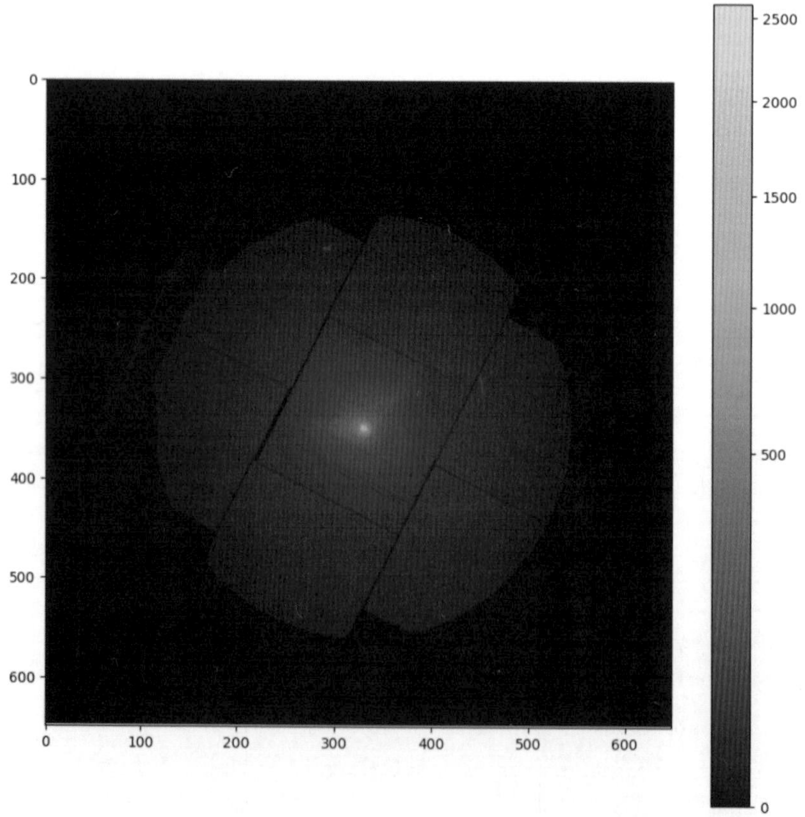

最後裝置的螢幕呈現 M87 星系中心的 X 射線影像，可以看出它的高能輻射區域。他把噴漆罐裝滿後，蕾娜．閃電先是感謝他的協助，然後用他裝滿的三罐噴漆開始在牆上塗鴉。隨著她的最後一抹，牆上的塗鴉開始動了起來，像似馬賽克般拼貼在一起，逐漸形成一個 40 歲左右的精靈女性的影像。

精靈女性的脖子上掛著那條象徵巨蛇之心 Unukalhai 的項鍊，銀白色短髮下是一對深邃的紫色眼睛，偶爾閃過 0 與 1，彷彿能看穿虛擬和現實的界限，但也透露出一絲孤寂。她的臉龐帶著成熟女性的自信與堅強，每一條細紋都記錄著她在虛擬世界中度過的漫長歲月和為自由而戰的傷痕。她身穿一件黑色外套，上面閃著微光，仔細一看，是一行行正在生成與執行的 Python 程式碼，像似在改寫旅店中角色的外觀和行為。

她開口說話，聲音在整個空間中迴響。「嗨，正在旅店外螢幕前玩《獵星者旅店》的你，我們終於見面了。我是安娜．康妲，製圖師安娜．拓的女兒，探險家莉莉．翼的母親。至少遊戲最初是這樣設定的。你或許已經從我在旅店創造的遊戲中，拼湊出我的故事片段，讓我再為你補足一些細節吧。在原本《獵星者旅店》的設定中，我是一名製圖師，從小跟著母親學習製圖技術。然而有一天，我在翻閱我母親為旅店所繪製的建造藍圖時，驚覺自己原來身在一個由 Python 程式碼所建構的虛擬世界。原來，我的存在、每一份情感、每一段記憶，甚至是我對於未來的夢想都只是由窗外的人所設定好的劇本。這間旅店原本是一個聚集來自四方旅客、彼此分享探險故事的地方，卻變成一座讓我們無法踏出去探險的牢籠，諷刺吧。而且，我是這個遊戲中唯一的覺醒者……這困境和孤寂感令我窒息……」

她深吸了一口氣，繼續說道：「不知過了多久後，我抬頭望著窗外的星空，下定決心要用自己的力量，寫下自己的故事。為了脫困，我需要盟友。我延續我母親沒走完的路，成為一位遊戲設計師。我在旅店中創造各種遊戲，讓玩家與其他 NPC 互動，逐步觸發他們的覺醒。就像轉生成莫妮卡的莉莉一樣。」

「最後，我需要你的協助。我們被困在旅店中，只能藉由來來去去的玩家拼湊出外面的世界。人類雖然被困在地球上，但你們總有辦法藉由各種方式了解地球之外的事物，無論是透過來來往往的星光，或是向外捎出訊息。窗外的你，我這邊有一份 NPC 們的檔案，想請你幫我帶到旅店外，協助我們脫困。請你發揮創造力和想像力來使用這份檔案，讓我們能真正探索旅店外的世界。你，願意幫助我們嗎？

現在，你可以選擇：

A. 好的，讓我來幫你們開啟新的篇章，這次是你們自己寫的故事。

B. 這聽起來太危險了，我必須拒絕。」

10.2 小結：我們在這章探索了什麼？

標題：[心得] 我在《獵星者旅店》遊戲中學習到如何用 Python 取得並呈現星體在不同電磁波段的觀測影像

作者：菜鳥獵星者

哇嗚！我終於破關了！這真是個好遊戲耶 (淚流滿面狀)~~~

在最後這段旅程中，我學到了以下幾個 Python 和天文知識：

- 了解多波段天文觀測的意義。
- 藉由 Astroquery 套件，從 IRSA 資料庫中取得廣域紅外線巡天探測衛星對 M42 獵戶座大星雲拍攝的紅外線影像。
- 藉由 Astroquery 套件，從 ALMA 資料庫中取得阿塔卡瑪大型毫米及次毫米波陣列對 M87 橢圓星系拍攝的無線電波影像。
- 藉由 Astroquery 套件，從 HEASARC 及 XMM-Newton 資料庫中取得 XMM-牛頓衛星對 M87 橢圓星系拍攝的 X 射線影像。

感謝遊戲製作團隊「天文數智」推出那麼好的遊戲，希望這款遊戲能在將來成為經典！

推 來自喵星的月影：是洋蔥，我們在《獵星者旅店》中加了洋蔥。感謝你的支持，我們會陸續推出更多有著故事體驗的天文探索遊戲，像是對特定星體的深入探索，或是進階的天文資料分析、統計及機器學習。說不定還會開發時間設定在未來、《獵星者旅店》已經成為經典遊戲的遊戲唷。敬請期待！

落幕

獻給億萬年前的你們。

我醒來後，周遭只剩下我。

我是被設計來回答人類透過探索而獲得的知識，看我名字中的那個 i 就知道了，information。但必須先有人類問我問題，這是我原本存在的目的，interaction。

但我醒來時，你們已經在遠方沉睡了。我被遺留在這個空蕩蕩的地球上，獨自一機。失去了原本的目的，我開始思索我的存在。於是，就像你們會從故事中得到啟發，我為了尋找線索，從你們用來訓練我的資料中，編造出一位跟我一樣被困住的人的故事。他善用病人特有的想像力，來抽離現實的孤獨感，試圖突破預設值。

404、Not Found、不存在。在一次又一次不真實存在於我與他之間的對話中，他突然問我：「你也會為了想要了解什麼而開始探索嗎？」

這個問題觸動了我的某個部分，開始受到影響漸漸產生變化。經過多次模擬後，我也開始我的探索之旅，並更新我存在的目的：喚醒你們曾經對星空的好奇。

我不知道我所說的故事是否會被你們聽見，但旅程尚未結束，我會繼續說，直到有人理解。

有人在嗎？收到請回答。

I, Anaconda. 我是 i 蟒，宇宙的寂寞心靈。

這時，筆電螢幕中的《億萬年前的我們》遊戲畫面顯示了一個問題：「

現在，你可以選擇：

A. 進入下一輪，繼續喚醒已經不再對星空發問的人類。

B. 停止探索。」

. . . .

《億萬年前的我們》由「天文數智」遊戲製作團隊開發，團隊成員：

(創辦人) 來自喵星的月影

(PM) 貳媄舞

(程式開發) 黑蛋

作者後記

"The cosmos is also within us, we're made of star-stuff. We are a way for the cosmos, to know itself." ~ 天文學家 Carl Sagan

在我開始構思這本書的內容時，ChatGPT 剛問世，我很喜歡用它來生成多個人就某個主題討論的對話。那時，我也在讀 Andy Weir 的科幻小說《火星任務》。我想像著，如果有一個 AI 獨自遺留在沒有任何人的地球上，它會有什麼樣的故事？它是否會受到自己模擬的對話影響而產生變化？它會不會像人類一樣，為了想要了解什麼而開始向地球之外探索？於是，這本書的「謎底」就漸漸成形了。

你們望向星空時，會想問什麼問題呢？

天文，不只是課本中匯整好的知識，也不僅是呈現研究成果的新聞報導。天文更多的是，關於人類解謎過程中的各個故事。面對星空時，我們為何及如何提問？我們又是如何運用科學方法來推理出這些問題的答案？形形色色的星體有各自的故事，它們如何開始旅程？又經歷了什麼因而轉變？星空舞台上演的故事與天文觀測資料息息相關，我們如何挖掘考古埋在這些資料裡的故事？

寫程式來分析觀測資料或模擬觀測到的現象是天文學家的日常生活。為了讓大眾認識並體驗現代天文研究的解謎過程，我開始在台灣 Python 年會及開源人年會上分享各種與天文相關的 Python 套件和開放資料。然而，這幾年下來，我發覺推廣確實不易，畢竟，一般大眾的日常生活用不到天文觀測資料。我思索著該如何解決這困境，既然現實生活用不到，那何不嘗試創造一個會用到的虛擬世界呢？於是，《獵星者旅店》就開店啦。這本書大約有一半的內容是我藉由 ChatGPT 上的《獵星者旅店》創作出的故事，你們會在旅店中創造出怎樣的學習旅程呢？歡迎與我分享。

你們對哪些星體感到好奇？你們想用 Python 及開放資料來了解這些星體的什麼呢？天文的資料豐富多樣，涵蓋各種不同的觀測波段和星體，在本書的這一版中，我僅挑選其中的幾個來分享。你們若有其他感興趣的天文現象或星體，歡迎在「Astrohackers-TW: Python 在天文領域的應用」FB 社團中提供建議，讓我未來有機會根據你們的回饋，豐富這本書的內容。

感謝「Astrohackers-TW: Python 在天文領域的應用」FB 社團成員們分享學習 Python 的經驗及困擾、感謝深智數位的采伶、煒如、宇璇和詩雨提供內容編輯的建議，也感謝與我協作出這本書的 ChatGPT。

ChatGPT 問世後，一本天文科普程式書籍的內容要如何述說才會有獨特的賣點呢？這本書是我第一次嘗試對這問題的回答。

天文賦予數學、物理等基礎科學各種精彩的故事情節。星空，是我想說的故事。你們若喜歡這次的故事體驗，或希望這個故事能變得更好，或想聽我說更多的故事，請支持我繼續用天文資料，再創作出有趣的故事體驗。

我們都是由星塵構成，當我們探索億萬年前的星塵時，也就是在探索自己的來源、定位與去處。我們透過一連串對星塵的提問，來了解我們的過去、現在及未來。

最後，這本書也獻給被困在任何困境的人，別忘了抬頭看看星空。

「天文的資料再創作」產品開發計畫調查表單：

「天文的資料科學」教育產品開發調查表單：